Flexible Inbetriebnahme roboterbasierter Montagesysteme durch Prozessdemonstration

Flexible Commissioning of Robot-based Assembly Systems via Process Demonstration

Von der Fakultät für Maschinenwesen
der Rheinisch-Westfälischen Technischen Hochschule Aachen
zur Erlangung des akademischen Grades eines
Doktors der Ingenieurwissenschaften
genehmigte Dissertation

vorgelegt von

Christian Ecker

Berichter/in:

Univ.-Prof. Dr.-Ing. Christian Brecher
Univ.-Prof. Dr.-Ing. Alexander Verl

Tag der mündlichen Prüfung: 11. Oktober 2023

ERGEBNISSE AUS DER PRODUKTIONSTECHNIK

Christian Ecker

Flexible Inbetriebnahme roboterbasierter Montagesysteme durch Prozessdemonstration

Herausgeber:
Prof. Dr.-Ing. T. Bergs
Prof. Dr.-Ing. Dipl.-Wirt. Ing. G. Schuh
Prof. Dr.-Ing. C. Brecher
Prof. Dr.-Ing. R. H. Schmitt

Band 31/2023

WZL | RWTH AACHEN UNIVERSITY

Fraunhofer IPT

Bibliografische Information der Deutschen Nationalbibliothek
Die Deutsche Nationalbibliothek verzeichnet diese Publikation in der Deutschen Nationalbibliografie; detaillierte bibliografische Daten sind im Internet über https://portal.dnb.de abrufbar.

Christian Ecker:

Flexible Inbetriebnahme roboterbasierter Montagesysteme durch Prozessdemonstration

1. Auflage, 2023

Gedruckt auf holz- und säurefreiem Papier, 100% chlorfrei gebleicht.

Wissenschaftsverlag des Instituts für Industriekommunikation und Fachmedien
an der RWTH Aachen
Steinbachstr. 25, 52074 Aachen
Internet: www.apprimus-verlag.de, E-Mail: info@apprimus-verlag.de

Druck: CPI Druckdienstleistungen GmbH, Ferdinand-Jühlke-Straße 7 I 99095 Erfurt

ISBN 978-3-98555-189-7

D 82 (Diss. RWTH Aachen University, 2023)

Für Kamila und Kasper

Vorwort

Die vorliegende Arbeit entstand während meiner Tätigkeit als wissenschaftlicher Mitarbeiter am Werkzeugmaschinenlabor (WZL) der Rheinisch-Westfälischen Technischen Hochschule Aachen. Die Forschung wurde durch das Bundesministerium für Bildung und Forschung sowie durch das Bundesministerium für Wirtschaft und Energie gefördert.

Zunächst bedanke ich mich sehr herzlich bei meinem Doktorvater, Herrn Univ.-Prof. Dr.-Ing. Christian Brecher, für die Betreuung dieser Arbeit und das mir stets entgegengebrachte Vertrauen, Themen im Bereich der automatisierten Montage und darüber hinaus vorantreiben zu können und eigene Initiativen in diesem Zusammenhang zu ermöglichen. Darüber hinaus danke ich Herrn Univ.-Prof. Dr.-Ing. Alexander Verl für die Übernahme des Zweitgutachtens und Frau Univ.-Prof. Dr.-Ing. Kirsten Bobzin für Ihre Tätigkeit als Prüfungsvorsitzende.

Weiterer Dank gilt den Oberingenieuren der Abteilung Steuerungstechnik und Automatisierung Dr.-Ing. Wolfram Lohse, Dr.-Ing. Markus Obdenbusch und Simon Storms sowie dem geschäftsführenden Oberingenieur des Lehrstuhls für Werkzeugmaschinen Dr.-Ing. Werner Herfs für zahlreiche Diskussionen, ihren fachlichen Rat und die Unterstützung insbesondere zur Mobilisierung der notwendigen Ressourcen, die zur Umsetzung der praktischen Aspekte dieser Arbeit erforderlich waren. Zudem möchte ich mich herzlich bei meinen ehemaligen Kollegen Dr.-Ing. Simon Müller und Dr.-Ing. Denis Özdemir für ihre Begleitung bis zum Abschluss meines Dissertationsvorhabens bedanken.

Für die technische Unterstützung bei der Errichtung der verwendeten Anlagentechnik möchte ich mich bei Axel Kaunzner, Hartmut Niederhagen und Rico Gros bedanken. Ebenfalls gilt mein Dank den studentischen Mitarbeitern Julio Aguilar, Victor Aguilar, Moritz Batteiger, Daniela Hegemann, Nicolai Hoffmann, Alexander Peitz, Simon Pieske, Simon Roggendorf, Joschua Sattler, Raphael Schildgen, Thomas Schönherr, Daniel Stanetzky und Stephan Wein, die ebenso tatkräftig an der Entwicklung „unserer Roboterzelle" mitgearbeitet haben.

Ganz besonderer Dank gilt meinen Eltern Cornelia und Gerhard Ecker, meiner Schwester Verena und meiner Frau Kamila, die mir stets den Rücken gestärkt und mich ermutigt haben, am Ball zu bleiben und das Ziel nicht aus den Augen zu verlieren.

Berlin, im November 2023 — Christian Ecker

Zusammenfassung

Ein dynamisches Marktumfeld sowie eine hohe Variantenvielfalt erschweren es produzierenden Unternehmen zunehmend, wirtschaftliche Betriebspunkte im Produktionssystem einzunehmen. Flexibilitäts- bzw. Wandlungseigenschaften der Betriebsmittel an der Schnittstelle zum gefertigten Produkt sind daher von steigender Bedeutung. In Bezug auf die automatisierte Montage mit roboterbasierten Anlagen mangelt es insbesondere an geeigneten Methoden, die es Mitarbeitern erlauben, Prozesse selbstständig an sich verändernde Montageaufgaben anzupassen.

Die vorliegende Arbeit verfolgt daher das Ziel, ein intuitiv bedienbares Interaktionsverfahren für Montagemitarbeiter zu entwickeln, durch das automatisierte Montageabläufe holistisch eingelernt werden können. Der Ansatz verzichtet auf die Verwendung steuerungsspezifischer Programmierverfahren, die ein hohes Maß an Expertenwissen und Koordination bei verteilt gesteuerten Anlagensystemen erfordern. Stattdessen wird eine prozess- bzw. aufgabenorientierte Sicht auf die Steuerungsaufgabe ermöglicht, die an das Domänenwissen des Bedieners anknüpft. Die zum Einlernen verwendete Interaktion wendet das Konzept des „Programmierens durch Vormachen" bzw. *Programming by Demonstration* (PbD) an.

Technisch besteht die realisierte Interaktionsschnittstelle aus einer Kombination von Bewegungs- und Greifsensorik sowie Bildverarbeitung, durch die der Bediener während der Montagedemonstration erfasst wird. Die Sensordaten werden für ein interaktionsparalleles Tracking der Bedienerhandlungen und darauf aufbauend zur Wiedererkennung definierter Montagegrundmuster genutzt. Durch die unmittelbare visuelle Rückmeldung erkannter Montageschritte resultiert eine direkte Feedbackschleife, die es Bedienern ermöglicht, Abläufe zu validieren und Prozessparameter iterativ anzupassen.

Die Interpretation der Sensordaten basiert auf einem Multiagenten-Ansatz sowie einer ereignisgesteuerten Architektur. Zum Informationsaustausch nutzen die implementierten Agententypen ein vorgeschlagenes Kommunikationsprotokoll. Durch den offen und generisch gestalteten Informationsfluss wird eine Erweiterbarkeit um weitere Montagefunktionen und Sensoriken ermöglicht.

Es wird die Anwendung und Validierung des Konzeptes anhand einer Demonstrationsanlage gezeigt, die über ein flexibel programmierbares Robotersystem und flexibel bzw. universell nutzbare Funktionsmodule zur Montage verfügt. Weiterhin wird eine Integration des Interaktionsverfahrens im Rahmen eines umfassenden Engineering-Überbaus beschrieben.

Die abschließende Bewertung charakterisiert den ausgestalteten Inbetriebnahmeansatz in seiner Wirkung auf den interagierenden Bediener (Usability) und die erreichte Flexibilität für die Montageorganisation. Zudem liefert sie eine Einschätzung über die Leistungsfähigkeit der technischen Lösungsbestandteile.

Abstract

A dynamic market environment and a high number of variants are making it increasingly difficult for manufacturing companies to adopt cost-effective operating parameters for their production system. Flexibility and adaptability of the production equipment at the interface to the manufactured product are therefore of increasing importance. Regarding automated assembly using robot-based systems, there is a particular lack of suitable methods that allow employees to adapt processes independently to meet new requirements.

Therefore, this thesis focuses on the development of an intuitive interaction method for assembly workers, which enables the holistic learning of automated assembly processes. The approach avoids the use of control-specific programming procedures, which would require a high degree of expert knowledge and coordination of distributed control systems. Instead, a process -oriented view of the control task is provided, which is aligned with the domain knowledge of the operator. The interaction method applies the concept of "programming by demonstration" (PbD).

Technically, the realized interaction interface consists of a combination of motion and gripping sensors as well as image processing, by which the operator is detected during assembly demonstration. The sensor data is used for interaction-parallel tracking of the operator's actions and, subsequently, for the recognition of defined basic assembly patterns. The immediate visual feedback of recognized assembly steps results in a direct feedback loop that enables operators to validate assembly sequences and iteratively adjust process parameters.

The interpretation of sensor data is based on a multi-agent approach and an event-driven architecture. For information exchange, the implemented agent types use a proposed communication protocol. The open and generic design of the information flow facilitates extensibility by additional assembly functions and sensor systems.

The application and validation of the concept is shown using a demonstration system equipped with a freely programmable robot system and flexibly and universally usable function modules for assembly. Furthermore, the integration of the interaction method into a comprehensive engineering framework is described.

The final evaluation characterizes the designed commissioning approach in its effects on the interacting operator (usability) and the achieved flexibility for the assembly organization. It also provides an assessment of its technical components' performance.

Inhaltsverzeichnis

Contents

Symbole und Formelzeichen

Formula symbols

Großbuchstaben

Symbol	Einheit	Bedeutung
A		Gesamtheit aller Aktionen
B		Bewertungsmaß für Bewegungsplanungen
C		Consumer (Ereignisgesteuerte Systeme)
C_E		Bedingungen zu Aktionsende
C_S		Bedingungen zu Aktionsbeginn
D		Gesamtheit aller Demonstrationen
D_x	mm	Anrückabstand in x-Richtung
D_y	mm	Anrückabstand in y-Richtung
D_z	mm	Anrückabstand in z-Richtung
E		Ereignisobjekt
H_x		Ereignisbereich Bedienerhand x
I		Einheitsmatrix
L		Lernfunktion
L_i		Stützpunktliste des Bauteils i (ICP)
M		Sichtbarkeitsmatrix
N_i		Anzahl Features eines Bauteils i in Montageumgebung
N_z		Gangzahl der helixförmigen Anrückbewegung
O		Ursprung
O_C		Vermessener Nullpunkt
O_k		Ereignisbereich Objekt k
O_R		Roboter-Basis
O_{Si}		Nullpunkt Messsystem i
O_W		Welt-Bezugssystem
P		Producer (Ereignisgesteuerte Systeme)
$P_{i,j}$		Ausgewählter Stützpunkt j des Bauteils i
$R_{k,Hull}$	mm	Radius des Hüllvolumens für Objekt k

S		Gesamtheit aller sensorisch erfassbaren Umgebungsveränderungen
S_z		Steigung der helixförmigen Anrückbewegung
T		Transformation / Pose
$T_{i,Ref}$		Pose des Körperpunkts i im Referenzkoordinatensystem
T_{Ref}		Pose des Referenzkoordinatensystems
T_{RGB}		Pose des Farbsensors
$T_{RGB,D}$		Transformation zwischen RGB- und Tiefenkontext
U		Umgebung von Ausrichtungsflächen-Featurepaaren
V_z	mm/s	Anrückgeschwindigkeit in z-Richtung
Z		Gesamtheit aller Umgebungsveränderungen

Kleinbuchstaben

a		Einzelaktion
d		Einzeldemonstration
$d_{i,j}$	mm	Euklidischer Abstand zwischen den Punkten i und j
d_{max}	mm	Maximale Baugruppengröße
n_c		Anzahl Konfigurationswechsel
$\vec{q}$		Konfigurationsvektor
r_x	mm	Ereignisbereichsradius
s		sensorisch erfassbare Umgebungsveränderung
t		Betrachtungszeitpunkt
t_p	s	Hauptprozesszeit
t_{tc}	s	Werkzeugwechselzeit
w_i		Parametergewichtung
x		Ereignisbereich
z		Einzelne Umgebungsveränderung
$\vec{z}_i$		Oberflächennormale der Ausrichtungsfläche i

Griechische Buchstaben

α		Glättungskoeffizient
α_{tol}	°	Gewählter Toleranzwinkel
α_z	°	Eingeschlossener Winkel zweier Oberflächennormalen
γ_t		Wahrheitsvektor der Greiferkennung zum Zeitpunkt t
$\Delta_{AF,grenz}$	mm	Maximaler Abstand eines zur Ausrichtung genutzten Stützpunktpaares
Δ_{Pose}		Korrekturbewegung
ε	mm	Resultierender Fehler
K		Konfigurationsraum (Bewegungsplanung)
π		Strategie
τ		Kontinuierlich geplante Bewegungsbahn
φ	°	Rollwinkel der Greifsensorik am Unterarm des Bedieners
Φ		Kollisionsprüffunktion

Abkürzungen

Abbreviations

AF	Ausrichtungsfläche
ANN	Artificial Neural Network
AOI	Area of Interest
AR	Augmented Reality
ASG	Assembly State Group
CAD	Computer-Aided Design
CAM	Computer-Aided Manufacturing
CNN	Convolutional Neural Network
DOF	Degrees of Freedom
DSL	Domain-Specific Language
DTW	Dynamic-Time-Warping
EDA	Event-Driven Architecture
EMG	Elektromyographie
FE	Funktionseinheit
FPS	Frames Per Second
FSM	Finite State Machines
HMI	Human Machine Interface
HMM	Hidden Markov Model
ICP	Iterative Closest Point-Algorithmus
IMU	Inertial Measurement Unit
IPC	Industrie-PC
IR/NIR	Infrarot/Nahes Infrarot
KMU	kleine und mittlere Unternehmen
LfD	Learning from Demonstration
LSTM	Long Short-Term Memory Network
MAS	Multiagentensystem
MC	Motion Control
MRK	Mensch-Roboter-Kollaboration

MTM	Methods-Time Measurement
NC	Numerical Control
NOK	Not Okay (Qualitätsmanagement)
OMPL	Open Motion Planning Library
PbD	Programming by Demonstration
PDM	Produktdaten-Managementsystem
RC	Robot Control
RFID	Radio-Frequency Identification
RGB	Red, Green, Blue
RGBD	Red, Green, Blue, Depth
RNN	Recurrent Neural Networks
RRT	Rapidly-Exploring Random Tree
SDK	Software Development Kit
SPS	Speicherprogrammierbare Steuerung
SSSP	Single-Source Shortest Path
SVM	Support Vector Machine
TCP	Tool Center Point
TDNN	Time Delay Neural Network
TOF	Time-of-Flight
UML	Unified Modeling Language
VR	Virtual Reality

Abbildungsverzeichnis

List of figures

1 Einleitung

Introduction

Die Montage industriell gefertigter Produkte ist einem zunehmenden Druck sich verändernder Produktanforderungen und Produktionsrahmenbedingungen unterworfen. Wachsende Möglichkeiten zur passgenauen Produktkonfiguration für spezifische Einsatzzwecke bis hin zu Forderungen nach kundenindividuell gestalteten Einzelstücken haben die Variantenvielfalt stark steigen und Losgrößen einhergehend sinken lassen [HINR20, BERN22]. Hinzu kommen weitere komplexitätssteigernde Aspekte, die sich aus den global aufgestellten Vertriebskanälen insbesondere für die exportorientierten, deutschen Produzenten ergeben [LANZ19, FRÄN22]. In Bezug auf die Montageorganisation bewirken diese Entwicklungen stetig kürzere Produktionszyklen und häufige Variantenwechsel, die durch das Produktionssystem unterstützt werden müssen [KERN21]. Bei der Gestaltung von Betriebsmittellösungen sind Flexibilitäts- bzw. Wandlungseigenschaften an der Schnittstelle zum gefertigten Produkt daher von zunehmender Bedeutung [KERN21, LOTT12, NYHU08].

Ein weiterer Flexibilitätstreiber für den Montagebereich stellen Nachfrageschwankungen dar. Globale Konflikte oder Ereignisse wie die Corona-Pandemie haben die Unsicherheit an den Märkten gesteigert und dazu geführt, dass Aufträge eher kurzfristig vergeben werden und sich Produktionskapazitäten verlagern können. Als Beispiel kann die weltweite Chipkrise angeführt werden, die die Zulieferketten der Automobilindustrie derart gestört hat, dass aufgrund von Produktionsstopps unmittelbar auch andere Zulieferbereiche betroffen waren [WUXI21, KLEE21].

Nachfrageschwankungen und Just-in-time-Produktion führen dazu, dass Zulieferbetrieben nur wenig Zeit bleibt, wirtschaftliche Betriebspunkte mit ihrem Produktionssystem einzunehmen. Durch die Distanz zum Endkunden werden langfristige Prognosen erschwert und somit Investitionen in komplexe Betriebsmittellösungen risikobehaftet [SCHÖ20, JARO18]. Hiervon sind insbesondere kleine und mittlere Betriebe (KMU) betroffen, die einen Großteil der Zulieferbetriebe in Deutschland ausmachen [JARO18].

Schließlich wirkt sich auch der demografische Wandel und der einhergehende Fachkräftemangel nachteilig auf den Produktionsbereich aus, wobei die Montage durch ihren vergleichsweise hohen Personaleinsatz stark betroffen ist [GROS21a, BAUE16]. Die Folgen des Personalmangels resultieren in einem gehemmten Wirtschaftswachstum, welches nur bedingt durch weitere Produktivitätssteigerungen je Mitarbeiter aufgefangen werden kann [GEEN19].

Aus diesen gegensätzlichen Entwicklungen – der mangelnden Investitionsbereitschaft z. B. in Bezug auf klassische Automatisierungslösungen einerseits und der notwendigen Produktivitätssteigerung andererseits, die einen höheren Automatisierungsgrad erfordert – ergibt sich ein hoher Bedarf nach innovativen, technischen Lösungen, die flexibel an sich verändernde Rahmenbedingungen angepasst werden können [BAUE14]. Nur wenn eine hohe Ressourcenauslastung realisiert werden kann, sind eine Amortisation und ein wirtschaftlicher Betrieb an einem Hochlohnstandort wie Deutschland möglich.

Ausgehend von einem idealen, flexibel automatisierbaren Betriebsmittel, das zur Herstellung beliebiger Produktvarianten geeignet ist, kann eine mögliche Lösung in einer veränderten Rolle des Montagemitarbeiters bestehen. So kann er im Rahmen einer agilen Montageorganisation als delegierende Instanz smarte Produktionstechnik zur Automatisierung von Teilaufgaben nutzen und selbst lediglich schwierig automatisierbare bzw. kognitiv beanspruchende Montageoperationen ausführen [ZIPT13, SCHN20]. Roboterbasierte Anlagen sind bei der Montageunterstützung aufgrund ihrer freien Bewegungsprogrammierbarkeit von besonderer Bedeutung [GÖBE12].

Die Umsetzung der Arbeitsteilung setzt insbesondere die Verfügbarkeit einer geeigneten Interaktionsschnittstelle voraus, durch die der Bediener die automatisierte Ausführung an das jeweilige Betriebsmittel übertragen kann. Bestehende Programmier- und Inbetriebnahmeverfahren orientieren sich jeweils am Funktionsumfang einzelner Systemkomponenten und setzen umfangreiches Expertenwissen zu deren Integration in einen Gesamtablauf voraus [DARN22]. Hieraus ergibt sich ein hoher Qualifizierungsbedarf für Anwenderunternehmen, der eine umfassende Ausweitung auf alle Montagemitarbeiter als nicht praktikabel erscheinen lässt.

Die vorliegende Arbeit verfolgt daher das Ziel, ein intuitiv bedienbares Interaktionsverfahren für Montagemitarbeiter zu entwickeln, durch das diese neue Montageabläufe holistisch einlernen können. Nach dem Vorbild des Maschinenführers einer Werkzeugmaschine muss eine derartige Schnittstelle eine prozess- bzw. aufgabenorientierte Sicht auf die Steuerungsaufgabe ermöglichen, die gleichsam der Domäne des Bedieners entspricht [BRAN17]. Sie soll den Kenntnisstand der Bedienergruppe berücksichtigen und die produktspezifische Einrichtung von Montageprozessen unterstützen. Eine flexibel automatisierbare Montageanlage fungiert somit als Werkzeug eines befähigten Mitarbeiters, durch das dessen Produktivität gesteigert wird und seine Rolle im Produktionssystem an Attraktivität gewinnt.

Die vorliegende Arbeit umfasst eine Analyse existierender Verfahren zur Inbetriebnahme industrieller Robotersysteme (Kapitel 2) und leitet aus den bestehenden Defiziten in Bezug auf den beschriebenen Anwendungsfall die Definition der untersuchten Forschungsfragen ab (Kapitel 3). In Kapitel 4 schließt sich die Synthese eines Inbetriebnahmekonzepts an. Dessen Kernelement der Entwicklung eines ereignisgesteuerten Multiagentensystems zur Sensordateninterpretation und Ablauferzeugung wird in Kapitel 5 erläutert. Schließlich erfolgen in Kapitel 6 eine Anwendung des Inbetriebnahmekonzepts für ein repräsentatives Demonstrationsszenario und eine abschließende Bewertung.

Introduction

The assembly of industrially manufactured products is subject to increasing pressure from changing product requirements and environment conditions of the production. Extending possibilities for custom-fit product configuration for specific applications and demands for individual customer-designed items have led to a sharp increase in the number of variants and a subsequent decrease in batch sizes [HINR20, BERN22]. In addition, there are further complexity-increasing aspects resulting from globally operating distribution channels, especially by the export-oriented German manufacturers [LANZ19, FRÄN22]. With regards to the assembly organization, these developments result in steadily shorter production cycles and frequent variant changes, which must be supported by the production system [KERN21]. Therefore, flexibility and adaptability properties at the interface to the manufactured product are of increasing importance in the design of production equipment solutions [KERN21, LOTT12, NYHU08].

Another flexibility driver for the assembly sector are fluctuations in demand. Global conflicts or events such as the Corona pandemic have increased uncertainty on the markets and led to orders being placed at short notice and production capacities being reallocated. One example is the global chip crisis, which disrupted the supply chains of the automotive industry to such an extent that supplier were also directly affected due to production stops [WUXI21, KLEE21].

Fluctuations in demand and just-in-time production mean that supplying companies have only little time to achieve economic operating points with their production systems. Due to the distance to the end customer, long-term forecasts are difficult and thus investments in complex operational equipment solutions are risky [SCHÖ20, JARO18]. This particularly affects small and medium-sized enterprises (SMEs), which make up the majority of supplying companies in Germany [JARO18].

Ultimately, demographic change and the inherent shortage of skilled workers also have a negative impact on the production sector, with assembly being heavily affected due to its comparatively high personnel deployment [GROS21a, BAUE16]. The consequences of the shortage of personnel result in inhibited economic growth, which can only be compensated to a limited extent by further increases in productivity per employee [GEEN19].

These contradictory developments - the lack of willingness to invest, e.g., in classic automation solutions, on the one hand, and the urgent need to increase productivity, which requires a higher degree of automation, on the other - result in a great demand for innovative, technical solutions that can be flexibly adapted to changing conditions [BAUE14]. Only if a consistently high level of resource utilization can be achieved will amortization and economic operation be possible.

Starting from an ideal, flexibly automatable resource that is suitable for the production of any product variant, a possible solution can be to change the role of the assembly worker. In the context of an agile assembly organization, they can use smart production technology as a delegating authority for the automation of subtasks and themselves carry out assembly operations that are difficult to automate or require a high level of cognition [ZIPT13, SCHN20]. Robot-based systems are of particular importance in assembly automation due to their free programmability of motion [GÖBE12].

The implementation of task splitting highly depends on the availability of a suitable interaction interface through which the operator can transfer the automated execution to the respective operation equipment. Existing programming and commissioning methods are oriented to the functional scope of individual system components and require extensive expert knowledge for their integration into an overall process [DARN22]. This results in high qualification requirements for implementing enterprises, which makes a broad roll-out to all assembly employees seem impractical.

Therefore, the goal of this thesis is to develop an intuitive interaction method for assembly workers, which allows them to holistically teach new assembly processes. Following the example of the machine operator of a machine tool, such an interface must provide a process- or task-oriented view of the control task, which corresponds to the domain of the operator [BRAN17]. It should respect the level of knowledge of the operator group and support the product-specific configuration of assembly processes. An assembly system that can be flexibly automated thus functions as a tool for skilled employees, increasing their productivity and adding to the attractiveness of their role in the production system.

This thesis includes an analysis of existing methods for commissioning industrial robot systems (chapter 2) and derives the definition of research questions based on deficits with respect to the described use case (chapter 3). In chapter 4 the synthesis of a commissioning concept follows. Its core element is the development of an event-driven multi-agent system for sensor data interpretation and execution process generation, which is explained in chapter 5. Finally, in chapter 6 the commissioning concept is applied to a representative demonstration scenario and evaluated.

2 Stand der Forschung und Technik

State of the art analysis

Die Realisierung, die Nutzung und das Recycling industriell hergestellter Produkte kann als zeitliche Abfolge von Phasen eines Produktlebenszyklus verstanden werden, dessen Informationsmanagement begleitend um neue produktbezogene Aspekte ergänzt wird [FELD08]. Ein analoges Schema kann ebenfalls auf die zur Produktherstellung verwendeten Betriebsmittel angewendet werden [EIGN09], sodass sich eine Untersetzung des Produktlebenszyklus mit einem Betriebsmittellebenszyklus ergibt, vgl. Bild 2-1. Der Fokus dieser Arbeit liegt auf einer zunehmenden Flexibilisierung der Inbetriebnahme roboterbasierter Betriebsmittel. Dabei soll auf bereits vorliegende Lebenszyklusinformationen aus den Engineering-Phasen der Produkte und Betriebsmittel sowie auf im Unternehmen verfügbares Prozesswissen zurückgegriffen werden [SCHU06].

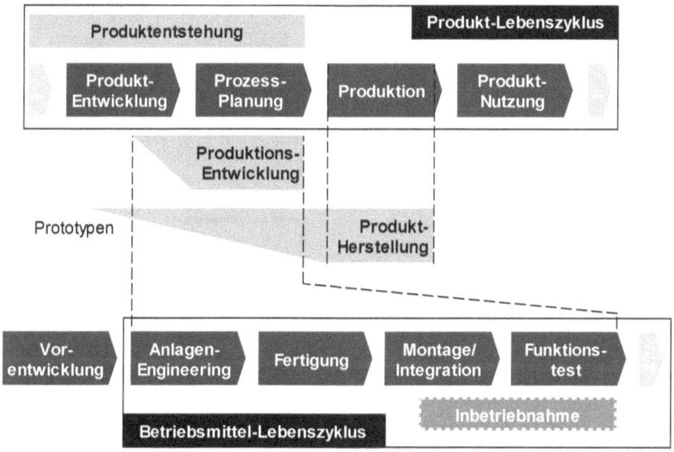

Bild 2-1: Inbetriebnahmephase im Zusammenhang zwischen Produkt- und Produktionsentwicklung nach [EIGN09]

Commissioning as part of the correlation between product and production development according to [EIGN09]

Im Kontext der Inbetriebnahme steht die zur Automatisierung genutzte Bedienerschnittstelle im Vordergrund der Betrachtungen, um eine direkte Veränderung des Anlagenverhaltens zu ermöglichen. Daher werden zunächst bestehende Ansätze zur Inbetriebnahme roboterbasierter Systeme erläutert, vgl. Kapitel 2.1. Im Anschluss erfolgt in Kapitel 2.2 eine vertiefte Evaluation von Technologien und Methoden, die als Grundlage zur Realisierung eines intuitiven, demonstrationsbasierten Interaktionskonzepts genutzt werden können.

2.1 Methoden zur Inbetriebnahme industrieller Robotersysteme

Methods for commissioning industrial robot systems

Die steuerungstechnische Inbetriebnahme industrieller Robotersysteme ist bestimmt durch den Vorgang der programmatischen Abbildung definierter Abläufe sowie deren Verifikation. Abbildungen („Programme") werden durch die steuerungstechnischen Komponenten des Roboters interpretiert und mit hoher Wiederholgenauigkeit in ausgeführte Bewegungen und synchronisierte Schaltsignalfolgen überführt. Die zur Programmierung angewendeten Verfahren können gemäß Bild 2-2 in *Online-* und *Offline-*Verfahren unterteilt werden.

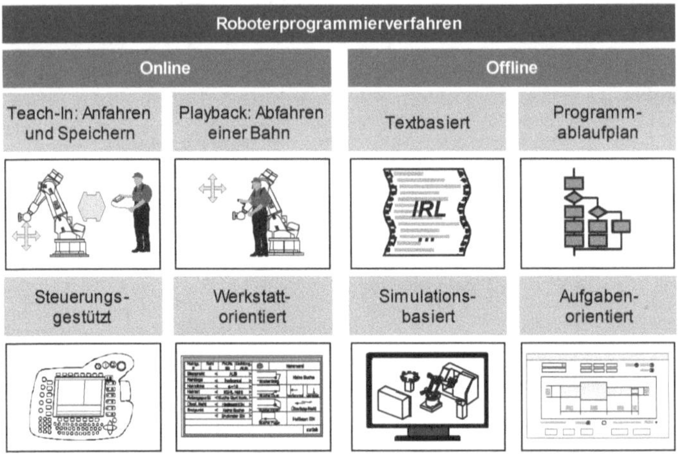

Bild 2-2: Programmierverfahren für Industrieroboter [BREC21]

Programming methods for industrial robots [BREC21]

Während zur Anwendung der Online-Verfahren stets Zugriff auf das zur Produktherstellung in endgültiger Einbaulage (*in situ*) genutzte Produktiv-System erforderlich ist und dieses somit blockiert wird [MAKR14], können Offline-Verfahren auch ohne direkten Betriebsmittelzugriff angewendet werden. Daraus resultieren Vorteile für die Inbetriebnahme neuer Anlagen, da Programmiertätigkeiten anhand von Planungsunterlagen bereits begonnen werden können, bevor der reale Anlagenverbund errichtet wurde. Zudem können Ablaufveränderungen bei bestehenden Anlagen parallel zur Anlagennutzung vorbereitet und mit geringeren Produktionseinbußen realisiert werden [SICI16].

2.1.1 Etablierte Verfahren der Online- und Offline-Programmierung

Well-established methods for online and offline programming

Teach-In

Eines der verbreitetsten Programmierverfahren für industrielle Robotersysteme ist das *Teach-In*, bei dem die reale Kinematik des einzurichtenden Systems manuell durch den Bediener mithilfe des Handbediengeräts an markante Stützstellen (Posen) der zu programmierenden Bewegungsbahn verfahren wird, vgl. Bild 2-3. Durch Abspeichern einer Abfolge von Posen und Definition von Bewegungsparametern wie z. B. der Interpolationsart zwischen einzelnen Stützstellen oder der Bahngeschwindigkeit erfolgt die Generation einer Programm-Datei, die im Speichersystem der Robotersteuerung abgelegt wird. Neben bewegungsbestimmenden Befehlen können auch Logik-Befehle eingegeben werden, welche einerseits den Programmablauf z. B. durch Bedingungen oder Schleifen beeinflussen, andererseits auch die Einbindung externer Peripherie wie z. B. Greiftechnik durch Kommunikationsschnittstellen der Steuerung (I/O-Module) realisieren.

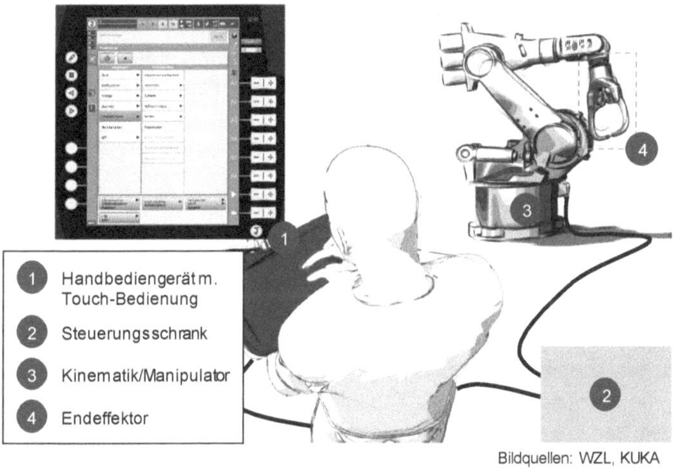

Bild 2-3: Komponenten eines industriellen Robotersystems

Components of an industrial robot system

Sowohl Bewegungs- als auch Logikbefehle können während des Teach-In definiert und zu Testzwecken ausgeführt werden. Daraus resultiert ein für den Bediener transparenter Prozess aus iterativer Programmanpassung und -ausführung, der bei nahezu allen Programmieraufgaben angewendet werden kann.

Playback

Entsprechend der Bezeichnung handelt es sich bei der Playback-Methode um ein demonstrationsbasiertes Verfahren, bei dem der Anwender den Endeffektor der

Roboterkinematik manuell entlang der abzufahrenden Bahn führt. Während die Kinematik dem Endeffektor folgt, zeichnet die Robotersteuerung die sich einstellenden Achspositionen mit einem vorgegebenen Zeittakt (0,05-0,5s) auf, sodass sie nachträglich wiederholt abgefahren werden können [BREC21]. Größte Anwendung fand das Verfahren während der 70er und 80er Jahre im Bereich der Automobillackierung. Da es ohne Berechnung inverser Kinematik auskommt, konnten auch kontinuierliche Bewegungen mit Kinematiken ohne Singularität im Arbeitsraum des Roboters ohne berechnungstechnische Einschränkungen umgesetzt werden. Ein weiterer Vorteil des Verfahrens ist seine hohe Intuitivität. Mit steigender Leistungsfähigkeit der Steuerungstechnik und zunehmenden Genauigkeitsanforderungen hat das reine Playback-Verfahren an Bedeutung verloren [SICI16].

Im Bereich der industriellen Leichtbaurobotik werden heute Mischformen aus Teach-In und Playback angeboten, bei denen das Bewegen der Kinematik zu gewünschten Bahnpunkten mittels manueller Manipulation der häufig gravitationskompensiert gehaltenen Achsgelenke erfolgt (*kinästhetisches Teach-In*). Im Vergleich zur getaktet aufgezeichneten Bahn speichert der Bediener hier nur wenige Stützpunkte ab, anhand derer die Steuerung eine kontinuierliche Bewegungsbahn interpoliert (vgl. Teach-In). Begrenzt wird die Anwendung insbesondere durch die einzuhaltenden, sicherheitstechnischen Randbedingungen aufgrund des direkten Berührens der Kinematik durch den Bediener. Dabei steigt der Aufwand mit zunehmendem Werkstück- bzw. Robotergewicht signifikant an [SICI16, DIN12, DIN17].

Textbasierte und steuerungsgestützte Programmierung

Die durch die Robotersteuerung interpretierten Programm-Dateien enthalten Anweisungen in einer steuerungsherstellerspezifischen Programmiersprache, wie z. B. KRL/Fa. KUKA, RAPID/Fa. ABB, KAREL/Fa. FANUC [JAKU18]. Anweisungen wie Bewegungs- oder Logik-Befehle können neben der Lernprogrammierung (Teach-In/Playback) auch direkt durch den Bediener als Textzeichen eingegeben werden.

Aufgrund des hohen Abstraktionsgrads in Bezug auf die umzusetzende Programmieraufgabe setzt die textbasierte Programmierung ein erhöhtes Maß an Erfahrung seitens des Bedieners voraus. Zur Unterstützung werden Text-Editoren mit Syntax-Kontrolle verwendet, die bereits vorinstalliert auf der Robotersteuerung (steuerungsgestützte Programmierung) oder offline, d. h. auf einem Arbeitsplatzrechner installiert genutzt werden können. Neben der Syntaxkontrolle bieten diese Editoren häufig Eingabeerleichterungen in Form von geführten Dialogen an, sodass auch ungeübtere Bediener einen syntaktisch fehlerfreien Steuerungscode erstellen können.

Zur Sicherstellung eines fehlerfreien Ablaufs ist ein anschließender Programmtest durch das reale Robotersystem bei der textbasierten Programmierung unablässig, da das Verfahren dem Bediener keine Rückmeldung über das tatsächliche Roboterverhalten bietet. Notwendige Anpassungen können dann z. B. durch nachträgliches Teach-In umgesetzt werden.

Programmablaufplan

Zur Verbesserung der Übersichtlichkeit textueller Programmabläufe können Darstellungsformen mithilfe von UML (Unified Modeling Language: vgl. Activity Diagram [OBJE11]) entlehnten, grafischen Ablaufplänen gefunden werden. Sie stellen Abläufe als gerichtete Verbindung von parametrierbaren Aktionen dar, die über Bedingungen auch Verzweigungen bzw. Zusammenführungen des Kontrollflusses umfassen können. Die verschiedenen Umsetzungen können sich in der Granularität der dargestellten Aktionen stark unterscheiden. So ist eine eins-zu-eins Übertragung von einzelnen Code-Zeilen ebenso möglich [WECK97], wie das Zusammenfassen von Code-Blöcken, die einer abgeschlossenen Aktion des Robotersystems entsprechen, vgl. Aufgaben- und werkstattorientierte Programmierung.

Simulationsbasiert

Im Zuge einer zunehmenden planerischen Synchronisierung von Entwicklungsprozessen (verteilte gleichzeitige Entwicklung/Concurrent Engineering [BULL96]) hat die Bedeutung der Offline-Programmierung zugenommen. Um den Nachteil einer fehlenden Ablaufverifikation mittels Roboterkinematik zu überwinden, bieten simulationsbasierte Programmiersysteme die Möglichkeit einer modellbasierten Absicherung und Evaluation, vgl. Bild 2-4. Verbreitete Systeme wie z. B. Tecnomatix/Fa. Siemens, Delmia/Fa. Dassault Systèmes, Visual Components/Fa. Visual Components greifen dazu auf Engineering-Daten in Form von CAD-Modellen der vorgelagerten Zellenkonstruktion zurück.

Bei der Umsetzung von Abläufen in Form von Operationen obliegt es dem Anwender, sämtliche Objekt-Interaktion (mechanisch, steuerungstechnisch) realitätsgetreu nachzubilden, da insbesondere physikalische Einflüsse wie z. B. die Erdbeschleunigung nicht Teil des Simulationsumfangs sind. Daher sind Schulungsmaßnahmen sowie umfassendes Prozess- und Erfahrungswissen bezüglich der angewendeten Prozesstechnologien seitens des Programmierpersonals Voraussetzung für die Verfahrensanwendung [BRAC11].

Daneben hängt die Qualität der Programmierung entscheidend von der Übereinstimmung von Planungsunterlagen und der tatsächlich errichteten Roboterzelle ab. Da es, bedingt durch Fertigungs- und Montagetoleranzen, stets zu Abweichungen kommt, müssen Strategien zur Modellverbesserung bzw. zum Toleranzausgleich als Teil der Programmierung vorgesehen werden. Weitere Einflüsse für Abweichungen simulationsgestützt programmierter Roboterprozesse sind die begrenzte Absolutgenauigkeit der Roboterkinematik, Unsicherheiten bei der Vermessung und Justage der Kinematik und ihrer Anbauten wie z. B. Endeffektoren, externer Sensorik, Aufspannungen für Werkstücke sowie gravitations- und kontakt- bzw. prozessinduzierte Objektverschiebungen [CONR00, PRIG18].

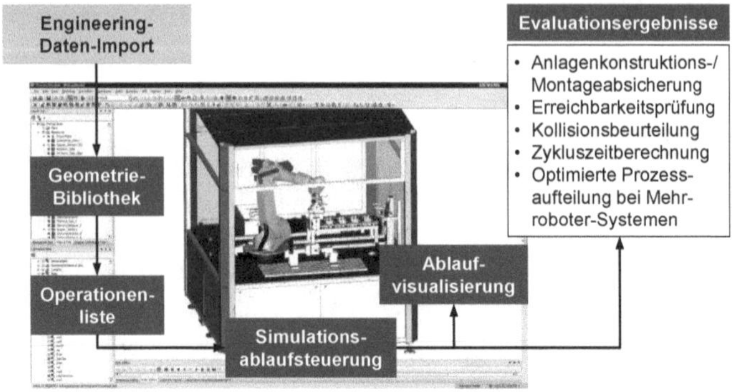

Bild 2-4: Prozess der simulationsgestützten Roboterprogrammierung

Approach to simulation based robot programming

Eine Verbesserung der Modellqualität kann durch eine räumliche Vermessung der realen Zellenumgebung erfolgen, vgl. Bild 2-5. Dabei reicht das Ausmaß der Vermessung von einer hochgenauen Bestimmung einzelner, markanter Referenzpunkte ($\sim 10^1$ Messpunkte), welche als Bezugspunkte zur relativen Positionierung modellierter Objektbaugruppen dienen, bis hin zu einer kontinuierlichen Oberflächenvermessung auf Basis von triangulierten Punktwolken ($\sim 10^7$ Messpunkte) [BREI13, BREI15].

Zur Kompensation von Unsicherheiten bieten Robotersteuerungen die Möglichkeit einer Nullpunktverschiebung. Dabei werden Koordinatenangaben der Posen relativ zu einem ortsfest definierten Koordinatensystem gespeichert. Dies kann bspw. ein Referenzpunkt einer Prozessstation sein, die als Einheit innerhalb des Arbeitsraums platziert wird. Kann davon ausgegangen werden, dass das Modell der Station die tatsächliche Baugruppe hinreichend präzise repräsentiert, so genügt es, die relative Verschiebung der Referenzpunkt-Koordinatensysteme in Bezug auf den Roboterursprung im Rahmen der Inbetriebnahme des realen Zellenaufbaus erneut zu vermessen. Die Vermessung kann manuell durch Antasten mit der Roboterkinematik oder automatisch durch externe Messsysteme erfolgen [BREI15].

Bei Anwendung externer Sensorik ist zunächst die Lage des messsysteminternen Koordinatenursprungs (vgl. Bild 2-5, O_{Si}) in Bezug zu einem übergeordneten Basis-System zu bestimmen. Eine mögliche Basis können z. B. das Welt-System des Arbeitsraums (O_W), das Basissystem des Roboters (O_R) oder eine durch das Robotersystem selbst vermessene Pose bzw. Nullpunktverschiebung (O_C) sein. Ein Übertragen von Messwerten in ein anderes Basis-System ist über den dargestellten Zusammenhang durch Koordinatentransformation möglich.

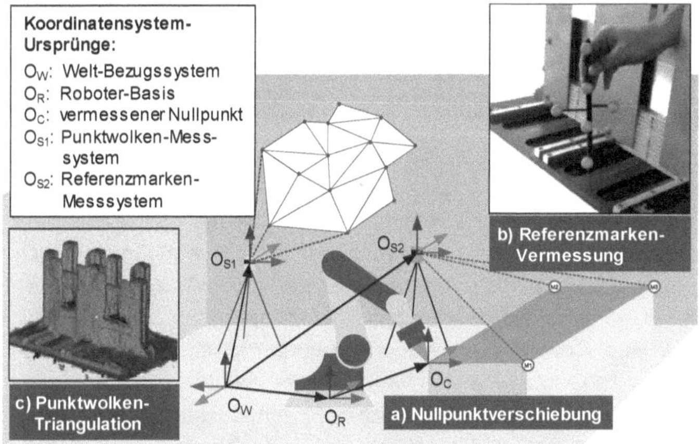

Bild 2-5: Methoden zur Arbeitsraumvermessung eines Industrierobotersystems [BREI15, BREC21]

Methods for work cell measurement for industrial robot systems [BREI15, BREC21]

Bei den Standard-Verfahren zur Roboterprogrammierung handelt es sich um universelle Ansätze, die darauf abzielen, den durch Kinematik und Steuerungstechnik bereitgestellten Funktionsumfang einer frei programmierbaren Bewegungs- und Logiksteuerung *anwendungsneutral* verfügbar zu machen. Bediener werden durch aufwendige Schulungsmaßnahmen und Weitergabe von Erfahrungswissen darauf vorbereitet, produktive Anwendungen mit stabiler Prozessausführung zu entwickeln. Diese zu gewährleistenden Voraussetzungen stellen eine Hürde insbesondere für kleine und mittlere Unternehmen dar und wirken einer weiteren Fertigungs- und Montageautomatisierung entgegen [BIER09].

Roboterhersteller sind daher zunehmend bemüht, Bediener bei der Prozessumsetzung zu unterstützen, indem sie zusätzliche Technologie-Module anbieten, z. B. für Greif-, Schweiß- oder Zerspanprozesse [MING18, KUKA22, ABBA22]. Durch Technologie-Module können skalare Prozessparameter wie z. B. Kräfte oder Vorschübe vereinfacht eingegeben werden, sodass die Bedienung verstärkt an das Domänenwissen der Anwender anknüpft [FRIE10].

Ein Großteil des Programmieraufwands resultiert aus der Komplexität zur Umsetzung kohärenter Abläufe durch Synchronisierung von Bewegungs- und Schaltbefehlen. Mit dem Ziel, diese Komplexität zu reduzieren, wurden vereinfachte Ansätze zur Roboterprogrammierung entwickelt, die nachfolgend beschrieben werden.

2.1.2 Vereinfachte Ansätze aus Forschung und Entwicklung

Simplified approaches from research and development

Aufgaben- und werkstattorientierte Programmierung

Unter dem Begriff der aufgabenorientierten Programmierung werden Methoden zusammengefasst, die Abläufe in eine spezifische Abfolge von Teilaufgaben gliedern. Eine Teilaufgabe repräsentiert jeweils einen abgeschlossenen Prozess wie z. B. „Hole Werkstück" und kapselt alle zur Ausführung benötigten Bewegungs- und Schaltbefehle der Steuerung. Ein Vorteil des Verfahrens ist die verbesserte Nachvollziehbarkeit für den Bediener, da durch die Beschreibung ein leichter Bezug zum ausgeführten Prozess möglich wird. Nachteilig wirkt sich aus, dass zur Anwendung zunächst ein Katalog spezifizierbarer Teilaufgaben erstellt werden muss, der für die betroffene Roboterzelle gültig ist. Dies bezieht sich insbesondere auf die Anpassung von Bewegungsposen, die stark von Fertigungs- und Montagetoleranzen abhängen (s. a. Kap. 2.1.1) und die Übertragbarkeit des Aufgabenkatalogs auf neue Zellen einschränkt. Das Schema der Aufgabenorientierung kann sowohl für die rein textuelle Programmierung als auch für die ablaufplan- und simulationsbasierte Programmierung angewendet werden [BREC06, ROSS09].

Eine Ausprägung aufgabenorientierter Programmierung bildet auch die Gruppe der werkstattorientierten Programmiersysteme, vgl. WOP [BREC21]. Ziel dieser Systeme ist die Bereitstellung von Online-Programmiermöglichkeiten für Produktionsmitarbeiter, die über keine speziellen Vorkenntnisse zur Roboterprogrammierung verfügen. Durch Programm-Makros und eine grafisch unterstützte Ablaufdarstellungen kann die Ergonomie deutlich verbessert und der Programmiervorgang beschleunigt werden. Insbesondere die manuelle Eingabe von Steuerungscode ist nicht erforderlich. Verbreitete Systeme wie z. B. APAS der Fa. Bosch leisten darüber hinaus auch eine Integration von Peripherie-Komponenten wie z. B. Sensorik zur Bauteil- und Lageerkennung [DOSE12].

Hybride Programmierung

Hybride Ansätze kombinieren Aspekte der Online- und Offline-Programmierung. Dies folgt der Erfahrung, dass rund dreiviertel der Programmiertätigkeiten [LAUF91, ROSS10] bevorzugt abseits der realen Roboterzelle unter Ausnutzung von Programmierhilfsmitteln am Büroarbeitsplatz erledigt werden können. So hat sich frühzeitig die Kombination aus textueller Programmierung und Teach-In als effiziente Form der Inbetriebnahme in der Praxis etabliert [LAUF91]. Aufgrund der zunehmenden Anlagenmodellqualität können weite Teile der Inbetriebnahme insbesondere im Anwendungsbereich der Automobilmontage heute simulationsgestützt erledigt werden. Das Ergebnis bilden fortgeschrittene Programmrümpfe, welche bereits ausführbar sind und online mittels Teach-In um präzise Posen in Kontaktbereichen (Bauteilaufnahme, Toleranzkompensation, NOK-Strategien) ergänzt werden [ROSS10].

In Bezug auf das Datenmanagement ist anzumerken, dass der Übergang von Offline- zu Online-Programmierung durch Übergabe von Steuerungsprogrammen sowie ggf. beigestellter Planungsdokumente (Beschreibungstexte, Zeichnungen, Simulationen) erfolgt. Während Letztere einer Interpretation durch den Bediener bedürfen, bestehen die generierten Programmdateien aus proprietärem Steuerungscode, der keinen Modellbezug mehr aufweist. Werden Programmdateien durch das Teach-In verändert, können sie daher anschließend nur bedingt in den virtuellen Planungskontext zurückgeführt werden [RUEC05, HANA18].

Programmierung durch Demonstration

Eine Schwierigkeit der beschriebenen Programmierverfahren besteht in der Notwendigkeit, dass der Anwender einen kontinuierlichen Prozessablauf zunächst analytisch in seine charakteristischen, atomaren Bestandteile gliedern und programmatisch übertragen muss. Zur Vereinfachung wurden Lernmethoden entwickelt, die es dem Robotersystem ermöglichen, manuell durch den Bediener ausgeführte Prozesse observieren d. h. sensorisch erfassen, in Funktionsabschnitte gliedern und schließlich nachahmen zu können. Die Demonstration der umzusetzenden Aufgabe durch den Bediener bildet folglich die Schnittstelle zur Interaktion mit dem Robotersystem. Nach BILLARD, CALINON und DILLMANN kennzeichnet dieses Prinzip des Programmierens durch Demonstration (Programming by Demonstration/PbD):

> *„[…] dass Endnutzer Robotern neue Aufgaben lehren können, ohne Programmcode erstellen zu müssen",* [SICI16].

Ziel ist es folglich, dass auch Personen ohne umfassende Programmierkenntnisse roboterbasierte Prozesse umsetzen können.

Zu Beginn der Entwicklung wurde PbD als *gleichartige* Übertragung manueller Bewegungsdemonstrationen in durch den Roboter ausgeführte Kinematik-Bewegungen aufgefasst. Zur Vorgabe von Bewegungen wurden unterschiedliche Interaktionsformen evaluiert.

- **Teleoperation:** Unter Teleoperation wird das manuelle Steuern des Robotersystems durch einen räumlich getrennten Bediener verstanden. Es wird allgemein für Arbeiten in für den Menschen unsicheren Umgebungen z. B. bei Atomkraftwerksunglücken [ABOU98] oder zur Unterstützung der motorischen Fähigkeiten des Menschen z. B. der Chirurgie [STRA05] angewandt. Im Kontext des PbD kann es auch zur Vorgabe von Bewegungen genutzt werden, die anschließend automatisch wiederholt werden können, vgl. Playback-Verfahren. Die Eingabe geschieht – entsprechend der Programmieraufgabe und Anzahl von Freiheitsgraden/Stellmöglichkeiten der Kinematik – durch spezialisierte Eingabegeräte wie z. B. Joysticks, Touchscreens, 6D-Mäuse oder Ersatzkinematiken [HOKA06]. Ein Vorteil resultiert aus dem Umstand, dass die Bewegungsvorgabe bereits im Bewegungskontext der Roboterkinematik (Achspositionen) erfolgt und keine Umrechnung erfordert [SICI16].

- **Kinästhetisches Teach-In:** Das bereits in Kap. 2.1.1 beschriebene Verfahren kann ebenfalls dem PbD zugeordnet werden [SICI16]. Im Vergleich zur Teleoperation weist es ähnliche Vorteile auf. Durch manuelles Anfassen und Verstellen werden Kinematik-Bewegungen hervorgerufen, die durch Messsysteme der Kinematik aufgezeichnet und direkt zur Wiederholung genutzt werden können [LEED11]. Im Unterschied zur Teleoperation werden keine zusätzlichen Eingabegeräte zur Bewegungsvorgabe benötigt, sondern Steuerbefehle entsprechend der Kinematik-Messwerte selbstständig durch die Steuerung aufgezeichnet.
- **Bewegungsnachverfolgung (Motion Tracking) des Bedieners, eines Zeigegeräts oder eines Werkstücks:** Zur Steigerung der Intuitivität der Mensch-Roboter-Interaktion wurden Verfahren entwickelt, die zur Verkörperung der Demonstration nicht das Robotersystem, sondern den Bediener selbst nutzen [ARGA09]. Somit wird es dem Bediener ermöglicht, Bewegungsmuster durch seinen eigenen Körper, i. d. R. durch Bewegung von Armen oder Händen, vorzugeben. Während der Interaktion werden die Bewegungen des Bedieners durch eine geeignete Sensorik aufgezeichnet, um sie anschließend in Steuerungsbefehle zur Bewegungsnachahmung (vgl. „Imitation" [ARGA09]) durch den Roboter zu übertragen. Zur Bewegungserfassung wurden unterschiedliche Sensorverfahren evaluiert, darunter inertiale Weg- und Orientierungsmessung [SCHR08], optische Messverfahren mithilfe von angebrachten Referenzmarken [GÖBE12, VOGL09] sowie markerlos durch Detektion eines Mensch- bzw. Handmodells mithilfe von Bildverarbeitung [LAMB14], s. a. Kapitel 2.2.1.

Im Verlauf der Entwicklung rückte zunehmend der Aspekt des maschinellen Erlernens von Fähigkeiten (Skills) bzw. das Erlernen ihrer geeigneten Verknüpfung in den Vordergrund des PbD, wodurch sich der Begriff des *Learning from Demonstration*/LfD herausbildete. Als Skill kann eine elementare Fertigkeit des Robotersystems angesehen werden, einen spezifischen Handlungsschritt (Prozess) planen und ausführen und sein Ergebnis evaluieren zu können [PEDE14]. Die Verknüpfung von Skills erfolgt gemäß ARGALL et. al. in Form von erlernten Strategien (Policies), welche das Roboterverhalten auf einer übergeordneten Ebene charakterisieren [ARGA09]. Dabei unterscheiden sie drei grundlegende Konfigurationen, nach denen Strategien durch Demonstration erlernt werden können:

1. Direkte Zuordnungsfunktion zwischen Demonstrationen und Roboteraktionen (*Mapping Function*),
2. Bildung eines Systemmodells und Deduktion von Handlungsstrategien (*System Model*),
3. Implementierung von Planungsalgorithmen zur Erfüllung von Vor- und Folgebedingungen (*Plans*)

Ihr entwickeltes Schema ist dazu geeignet, einen Ordnungsrahmen für die Vielzahl der in der Literatur beschriebenen Ansätze des LfD zu bilden sowie eine Vergleichbarkeit herzustellen [ARGA09]. Die im nachfolgenden Abschnitt dargelegte Notation soll daher aufgegriffen und zur Einordnung der eigenen Arbeiten in Kapitel 6.2 angewendet werden.

Notation zur Charakterisierung von LfD-Ansätzen

ARGALL et. al. formulieren in [ARGA09] die Aufgabe des LfD als Bestimmung einer Strategie π, die es einem nachahmenden Schüler (Robotersystem) ermöglicht, eine Menge von Aktionen A als Reaktion auf registrierte Veränderungen seiner Umgebung Z abzuleiten, welche den Vorgaben seines Lehrers (Bediener) möglichst nahekommen:

$$\pi: Z \rightarrow A \tag{2.1}$$

Zur Observation der Umgebung nutzt der Schüler seine sensorischen Fähigkeiten, welche in realen Anwendungen stets nur eine Teilmenge aller objektiven Zustandsveränderungen der Umgebungswelt S mit begrenzter Genauigkeit wiedergeben. Die begrenzte Erfassbarkeit von Zustandsveränderungen kann durch eine Sichtbarkeitsmatrix M abgebildet werden, welche nur in idealisierten Umgebungen (z. B. Simulationen) der Einheitsmatrix I entspricht:

$$M: S \rightarrow Z \tag{2.2}$$

Während der Lernphase (Demonstration), führt der agierende Lehrer seinerseits Aktionen aus, die ebenfalls zu einer Zustandsveränderung der Umgebung führen und durch den Schüler observiert werden. Die observierten Demonstrationen D bilden die Grundlage des Schülers zur Ableitung neuer Strategien L (vgl. Bild 2-6, links):

$$L: D \rightarrow \pi \tag{2.3}$$

Dabei umfasst jede Demonstration $d_j \in D$ jeweils k_j Observationspaare aus Aktionen und Zuständen:

$$d_j = \{(z_j^i, a_j^i)\} \tag{2.4}$$

$$\text{mit } z_j^i \in Z,\ a_j^i \in A,\ i = 0 \ldots k_j$$

Für jeden Zustandsübergang $S \rightarrow S'$ – bedingt durch ausgeführte Aktionen – kann ein probabilistischer Zusammenhang angenommen werden (vgl. Bild 2-6, rechts):

$$T(s'|s, a): S \times A \times S \tag{2.5}$$

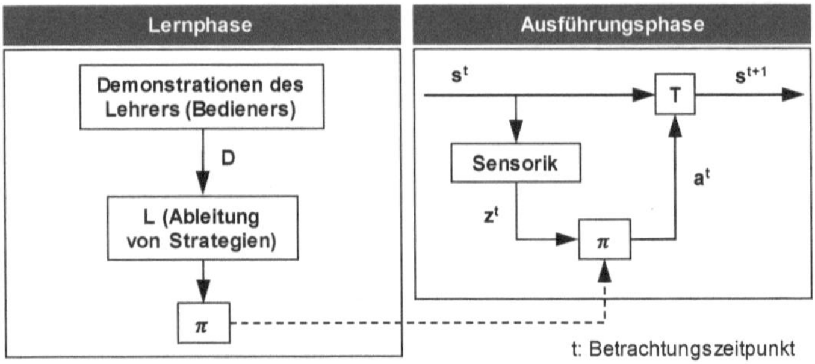

Bild 2-6: Zusammenhang zwischen Lern- und Ausführungsphase des LfD nach [ARGA09]

Relation between learning and execution in LfD according to [ARGA09]

Die Notation kann zur Abgrenzung der unterschiedenen Lernkonfigurationen gemäß Bild 2-7 angewendet werden.

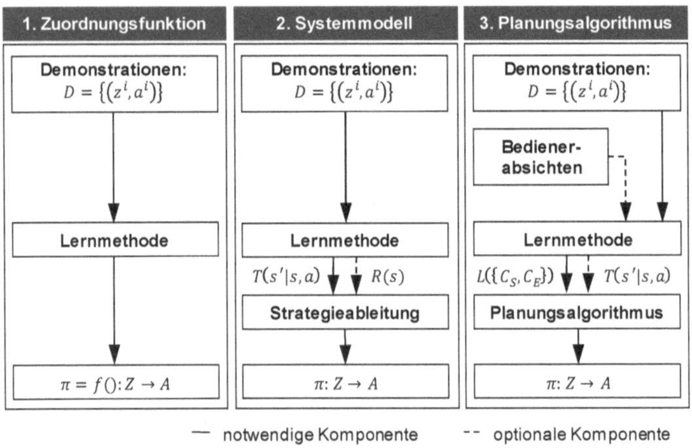

Bild 2-7: Konfigurationen zur Strategieableitung im LfD nach [ARGA09]

Configurations for policy derivation in LfD according to [ARGA09]

Im Bereich des *Lernens von Zuordnungsfunktionen* (vgl. Bild 2-7/1) erfolgt eine direkte Übertragung von registrierter Zustandsveränderung in ausgeführte Roboteraktionen. Dabei können grundsätzlich Klassifizierungs- und Regressionsmethoden voneinander abgegrenzt werden, um eingehende Zustandsänderungen zu verarbeiten. Sie unterscheiden sich insbesondere in der Art der resultierenden Ausgangsgröße [BISH07]. Bei der Signalklassifizierung besteht das Ergebnis aus diskreten Daten (ausgewählte Aktionsprimitive), die beispielsweise mithilfe von Hidden Markov Modellen (HMM) oder Support Vector Machines (SVM) ermittelt werden. Bei regressiven Verfahren werden Demonstrationen in einen kontinuierlichen Aktionsparameterraum übertragen und können an jeder Stelle in Form eines Parametervektors aufgelöst werden. Das Bestimmen des Ergebnisvektors kann dabei durch direkten Zugriff auf gespeicherte Trainingsdaten („Lazy Learning") oder durch deren Vorverarbeitung beispielsweise in Form von künstlichen neuronalen Netzen (kNN) erfolgen [ARGA09].

Ansätze zur Verwendung von *Systemmodellen* (vgl. Bild 2-7/2) greifen auf Demonstrationsdaten zurück, um eine Übergangsfunktion $T(s'|s,a)$ für das registrierte Systemverhalten zu bestimmen. Ergänzt werden diese Verfahren häufig durch eine Nutzenfunktion $R(s)$ gemäß Reinforcement Learning (RL), durch die durch Demonstrationen oder Bedienereingaben eine positive Verstärkung registrierter Weltzustände s möglich wird. Die Nutzenfunktion kann sowohl manuell während der Systementwicklung vorgegeben werden. Andererseits kann Sie auch anhand von Signaleingaben wie beispielsweise durch interaktive Bedienereingaben während der Demonstration mit Methoden des Inverse Reinforcement Learning (IRL) abgeleitet werden [NGAN00]. Nachteilig wirkt sich aus, dass für jeden diskreten Zustandsvektor S zugehörige Demonstrationen aufgezeichnet werden müssen, wodurch der Trainingsaufwand des Systems vergleichsweise hoch ist [ARGA09].

JAENISCH et al. verfolgen beispielhaft das Ziel, simulationstechnisch unterstützte Planungsergebnisse des RL für Montagemitarbeiter anwendbar zu gestalten [JAEN19, JAEN20].

Der dritte unterschiedene Bereich fasst Planungsalgorithmen zusammen (vgl. Bild 2-7/3), die eine Verkettung von Aktionen entsprechend zu erfüllender Bedingungen zu Aktionsbeginn C_S bzw. Aktionsende C_E realisieren. Im Gegensatz zu anderen Verfahren, berücksichtigen planerbasierte Ansätze häufig auch zusätzliche, durch den Bediener eingegebene Randbedingungen (Absichten), die beispielsweise durch Sprache oder andere natürliche Eingabemöglichkeiten in Dialogform vorgegeben werden können [SCHM12, SCHM13]. Zur Aktionsableitung können darüber hinaus auch Modelle zur Zustandsdynamik ($T(s'|s,a)$) Eingang in den Planungsablauf finden.

2.2 Sensorische Erfassung manueller Handlungsdemonstrationen

Sensor-based capturing of manual task demonstrations

2.2.1 Tracking-Verfahren und verwendete Sensortechnik

Tracking methods and applied sensor technology

Zur Erfassung und Nachverfolgung (*Tracking*) von Bedienerhandlungen und daraus resultierender Zustandsveränderungen der Umgebung der Form $S \rightarrow Z$ wird eine für die jeweilige Aufgabe geeignete Sensorik bzw. Sensorkombination und ein zur Art der Messwerterfassung passendes Tracking-Verfahren ausgewählt, vgl. Bild 2-8. Die Vielzahl der verbreiteten Tracking-Verfahren lässt sich in visuelle und nicht visuelle Ansätze gliedern, welche nachfolgend beschrieben werden.

Im Bereich des visuellen Trackings werden optische Sensoriken in Form von Kameras oder ausgedehnten, lichtsensitiven Sensorfeldern verwendet, um die Bewegung menschlicher Extremitäten oder geführter Objekte zu erfassen. Nicht-visuelle Verfahren benötigen dagegen keine direkte Sichtverbindung zu einer externen Sensorik. Die Bestimmung der Lage bzw. Orientierung eines vorbestimmten Objektpunktes erfolgt hier stets durch ein zusätzlich auf den Körper angebrachtes Messmittel.

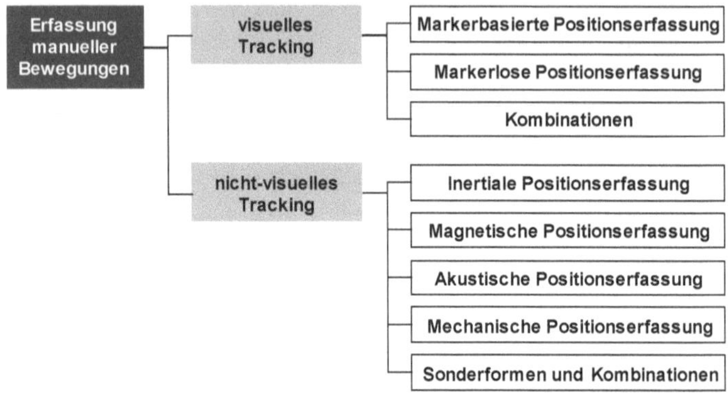

Bild 2-8: Tracking-Verfahren zur kontinuierlichen Handlungsevaluation nach [ZHOU08]

Tracking methods for continuous task evaluation according to [ZHOU08]

Markerbasierte Positionserfassung

Zur Erleichterung der sicheren, wiederkehrenden Detektion können relevante Objektebereiche mit optischen Markern versehen werden, die zuverlässig von ihrer Umgebung abgegrenzt und in Ihrer Lage bestimmt werden können. Verbreitete Systeme verwenden entweder *aktive*, d. h. selbst Licht emittierende, oder *passive*, d. h. ausschließlich reflektiertes Umgebungslicht nutzende Marker [ZHOU08].

Ein weiteres Unterscheidungsmerkmal ergibt sich aus der Wahl des genutzten Lichtspektrums (vgl. Bild 2-9). So wird häufig Umgebungslicht der Sonne oder zusätzlich beigestellter Lichtquellen im sichtbaren Bereich (ca. $380 - 780\,nm$) zur Sensorbelichtung genutzt. Je nach Gestaltung des Markers kann die Pose eines Objekts durch Anordnung einer (monokular) oder mehrerer (stereoskopisch) Sensoriken auch bei teilweiser Verdeckung des Markers bestimmt werden [GARR14]. Zur gleichzeitigen Markerzuordnung (*Identification*) und Posebestimmung (*Lokalization*) können unterschiedliche Markertypen verwendet werden, darunter universell nutzbare QR-Codes [PEDE14] wie auch trackingspezifische Muster [KÖHL11, GARR14, LIGH17].

Bei Anwendungen mit hohen Anforderungen an die Messgenauigkeit und -frequenz ist die Nutzung des nahen Infrarotspektrum (NIR, ca. $1260 - 1675\,nm$) verbreitet [ADVA22]. Ein Vorteil des für den Menschen nicht sichtbaren Infrarotlichts (IR) ist, dass eine hohe Lichtintensität z. B. durch sog. Infrarotlichtblitze keine den Bediener störende Wirkung entfaltet und Marker – sowohl Aktive als auch retroreflektive Passive – aufgrund des hohen Kontrasts zur Umgebung zuverlässig detektiert werden können. Zur vollständigen Posebestimmung eines Objekts auf Basis von i. d. R. punktförmigen IR-Markern werden zumindest zwei Infrarotlichtkameras benötigt. Weiterhin werden meist mehrere Marker mit definierten räumlichen Abständen zu einer zusammenhängenden, geometrisch eindeutig identifizierbaren, bekannten Struktur (*Target*) gruppiert und auf dem nachzuverfolgenden Objekt fixiert [GÖBE12]. Zur Bestimmung der Pose muss das Target sichtbar für beide Kamerasysteme sein und darf nicht verdeckt werden [ZHOU08, GÖBE12].

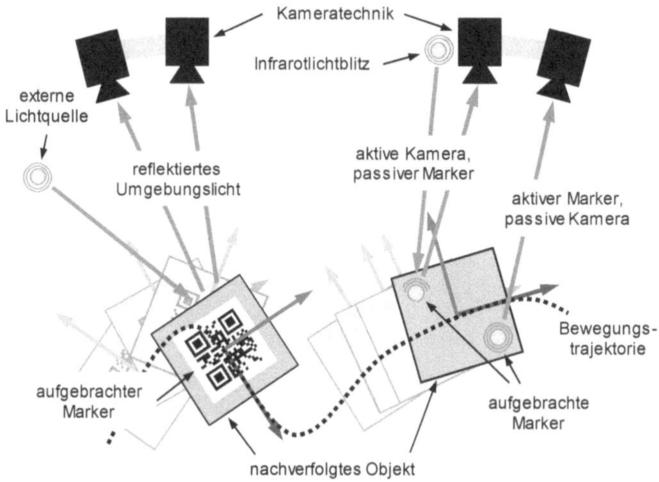

Bild 2-9: Markerbasiertes, optisches Tracking im sichtbaren und infraroten Lichtspektrum

Marker based optical tracking using visible and infrared spectrum

Markerlose Positionserfassung

Im Gegensatz zur markerbasierten Verfahren, erfolgt die Positionsbestimmung von Objekten bzw. Personen beim markerlosen visuellen Tracking durch die optische Erscheinung des verfolgten Objekts selbst. Analog zur markerbasierten Positionserfassung können eine oder mehrere Kamerasysteme an der Tracking-Aufgabe beteiligt sein. Da bei den Verfahren zum markerlosen Tracking vorrangig die Übergänge aus Körpern und ihrer Umgebung betrachtet werden, sind gegenseitige Verdeckungsprobleme (*Okklusion*) von untergeordneter Bedeutung [ZHOU08].

Je nach verwendeter Sensorik (2D-Fotokamera und/oder 3D-Tiefenkamera) und ihrer räumlichen Konfiguration (ein oder mehrere angeordnete Sensoren) können sowohl planare (2D) wie auch räumliche (3D) Umgebungsabbilder als Datenbasis für das Tracking herangezogen werden [ZHOU08]. Darauf aufbauende Tracking-Verfahren können sowohl in 2D als auch in 3D grundsätzlich in *modellbasierte* und *featurebasierte* Ansätze gegliedert werden, vgl. Bild 2-10.

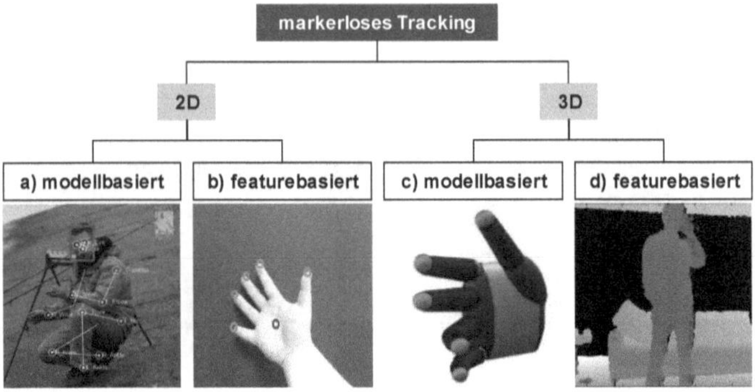

Bild 2-10: Ausprägungen des markerlosen Trackings, Bildquellen: a) [ANDR14], b) [LEEB10] c) [OIKO12] d) [XIAL13]

Approaches to markerless tracking, image sources: a) [ANDR14], b) [LEEB10] c) [OIKO12] d) [XIAL13]

Modellbasierte Verfahren nutzen bekanntes a priori Wissen über die Gestalt und Randbedingung des Betrachtungsobjekts, wie bspw. die Segmentierung des menschlichen Körpers sowie mögliche Gliederstellungen zueinander, vgl. Bild 2-10/a. Zur Körpersegmentierung können Bildbereiche zunächst in zusammenhängende Regionen anhand von optischen Merkmalen wie z. B. Farbgebung oder Schattierung gegliedert werden. Anschließend erfolgt eine Zuordnung der Regionen zu möglichen Konfigurationen des Objektmodells auf deren Grundlage eine Handlungserkennung möglich wird [RAUT15]. In 2D können Modelle sowohl aus einfachen, mit Linien verbundenen Gelenkpunkten (3 DOF) als auch aus Kombinationen flächig ausgedehnter Formprimitive wie Kreisen, Ellipsen, Rechtecken oder Trapezen bestehen [ZHOU08]. Bei Übertragung in 3D steigt mit der Zahl der Freiheitsgrade ebenso die Modellkomplexität an: Modelle aus Gelenkpunkten und Linien erhalten eine weitere Lagedimension sowie zwei weitere Orientierungsparameter (6 DOF), Modelle aus Formprimitiven bestehen nun aus Volumenprimitiven wie z. B. Kugeln, Zylindern, Kegelschnitten oder Quadern, vgl. Bild 2-10/c. Komplexe Geometriemodelle können auch auf Basis von CAD-Daten abgeleitet und zur Positionsbestimmung genutzt werden [BOSC10, LIEB10].

Featurebasierte Ansätze nutzen markante Punkte eines Körpers, welche in aufeinanderfolgenden Aufnahmen zuverlässig wiedererkannt und zur Nachverfolgung korreliert werden können. Markante Punkte (*Features*) können Bereiche eines Körpers sein, an denen es zu zuverlässiger Schattierungs- (2D) oder räumlicher Kantenausprägung (3D) kommt wie z. B. durch Oberflächentexturierungen, Aufdrucke, räumlicher Gestalt oder Körperanordnung. Verbreitete Algorithmen zur Featurebestimmung in 2D sind bspw. der *Harris Corner Detector* oder *Good Features To Track* (Shi-Tomasi Features) [AZAD09]. Ergebnisse der Featurebestimmung können in unterschiedlicher

Repräsentation wie z. B. Scale-Invariant Feature Transform (*SIFT*) oder Speeded Up Robust Features (*SURF*) gespeichert und mithilfe von Metriken verglichen werden [KOST12].

Im Dreidimensionalen hängt die Art des anwendbaren Tracking-Verfahrens stark von der Art der verwendeten Sensorik und der resultierenden Datengrundlage ab. So können bei sog. *RGBD-Aufnahmen*, d. h. Aufnahmen die sowohl Farbinformationen (RGB: Red, Green, Blue) als auch Tiefeninformationen (D: Depth) umfassen, in der Bildebene die gleichen Verfahren zur Feature-Detektion wie in 2D angewendet werden. Zur anschließenden Positionsauswertung werden zusätzlich auch die räumlichen Tiefeninformationen berücksichtigt [SCHL14, ZHAO12]. Da die Bildpunkte in einzelnen RGBD-Bildern wie bei zweidimensionalen RGB-Bildern zeilen- und spaltenweise indexiert sind, können darüber hinaus auch Tiefensprünge aufgrund von Objektgrenzen oder markanter Objekteigenschaften (Kanten, Ecken) durch Folgen der Indexierung detektiert werden [XIAL13]. Diese Möglichkeit verschwindet, wenn mehrere Tiefenbilder zu einer zusammenhängenden Punktwolke verbunden werden und kein direkter Zusammenhang zwischen dem Aufnahmeprozess (Bildebene) und der Messdatenstruktur mehr besteht. Die 3D-Featurebestimmung in Punktwolken erfordert in diesem Fall zunächst eine aufwendige Datenaufbereitung z. B. durch ein Voxelgitter oder Suchbäume höherer Ordnung, vgl. *Octree* bzw. *K-d Tree* [WEIN03, RUSU10].

Kombination von markerbasierter und markerloser Positionserfassung

Die Vielzahl verfügbarer optischer Sensorsysteme und Möglichkeiten zur Datenauswertung lassen auch Verfahrenskombinationen aus markerbasiertem und markerlosem Tracking zu. So ergeben sich Vorteile bei markerbasierten Ansätzen aufgrund der leichten und eindeutigen Identifizierbarkeit der Marker und ihrer zugeordneten Objekte auch bei größeren Szenenumgebungen. Mit steigender Objektanzahl nimmt der Aufwand der Markeranbringung und Positionskalibrierung zu. Daher können Objekte mit geringer Interaktionshäufigkeit oder ohne Eignung zur Markeranbringung wie z. B. verbaute Montageobjekte ergänzend auch markerlos nachverfolgt werden [WULI16].

Inertiale Positionserfassung

Systeme zur inertialen Positionserfassung bestehen aus jeweils drei zueinander orthogonal angeordneten Beschleunigungs- und Drehratensensoren [FOXJ05, WELC02]. Sie können zur räumlichen Posebestimmung (6 DOF) genutzt werden, indem die ausgegebenen Drehwinkeländerungen *einfach* bzw. aufgenommene Beschleunigungswerte *zweifach* zeitlich integriert werden [ROET09]. Da durch Integration der Änderungswerte lediglich relative Anpassungen der Pose in Bezug zu einer Startpose erfasst werden, wird die Eignung zur Handlungsnachverfolgung im Vergleich zu anderen, absolut messenden Verfahren eingeschränkt. Zudem bewirkt das sukzessive, relative Aufaddieren gemessener Poseabweichungen, dass auch Messunsicherheiten innerhalb kurzer Zeit zu signifikanten Fehlpositionierungen führen, die durch das Messverfahren nicht selbstständig kompensiert werden können [FOXL98, SCHR08].

Daher wird die inertiale Positionserfassung häufig mit anderen, absolut messenden Verfahren kombiniert [ROET09, SCHR08, GÖBE12].

Magnetische Positionserfassung

Magnetische Tracking-Verfahren nutzen sowohl das natürliche Magnetfeld der Erde sowie künstlich erzeugte Magnetfelder zur Lagebestimmung [GÖBE12]. So kann mithilfe von Kompasssensoren die Orientierung in Bezug auf den magnetischen Nordpol der Erde erfasst werden. Eine vollständige Lagebestimmung (6 DOF) kann durch künstlich erzeugte Magnetfelder realisiert werden, indem 3 felderzeugende Spulen orthogonal zueinander ausgerichtet werden und eine Sensorik an der Messstelle den magnetischen Fluss durch 3 ebenfalls orthogonal angeordnete Einzelsensoren misst. Zur Berechnung der Sensorposition erfolgt ein Abgleich zur Ausbreitung der Magnetfelder entsprechend eines Ausbreitungsmodells [GÖBE12]. Die Positionsbestimmung entspricht einer relativen Messung bezogen auf die künstlich erzeugten Magnetfelder.

Zur kompakteren Gestaltung wurden darüber hinaus magnetische Tracking-Systeme evaluiert, bei denen sowohl die Felderzeugung als auch die Sensorik außerhalb des nachverfolgten Markers erfolgen [HASH08]. Zur vollständigen Lokalisation (6 DOF) bestehen die Marker des Systems aus einer Anordnung von 3 unabhängigen Schwingkreisen (LC-Schaltungen) mit unterschiedlicher Resonanzfrequenz. Diese werden jeweils einzeln durch eine externe, felderzeugende Spule entsprechend ihrer Resonanzfrequenz zur Schwingung angeregt [HUAN15]. Die Sensorik besteht aus einer zweidimensionalen, äquidistanten Anordnung von Spulen zur magnetischen Flussmessung der Resonanzfelder. Da die Dynamik des Systems mit steigender Markeranzahl aufgrund der Notwendigkeit zur Einzelanregung abnimmt und das Messvolumen vergleichsweise begrenzt ist, wird die Anwendbarkeit eingeschränkt. Der Aufbau von HUANG et. al. zeigt exemplarisch das Tracking von Fingerbewegungen (5 Marker mit je 3 Schwingkreisen) innerhalb eines Messvolumens mit $150\,mm$ Radius bestehend aus 32 Messspulen [HUAN15].

Akustische Positionserfassung

Bei akustischen Trackingsystemen erfolgt die Positionserfassung durch Ermittlung der Zeit, die Schallsignale benötigen, um den Weg von Sender zu Empfänger zurückzulegen [RABB13]. Die Signale liegen in der Regel im für den Menschen nicht hörbaren Ultraschallbereich und bewegen sich in Luft im Vergleich zu anderen Verfahren relativ langsam, wodurch die Messdynamik eingeschränkt wird. Eine vollständige Positionserfassung (6 DOF) kann beispielsweise durch 3 Schallquellen und 3 -empfänger mit jeweils bekannter relativer Anordnung realisiert werden [GÖBE12]. Dabei sind sowohl Konfigurationen mit statischen Sendern und bewegten Empfängern als auch statischen Empfängern und bewegten Sendern möglich [RABB13].

Da die Schallgeschwindigkeit von äußeren Faktoren wie Temperatur, Luftfeuchtigkeit und störenden Umgebungsgeräuschen beeinflusst wird, resultiert unter realen Bedingungen eine meist hohe Messunsicherheit [GÖBE12]. Zudem sind eine

Sichtverbindung und zugewandte Ausrichtung von Sender und Empfänger erforderlich für eine zuverlässige Messung.

Mechanische Positionserfassung

Zur mechanischen Positionserfassung wird der Bediener oder das von ihm bewegte Objekt mit einer frei beweglichen Kinematik verbunden, die ihrerseits an einer statischen Referenzposition befestigt ist [FARO09]. Bei Bewegungsausführung folgt die Kinematik der vorgegebenen Bahn, ohne dabei die Bewegung einzuschränken. Auf Grundlage der bekannten geometrischen Struktur und durch Auslesen von Längen- bzw. Winkeländerungen von Führungen oder Gelenken lässt sich durch Vorwärtstransformation die vollständige räumliche Lage (6 DOF) des Kontaktpunktes bestimmen [WELC02]. Verbreitete Systeme sind z. B. Messarme (vgl. Bild 2-11/a,b) oder auch Industrieroboter (vgl. „kinästhetisches Teach-In", Kap. 2.1.2), die gravitationskompensiert geschaltet einer externen Bewegungsvorgabe folgen [WELC02].

Zur hochauflösenden Erfassung manueller Bewegungen bzw. einzelner Bewegungsaspekte können örtlich auch mitgeführte, portable Kinematiken z. B. in Form von Datenhandschuhen (für Fingerbewegungen, Bild 2-11/c) oder Exoskeletten (für makroskopische Bewegungen der Extremitäten, Bild 2-11/d) genutzt werden. Ein Vorteil der mechanischen Messung ist die realisierbare hohe Messhäufigkeit, mit der Gebersignale aufgezeichnet werden können. Nachteilig kann sich hingegen auswirken, dass das Messobjekt durch Anbringen der Messkinematik in seiner Bewegungsfreiheit derart eingeschränkt wird, dass der zu erfassende Prozess nicht mehr ausgeführt werden kann wie bspw. beim Nachverfolgen eines Montageobjektes innerhalb einer räumlich stark eingeschränkten Montagebaugruppe.

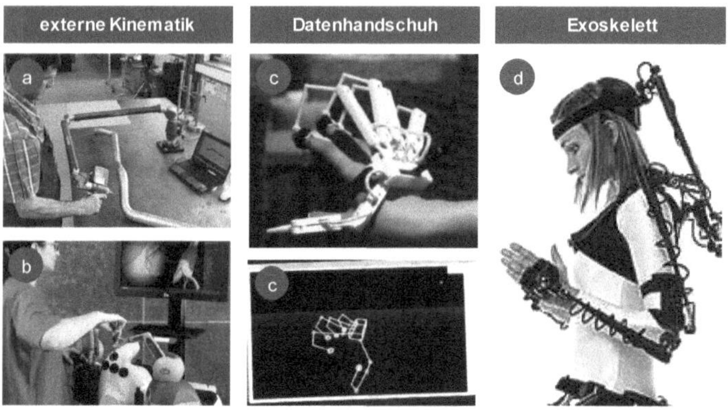

Bild 2-11: Ausprägungen des mechanischen Trackings, Bildquellen: a) [FARO09], b) [3DSY18] c) [GUXI16] d) [META22]

Approaches to mechanical tracking, image sources: a) [FARO09], b) [3DSY18] c) [GUXI16] d) [META22]

Sonderformen und Kombinationen

Neben den vorgestellten, verbreiteten Prinzipien zur Bewegungsnachverfolgung können weitere Datenquellen zur Handlungserfassung herangezogen werden. Hierzu zählen insbesondere Signalverläufe manuell verwendeter Geräte wie z. B. Schaltsignale, Parametereinstellungen oder geräteinterne Sensorinformationen [NETO10]. Durch Anbringen einer Vielzahl verteilter, einfacher Schaltsensoren können Handlungsfolgen auf abstrakter Ebene auch in größeren Umgebungen und über ausgedehnte Zeiträume dokumentiert werden [TAPI04]. Verteilte Sensornetzwerke wie z. B. Überwachungsfunktionen an Greifschalen liefern wichtige Randbedingungen zum Kontext manuell ausgeführter Handlungen [INSY18, SICK18]. Im Zuge einer fortschreitenden Funktionsintegration und Miniaturisierung haben sich sog. *smarte Sensoren* [AHRE15] herausgebildet, die eine lokale Messwertverarbeitung mit offener Konnektivität verbinden und somit auch die Umsetzung neuartiger Tracking-Verfahren sowie deren kombinierte Anwendung ermöglichen.

Weiterhin existieren funkbasierte Ultrabreitband Impulsradar (UWB-IR) Ansätze, die ein Nachverfolgen von Objekten, wie z. B. Bedienerhänden durch Anordnung mehrerer Radarsysteme (sog. „Anchor“) in der Umgebung der Objekte ermöglichen [AHME20, AHME21]. Die Positionsunsicherheit dieser Systeme liegt im Bereich von ~10^{-2} m [XIAJ22].

2.2.2 Handlungserkennung

Action recognition

Nach erfolgreicher Objekt- bzw. Personenerkennung (1) und Nachverfolgen seiner Bewegungen (2) schließt sich mit der auf den Tracking-Ergebnissen aufbauenden Handlungserkennung (3) ein dritter Auswertungsschritt zur Demonstrationserfassung an, vgl. Bild 2-12.

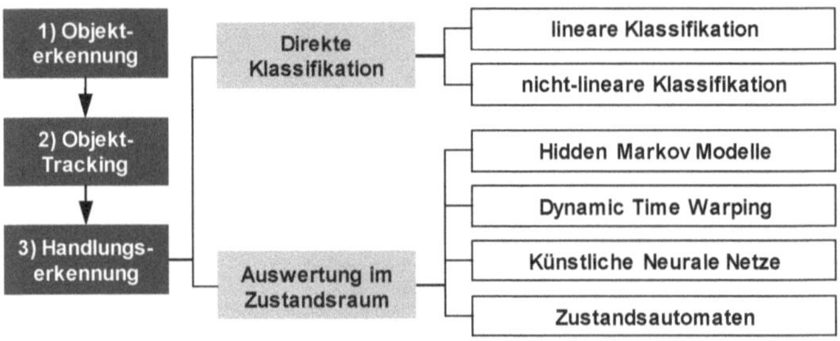

Bild 2-12: Ansätze zur Handlungserkennung auf Basis von Tracking-Informationen nach [RAUT15, POPP10]

Approaches to action recognition based on tracking information according to [RAUT15, POPP10]

Die Handlungserkennung kann in zwei Verfahrensgruppen unterteilt werden [POPP10, RAUT15]. Die erste Gruppe umfasst Methoden zur Klassifikation, die einzelnen

Eingangsgrößen oder einer abgegrenzten Sequenz von Eingangsgrößen eine direkte Bedeutung in Form einer bekannten und unterscheidbaren Handlung zuschreiben. Sie berücksichtigen jedoch insbesondere keine zeitlichen Abweichungen bei der Handlungsausführung [RAUT15]. Diese Anforderung wird durch die zweite Gruppe der zustandsbasierten Methoden erfüllt, die einen Raum aus mit Kanten verbundenen Zustandsknoten aufspannen [POPP10]. Ein Zustandsknoten kann dabei entsprechend Gleichung (2.4) sowohl ausgeführte Aktionen als auch Observationen enthalten. Die Kanten repräsentieren Zustandsübergänge, welche die logische Abfolge eines Handlungskomplexes abbilden.

Methoden der direkten Klassifikation

Die aus dem Tracking resultierenden Eingangsdaten liegen meist in Form von höherdimensionalen Wertetupeln vor, die Aussagen über den Handlungsverlauf zu einem jeweiligen Messzeitpunkt repräsentieren [POPP10]. Ziel der Klassifikation ist es, den möglichen Werteraum derart in Bereiche (Cluster) aufzuteilen, sodass eine eindeutige Abgrenzung der zu unterscheidenden Handlungen gelingt.

Am Beispiel eines modellbasierten Hand-Trackings (vgl. Bild 2-10) könnten die Eingangsdaten beispielhaft aus den bestimmten räumlichen Lagen und Orientierungen der Fingerglieder bestehen, die eine Geste ausführen. Mit steigender Zahl berücksichtigter Werte nimmt ebenso die Anzahl der Freiheitsgrade bzw. Dimensionen zur Klassifizierung zu, wodurch diese erschwert wird. Daher kann es in einem ersten Schritt zweckmäßig sein, die Dimension der Wertetupel, i. e. die Repräsentationsform, zu reduzieren [POPP10]. Im Beispiel der Handgeste könnte eine Reduktion bspw. die Poseinformationen der Fingerglieder (je 6 DOF) in eine Kombination aus 2 bis 3 Gelenkwinkeln je Finger oder gar in eine Auswahl aus einer Menge vorbestimmter Fingerstellungen übertragen.

Der zweite Schritt besteht in der Anwendung eines geeigneten Klassifizierungsmechanismus. Ein verbreiteter Ansatz stellt der *k-means-Algorithmus* dar, durch den während einer Trainingsphase eine Gruppe von k Bereichen bestimmt wird, die eine Menge von Datenpunkten bestmöglich segmentiert. Die Segmentierung erfolgt, indem zunächst k beliebige Mittelpunkte definiert werden und alle eingehenden Datenpunkte ihrem nächstliegenden Mittelpunkt, entsprechend dem kürzesten Abstand einer zu wählenden Metrik (z. B. euklidischer Abstand), zugeordnet werden. Anschließend erfolgt eine Verschiebung der Mittelpunkte jeweils zum Durchschnittswert aller zugeordneten Datenpunkte. Die Abfolge aus Punktzuordnung und Mittelpunktverschiebung wird iterativ wiederholt, bis ein Abbruchkriterium erfüllt wird. Dies kann bspw. das Überschreiten einer maximalen Iterationszahl oder das Unterschreiten einer Mindestlänge der Mittelpunktverschiebungen sein [BISH07, RAUT15]. Der Algorithmus konvergiert zu einem lokalen Optimum der Cluster-Verteilung, die jedoch noch keinen Bezug zu möglichen erkannten Handlungen herstellt (*unsupervised learning*). Eine Zuordnung von Handlungen und Clustern sowie ein mögliches Zusammenfassen mehrerer Cluster mit gleicher Bedeutung kann manuell durch den Bediener als Teil des Trainings erfolgen bzw. teilweise automatisiert werden [ZHAO18].

Beim *k-Nearest-Neighbor-Algorithmus* basiert die Klassifikation auf einer Mehrheitsentscheidung bereits klassifizierter Datenpunkte (Trainingsdaten) [RAUT15]. Das Klassifizierungsergebnis ergibt sich aus der Abstimmung der k nächsten Nachbarpunkte der Trainingsdaten, die jeweils für ihre eigene Klasse abstimmen. Zur Abstandsbestimmung wird analog zum k-means-Algorithmus eine für den jeweiligen Dimensionsraum geeignete Metrik ausgewählt, wobei k meist einem positiven, kleinen, ganzzahligen Wert entspricht. Die Komplexität zur Bestimmung der k nächsten Nachbarn kann bei umfangreichen Trainingsdaten stark ansteigen [POPP10]. In Abhängigkeit zur vorliegenden Datenstruktur kann daher eine Organisation der Trainingsdaten z. B. durch Suchbäume, Graphen oder mithilfe von Hashfunktionen zu einer Suchbeschleunigung führen [HYVÖ00].

Einem nicht-linearen Ansatz zur Klassifizierung folgen *Support Vector Machines* (SVM) [BURG00]. Sie ermöglichen eine Separation von Datenpunkten, die nicht durch lineare Klassifikationsgrenzen im vorliegenden Dimensionsraum durchgeführt werden kann, indem die Trainingsdaten mithilfe einer geeigneten Kernel-Funktion in einen höherdimensionalen Darstellungsraum überführt werden [BISH07]. Durch diesen sog. „Kernel-Trick" können im höherdimensionalen Raum lineare Trennebenen (Hyperebenen) gefunden werden, die eine bestmögliche Abgrenzung zweier Merkmalsklassen darstellen [RAUT15]. Zur Bestimmung der Trennebene werden lediglich die benachbarten Randpunkte (Stützvektoren) der Klassengrenzen herangezogen. Weiter entfernte Trainingsdatenpunkte beeinflussen die Lage der Trennebene nicht, sodass auch große Trainingsdatensätze verarbeitet werden können.

Methoden zur Auswertung im Zustandsraum

Die Handlungserkennung im Zustandsraum basiert auf einer Evaluation aufgezeichneter Observationen zu Zuständen und ihrer logischen Verknüpfung.

Ein verbreitetes Konzept ist die zustandsbasierte Modellierung von Handlungskomplexen mithilfe von *Hidden Markov Modellen* (HMM). HMM können als Generalisierung von Markow-Ketten aufgefasst werden, die einen Zustandsautomaten mit Wahrscheinlichkeitswerten für den Zustandsübergang (Transition) beschreiben und bei dem die Wahrscheinlichkeitswerte aller ausgehenden Transitionen eines Zustands in Summe 100% ergeben [RAUT15]. Im Unterschied zu Markow-Ketten wird bei HMM davon ausgegangen, dass neben registrierten (sichtbaren) Observationen auch nicht sichtbare Systemzustände eintreten, sodass auch nicht deterministische Vorgänge erfasst werden können. Dabei hängt die Eintretenswahrscheinlichkeit einer Transition lediglich vom unmittelbar vorangegangenen Zustand und nicht von der Zustandshistorie eines Prozesses ab (Markow-Annahme). Zudem werden Observationen nur auf den jeweils aktuellen Systemzustand angewendet, sodass einzelne, aufeinanderfolgende Observationen unabhängig voneinander betrachtet werden können [POPP10].

Die Anwendung von HMM zur Handlungserfassung erfolgt, indem einzelne, den zu erkennenden Handlungen entsprechende HMM gebildet werden. Im Beispiel der Handgestenerfassung könnte ein Zustand durch eine Momentaufnahme registrierter Fingerstellungen abgebildet werden und Übergangswahrscheinlichkeiten könnten die Abfolge spezifischer Fingerstellungen charakterisieren. Zur Identifikation einer Handlung wird anschließend dasjenige HMM ausgewählt, welches die höchste Gesamtwahrscheinlichkeit in Bezug auf einen vorliegenden Observationsverlauf der Fingerstellungen liefert [RAUT15]. Vorteilhaft wirkt sich aus, dass der transitionsbasierte Ansatz implizit zu einer Handlungsgliederung führt und somit ein grundlegendes Problem der kontinuierlichen Verarbeitung von Tracking-Daten löst.

Zur Reduktion der Modellkomplexität kann es zweckmäßig sein, die Observation manueller Handlungen in abgegrenzte Körperbereiche zu unterteilen, für die jeweils einzelne, weniger komplexe HMM formuliert werden können, wie z. B. zur Detektion von Hand-, Arm- oder Kopfbewegungen. Eine Zusammenführung der verteilt erhobenen Detektionsergebnisse kann ebenfalls auf Basis übergreifender HMM erfolgen, indem die Ergebnisse als Observationsgrundlage herangezogen werden. Durch die Bereichsgliederung können zudem Bewegungskombinationen erfasst werden, die nicht explizit Teil eines Trainingsschritts waren [POPP10].

Eine zweite Verfahrensgruppe, die die Abfolge von Zuständen bzw. Zustandsveränderungen analysiert, wird unter dem Begriff des *Dynamic-Time-Warping* (DTW) zusammengefasst. Ziel des DTW ist es, eine optimale Abbildung von zwei Signal- bzw. Zustandsfolgen zu bestimmen [RAUT15]. Analog zu HMM handelt es sich im Kontext der Handlungserkennung einerseits um eine vorab aufgezeichnete Referenzzustandsfolge (Trainingsdaten), andererseits um den während der Erkennungsphase registrierten Zustandsverlauf. Zur Bestimmung der optimalen Abbildung werden zunächst die Abstände aller möglichen Punktpaare der beiden verglichenen Zustandsfolgen ermittelt, welches in Form einer Abstandsmatrix dargestellt werden kann. Weiterhin wird eine Kostenfunktion für eine Angleichung der Signalfolgen angewendet, um einen idealen (kostengünstigen) Pfad vom Start- zum Zielzustand entsprechend der Abstandsmatrix abzuleiten. Die verglichenen Signalfolgen weisen in der Regel eine unterschiedliche Länge auf und bedürfen meist einer Normalisierung bzw. Glättung vor Berechnung der Abstandsmatrix [RAUT15].

Zur Erkennung und Unterscheidung verschiedener bekannter Handlungen, müssen ihre vorab aufgezeichneten Trainingsdaten mit dem neuerlichen Zustandsverlauf paarweise verglichen werden. Dabei repräsentiert der übergreifend bestimmte, kostengünstigste Pfad die höchste Wahrscheinlichkeit einer vorliegenden Handlung. Zur Unterdrückung nicht sicher unterscheidbarer Handlungen kann ein Schwellwert (*threshold*) in Bezug auf die Abbildungskosten vorgegeben werden [MULL07]. Um geringe Abbildungskosten zu erzielen, ist eine möglichst gleichartige (Dauer, Geschwindigkeit) Ausführung der Handlungen erforderlich und während der Trainingsphase zu berücksichtigen [POPP10].

Die dritte Verfahrensgruppe bilden Sonderformen der *Künstlichen Neuronalen Netze* (*Artificial Neural Networks* – ANN). In ihrer Reinform bestehen diese aus gewichtet miteinander verbundenen Neuronen, die in sichtbaren (Ausgabeschicht) und nicht sichtbaren Schichten angeordnet sind [BISH07]. Durch die trainierte Gewichtung der Neuronenverbindungen kann zu einem Eingangssignalvektor ein Ausgabevektor bestimmt werden, welcher einer Wahrscheinlichkeitsverteilung für die unterschiedenen Ergebnisoptionen entspricht [JAIN96]. ANN werden häufig für statische Klassifizierungsaufgaben und zur Mustererkennung (Schrift, Sprache) eingesetzt, können aber auch zur Verarbeitung von zeitlich ausgedehnten bzw. kontinuierlichen Signalabfolgen (hier: Zustandsverteilungen) adaptiert werden [MITR07].

Eine Handlungserkennung in Echtzeitumgebungen mittels ANN wird bspw. durch *Time Delay Neural Networks* (TDNN) ermöglicht. Sie stellen eine Erweiterung von ANN dar, indem einzelne Neuronen die Möglichkeit erhalten, auf vergangene Werte der Eingangssignale zurückzugreifen und einen zeitlichen Kontext herzustellen [RAUT15]. Eine ähnliche Form der zeitbehafteten Signalauswertung kann auch durch *Convolutional Neural Network* (CNN) erreicht werden, indem die Faltung (Convolution) der Eingangsdaten entlang der Zeitachse erfolgt [YANG15]. Im Unterschied dazu bilden *Recurrent Neural Networks* (RNN) die Dynamik der Eingangssignale nicht durch deren Anpassung, sondern durch eine Abfolge zusätzlicher interner Schichten innerhalb des Netzes ab [VEER15]. Eine Weiterentwicklung von RNN mit signifikant gesteigerter Leistungsfähigkeit stellen *Long Short-Term Memory Networks* (LSTM) dar, da sie insbesondere die Trainingsphase eines vielschichtigen RNN durch eine modellierte Form von Gedächtnis unterstützen können, wodurch das Auffinden globaler Optima verbessert wird [LIUJ18]. LSTM werden heute, in Verbindung mit leistungsstarken Rechnerkapazitäten, in vielen Alltagsanwendungen z. B. zur Spracherkennung oder Texteingabeunterstützung eingesetzt.

Als letzte Verfahrensgruppe können verschiedene Ausprägungen von *Zustandsautomaten* (*Finite State Machines* – FSM) betrachtet werden. Sie modellieren den Handlungsrahmen durch eine begrenzte Anzahl möglicher Zustände, welche meist vorab mithilfe von Trainingsdaten und analytisch ermittelten Parametern definiert werden [RAUT15]. Während der Anwendungsphase wird auf Basis eingehender Sensordaten jeweils der aktuelle Zustand des erfassten Systems ermittelt. Die Handlungserkennung basiert auf der Detektion bekannter Abfolgen von Zustandsübergängen. Eine Handlung gilt als erkannt, sobald der Zielzustand einer Abfolge erreicht wird [RAUT15]. FSMs werden häufig zur Erkennung von Handgesten eingesetzt, da die zu unterscheidenden Zustände durch wenige, generische Elementargesten gebildet werden können [MITR07].

2.2.3 Sensordatenfusion

Sensor data fusion

Durch einen kombinierten Einsatz unterschiedlicher Sensortechniken können multimodale Systeme zur Handlungserfassung umgesetzt werden [MAUR06, ZHUC09,

CHEN15]. Dabei besteht die Herausforderung darin, verschiedenartige Sensordaten, die in Abhängigkeit vom jeweiligen Messverfahren mit unterschiedlicher Frequenz, Latenz und Datenqualität bereitgestellt werden, in einem gemeinsamen Kontext auszuwerten [NOBI17]. Dieser Prozess der Datenaggregation wird häufig als Fusion bezeichnet und kann an unterschiedlichen Stellen der Datenverarbeitung erfolgen, vgl. Bild 2-13. Grundsätzlich wird eine Datenfusion auf Ebene einzelner Messwerte bzw. Features s_i^t (frühe Fusion – *early fusion*) von einer Fusion abgeleiteter Systemzustände (späte Fusion – *late fusion*) unterschieden [VRIG15]. Als dritte Verfahrensgruppe können Mischformen angesehen werden, bei denen eine schrittweise Zusammenführung von Berechnungsergebnissen erfolgt (langsame Fusion – *slow fusion*).

Frühe Fusion

Bei früher Fusion werden die eingehenden Werte-Tupel unterschiedlicher Sensoriken mithilfe von Verarbeitungsverfahren gemäß Kapitel 2.2.2 in ihrer Dimension reduziert, sodass ein neuer, sensorübergreifender Feature-Vektor resultiert. Aufbauend auf der konsekutiven Auswertung übergreifender Feature-Vektoren kann anschließend eine Handlungserkennung durch Klassifikation oder Betrachtung im Zustandsraum erfolgen. Der Ansatz führt zu guten Erkennungsergebnissen, wenn die verwendeten Sensortechniken und ihre Messwerte in gute Korrelation zueinander gebracht werden können. Zudem ist für die nachfolgende Handlungserkennung nur eine einmalige Trainingsphase erforderlich [VRIG15]. Können die Messwerte weniger gut korreliert werden, kann es zu einer negativen Überbewertung einer einzelnen Sensortechnik gegenüber der anderen kommen, wodurch der Mehrwert der Multimodalität verloren geht.

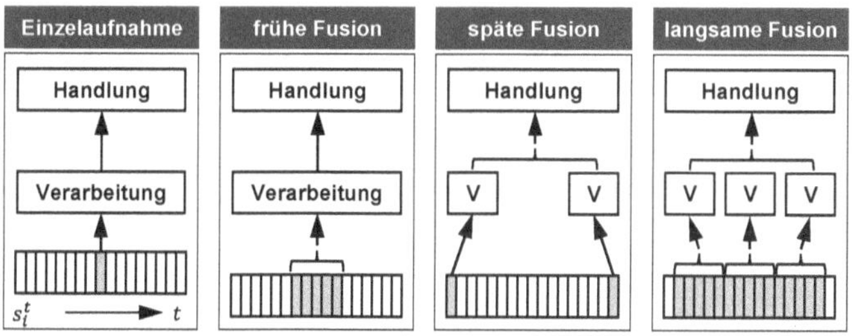

Bild 2-13: Ansätze zur Sensordatenfusion nach [KARP14]
Approaches to sensor data fusion according to [KARP14]

Späte Fusion

Erfolgt im ersten Verarbeitungsschritt zunächst eine isolierte Vorverarbeitung von Sensordaten z. B. in Form einer Klassifikation, ehe die resultierenden Ergebnisse zusammengeführt werden, wird dies als späte Fusion bezeichnet. Aufgrund der erhöhten Informationsdichte wird häufig auch von Fusion auf Entscheidungsebene gesprochen [CHEN15]. Der Aufwand zur Implementierung ist im Vergleich zur frühen Fusion in der Regel höher, da für jede Sensortechnik ein eigenes probabilistisches Modell trainiert werden muss, während Ergebnisse im Kontext der Anwendung (insbesondere zeitlich) korrelierbar bleiben müssen [VRIG15]. Andererseits kann eine effiziente Vorverarbeitung einzelner Datenströme die Aussagekraft eines Messverfahrens zum Teil signifikant erhöhen.

Langsame Fusion

Der dritte Ansatz der langsamen Fusion entspricht einer Kombination aus früher und später Datenaggregation. Durch ein hierarchisches Gliedern von Schritten zur Erkennung und Zusammenführung werden Ergebnisse schrittweise in Richtung Ausgabeschicht geleitet [VRIG15]. Bei geschickter Anwendung kann die Zuverlässigkeit der Detektion oberhalb der vorgenannten Ansätze liegen [KARP14]. Aufgrund der vielschichtigen Informationsverarbeitung führt es aber auch zum höchsten Berechnungsaufwand insbesondere während der Trainingsphase.

2.2.4 Anwendung im Montagekontext

Applications for assembly processes

Montageprozesserfassung

Die sensorbasierte Nachverfolgung von manuellen Montagevorgängen ist gekennzeichnet durch eine kontinuierliche Bewegungserfassung der montierenden Person bzw. ihrer Extremitäten insbesondere Arme, Hände, Finger oder verwendeter Montagewerkzeuge, vgl. Bild 2-14 links. Eine Herausforderung besteht darin, dass es während der Montage häufig zu Okklusionseffekten der verfolgten Objekte kommt, wodurch sich deren wahrnehmbare Gestalt verändert und somit die Auswertung insbesondere optischer Sensorinformationen erschwert wird [PRAB13].

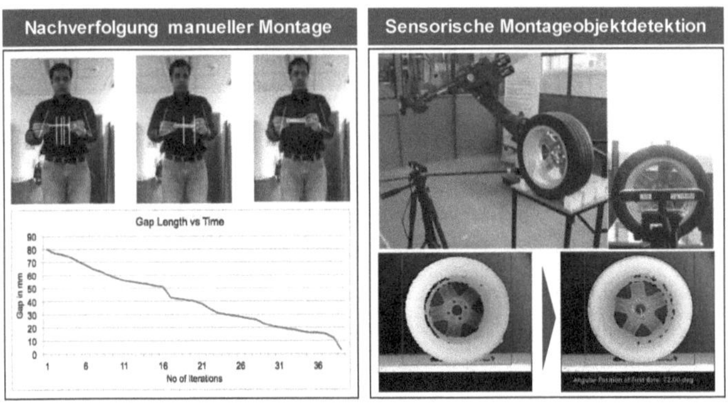

Bild 2-14: links: Erfassung eines manuellen Schraubprozesses [PRAB13], rechts: tiefendatenbasierte Ermittlung der Montageobjektorientierung [PRAB14]

left: capturing of a manual screwing process [PRAB13], right: determination of assembly object orientation using depth data [PRAB14]

Weiterhin ist zu berücksichtigen, dass sich die äußere Gestalt von Montageobjekten in Abhängigkeit von ihrem Montagezustand während des Prozesses kontinuierlich verändert und eine dynamische Anpassung des Referenzmodells zur Erfassung voraussetzen, vgl. Bild 2-14 rechts. Daher müssen für jede Teilmontage geeignete Trainingsdaten zur Verfügung stehen, um ein Wiedererkennen der Objekte zu ermöglichen.

Zur Generierung geeigneter Trainingsdaten können CAD-Modelle von Teilmontagen genutzt werden, indem die relative Lage der beteiligten Einzelobjekte entsprechend eines Montagegraphen zu einer kohärenten Repräsentation zusammengefügt werden [LEUM13]. Mit steigender Komplexität des Montagegraphen sowie ggf. bestehenden Freiheitsgraden bezüglich der Montagereihenfolge resultiert ein hoher Aufwand zur Erstellung der benötigten Modelldaten. Gleichsam müssen effiziente Methoden zur Zuführung und Auswertung dieser großen Datenmengen während des Erfassungsprozesses realisiert werden. Im industriellen Kontext kann eine Anbindung an bestehende Objektdatenbanken wie z. B. Produktdaten-Managementsysteme (PDM) ein günstiger Ausgangspunkt sein [LEUM13].

Assistenzsysteme

Die Anwendung von Tracking-Verfahren für Montageprozesse erfolgt häufig im Bereich von Assistenzsystemen. So können anhand von virtuellen Baugruppen Trainingsszenarien für Montagemitarbeiter umgesetzt werden, um insbesondere den Produktionsanlauf neuer Produkte zu unterstützen [STOR12]. Ein weiterer Mehrwert resultiert in diesem Zusammenhang aus der Möglichkeit einer frühzeitigen Montageabsicherung. Anhand virtueller Prototypen kann die Montage von Baugruppen bereits während der Produktgestaltung evaluiert und Planungsfehler frühzeitig offengelegt werden. Durch Anwendung einer sensorbasierten Bewegungssteuerung kann eine natürliche Interaktionsform mit einem rein virtuell abgebildeten Montageprozess umgesetzt werden, vgl. Bild 2-15 links.

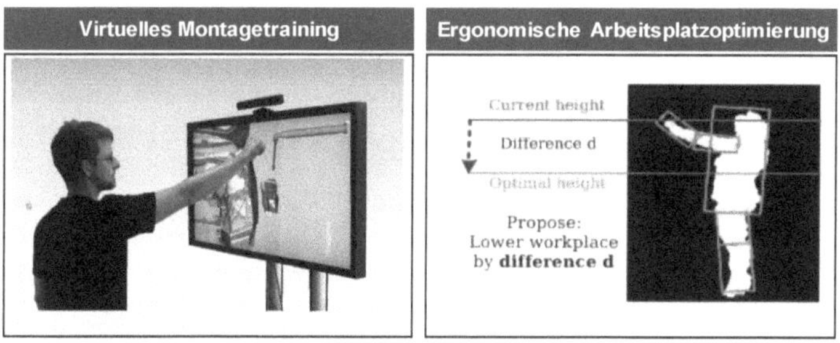

Bild 2-15: links: Bewegungssteuerung für virtuelles Montagetraining [STOR12], rechts: Analyse manueller Montage zur Ergonomie-Optimierung [NGUY15]

left: motion control for virtual assembly training [STOR12], right: analysis of manual assembly for ergonomic optimization [NGUY15]

Die vordringliche Herausforderung besteht aktuell in der Reduktion des hohen Autorenaufwands zur Modellierung des virtuellen Interaktionskontexts. Es mangelt an geeigneten Methoden zur Integration bestehenden Produkt- und Prozesswissens, welche die physikalischen und logischen Randbedingungen der Interaktion definieren [STOR12]. LEU, ELMARAGHY, NEE et al. stellen in diesem Zusammenhang einen Ansatz zur integrierten CAD-Modellgenerierung vor und kombinieren diesen mit Verfahren zur Bewegungsnachverfolgung und prozessnahen Visualisierung mittels *Virtueller Realität* (*Virtual Reality* – VR) bzw. *Erweiterter Realität* (*Augmented Reality* – AR) [LEUM13]. Ihre Konzeptimplementierung findet Anwendung bei der Realisierung von Montageprototypen, deren Montageplanung sowie zur Trainingsunterstützung.

EGERMEIER zeigt, dass die Anwendung eines physikbasierten Simulationsansatzes den Aufwand der Modellierung von virtuellen Objektinteraktionen bzw. -manipulationen deutlich reduzieren kann [EGER08].

Im Bereich der Assistenzsysteme können Bewegungsaufzeichnungen manueller Montageprozesse außerdem dazu verwendet werden, Arbeitsplätze von Montagemitarbeitern ergonomisch zu optimieren, indem z. B. Betriebsmittel individuell auf den Mitarbeiter abgestimmt angeordnet werden, vgl. Bild 2-15 rechts. Grundlage der Optimierung bilden Bewertungssysteme, die Bewegungsmustern und Prozessrahmenbedingungen wie z. B. der Verwendung von Stützhilfen einen Beanspruchungswert des Mitarbeiters zuweisen [NGUY15].

Ein Konzept ohne hochauflösendes Bewegungstracking zeigen BADER und AEHNELT [BADE14]. Sie verwenden einfache, diskrete Sensortechniken wie z. B. *Radio-Frequency Identification* (RFID) oder Lichtschranken, um die Anwesenheit von Objekten im Interaktionsraum zu detektieren. Die Nachverfolgung der Montage erfolgt anhand eines formalen Aufgabenmodells, welches die möglichen Prozessabfolgen als Wissensverkörperung umfasst. Ihre Umsetzung basiert auf einer Modellierung mittels FSMs, die nach HMMs konvertiert die Auftretenswahrscheinlichkeit eines zu erkennenden Montageschritts in Abhängigkeit von kontinuierlich eingehenden Sensorsignalen ausgeben. Einem Montagemitarbeiter können anschließend Instruktionen und Hilfestellung zum jeweiligen Arbeitsschritt dargestellt werden.

KÄRCHER nutzt die sensorische Erfassung manueller Montageprozesse zur Optimierung von Montageplänen [KÄRC19]. Der Ansatz beruht darauf, aus einer Menge aufgezeichneter Observationen Best Practices und standardisierte Prozesszeiten abzuleiten, die zur weiteren Planung, Optimierung und für ein unternehmensübergreifendes Benchmarking herangezogen werden können. Das entwickelte Analysewerkzeug greift hierzu auf eine Kombination verschiedener Sensortechniken zurück, deren Daten aggregiert und in einem gemeinsamen Kontext ausgewertet werden. Die erfassten Sequenzen können in einen gerichteten Graphen übertragen und als Single-Source Shortest Path (SSSP) Problem optimiert werden.

Intuitive Programmierung und Mensch-Roboter-Kollaboration

Zur Unterstützung der Bewegungsprogrammierung von Industrierobotern zeigt VOGL ein Konzept, das aus einem getrackten Eingabestift und einer optischen Prozessdarstellung besteht [VOGL09]. Der handgeführte Eingabestift ermöglicht eine aufwandsarme Erfassung von Stützpunkten, die in-situ unter Verwendung der realen Montageobjekte und der realen Betriebsmittelumgebung erfasst werden. Durch die geschlossene Kette aus manueller Positionsvorgabe und einer Kombination aus Laserprojektionen und AR Roboterbewegungsdarstellung können Programmiervorgaben visualisiert werden. Die eingegebenen Koordinaten können ebenfalls zur Positionierung statischer Kollisionsobjekte genutzt werden, um Kollisionen des Roboters zu vermeiden.

LAMBRECHT verfolgt einen ähnlichen Interaktionsansatz zur intuitiven Bewegungsvorgabe [LAMB14]. Er nutzt zur Positionseingabe hingegen nicht einen trackbaren Eingabestift, sondern ein markerloses Tracking von Handgesten des Bedieners, um Definitionen von Posen, Bewegungsbahnen sowie Aufgaben des Roboters abzuleiten. Durch eine mobile AR-Anwendung kann der Bediener an einem Smartphone oder Tablet-Computer auf die Visualisierung des erstellten Roboterprogramms zugreifen. Die Gestenerkennung basiert auf der Kombination eines externen Tiefensensors zur Ermittlung der Handposition sowie einer Erkennung von Fingergesten im 2D-Kamerabild des Handheld-Geräts [LAMB13].

Im Unterschied zu den beiden vorgenannten Ansätzen, die darauf abzielen präzise Bewegungsvorgaben des Roboters (Bahntrajektorie) durch Sensorsysteme vereinfacht erstellen zu können, bestehen andere Bestrebungen darin, Sensoriken für eine intuitive Interaktion mit dem Robotersystem einzusetzen. Das in [MAKR14] beschriebene Verfahren nutzt hierzu Sprachbefehle und vordefinierte Befehlsgesten, die durch den Bediener ausgeführt werden. Die Befehle ermöglichen es, Basisoperationen wie z. B. das schrittweise Verfahren des Roboters entlang einer Achse in Echtzeit d. h. unmittelbar nach Absetzen des Befehls auszuführen, sodass ein interaktives Systemverhalten resultiert.

HAAGE et al. verwenden Bewegungstracking, um kontinuierliche Montageabläufe in eine Abfolge diskreter Schlüsselbilder (*Key-Frames*) zu gliedern, die jeweils den aktuellen Zustand verwendeter Montageobjekte wiedergeben [HAAG17]. Einzelne Objekte werden dabei durch Ellipsoiden angenähert, die sich entsprechend der manuellen Montagedemonstration im Raum bewegen und bei Überschneidung einen Montagevorgang induzieren. Ziel des Systems ist es, Abläufe durch möglichst wenige, charakteristische Key-Frames abzubilden, die anschließend durch das Robotersystem in automatisierter Form rekonstruiert werden können. MOLLARD et al. nutzen Montagedemonstrationen ebenfalls als Ausgangspunkt zur Bestimmung von Key-Frames [MOLL15]. Diese formulieren geometrische Randbedingungen der an der Montage beteiligten Objekte wie z. B. Fixationen oder Rotationsfreiheitsgrade. Die anschließende Ablaufplanung greift die identifizierten Prozessbeschränkungen auf und ermittelt zulässige Objektbewegungen zur Ausführung der Montage.

GROTH zeigt einen Programmieransatz, der Bewegungstrajektorien als Ketten von Partikeln auffasst, die Objekte der Umwelt miteinander verbinden [GROT16]. Sie können beispielsweise durch kinästhetisches Teachen vorgegeben werden und bilden die Grundlage für zwei wesentliche Prozessverbesserungen: der Wiederverwendbarkeit von Programmabschnitten durch Adaption von Partikelketten und der Reduktion der Komplexität durch sogenanntes „One-Shot"-Programmieren. Bei Letzterem reichen bereits einzelne Prozessdemonstrationen aus, um gleichartige Prozesse auch in unterschiedlichen Umgebungen auszuführen. Dies wird durch zusätzlich angebrachte, externe Sensorik erreicht, die die Bewegung des Roboters im Kontext seiner Handhabungsobjekte aufzeichnet und damit die Grundlage der Partikelbestimmung darstellt.

VORDERER verfolgt einen Ansatz zur Modularisierung automatisierter Montageanlagen durch standardisierte mechatronische Funktionseinheiten, die frei im Arbeitsraum eines Montageroboters positioniert und sensorisch lokalisiert werden können [VORD16]. Die Abarbeitung eines Arbeitsplans erfolgt durch Übertragen einzelner Montageaufgaben auf geeignete Funktionseinheiten unter Einhaltung entsprechender Kontinuitätsregeln. Zur Programmierung werden CAD-Modelle der Montageobjekte genutzt, die um einen Montageablaufplan erweitert werden. Dieser umfasst Referenzen zu Montagefunktionen der Funktionseinheiten sowie einzustellende Prozessparameter.

FRIEDRICH et al. beschreiben Methoden zur dynamischen Bewegungsplanung und Ausführung roboterbasierter (De-)Montageprozesse unter Berücksichtigung eines hybriden Umgebungsmodells, das auf Basis von CAD-Modellen und RGBD-Aufnahmen erstellt wird [FRIE16, FRIE17, FRIE18, FRIE22]. Die Planung nutzt einen Sampling-basierten Ansatz und eine globale Voxel-Karte, durch die Hindernisse markiert und mögliche Kollisionen des Roboters detektiert werden können. In Objektnähe erfolgt eine Feinpositionierung bzw. ein Ausgleich von Unsicherheiten durch Auswertung integrierter Kraftsensorik.

NÄGELE et al. entwickeln ein PbD-System zur Inbetriebnahme kraftgeregelter Montageprozesse am Beispiel von Schaltschrankkomponenten [HALT18, NÄGE19, BARG21]. Sie verwenden optische Marker zur Identifikation variantenreicher Montageobjekte und wenden übertragbare Skill-Modelle auf die einzelnen Montageaufgaben an. Die Skills – in Form von Prototypen modelliert – können durch den Anwender erstellt, spezifiziert und aggregiert werden [NÄGE18]. Zudem wurde eine domänenspezifische Sprache (Domain-Specific Language, DSL) entwickelt, die den Aufbau einer wiederverwendbaren Skill-Bibliothek fördert.

Zur Verbesserung der Zusammenarbeit von Mensch und Roboter im selben Arbeitsraum wurden neuartige Kollaborationsformen insbesondere zur Erfüllung von Montageaufgaben untersucht. KNOLL et al. beschreiben die Architektur eines multimodalen Kollaborationsarbeitsplatzes, der sensortechnische Elemente zur Interaktionserfassung, kognitive Systemfähigkeiten zur Reaktionsplanung und Aktorik zur Darstellung und Bewegungsausführung enthält [LENZ08, BLUM14, WALL10].

MORATO et al. verwenden Bewegungssensorik zur Realisierung von Sicherheitsfunktionen während der Mensch-Roboter-Kollaboration (MRK) [MORA14]. So werden beiderseits manuelle Bewegungen sowie Bauteilbewegungen während des Montageprozesses erfasst, um Kollisionen durch kurzfristige Bewegungsänderung des Roboters zu verhindern. Bauteilpositionen werden während der Montage durch einen Abgleich von CAD-Modellen und 3D-Messwerten (Punktwolken) ermittelt. Auf diese Weise können Planabweichungen als Warnungen an den Montagemitarbeiter ausgegeben werden.

BERG und REINHART zeigen ein MRK-orientiertes Planungssystem, das Teilaufgaben eines MRK-Szenarios jeweils dem geeigneten Interaktionspartner zuordnet und die Programmgenerierung für das beteiligte Robotersystem anleitet [BERG17]. Während der Programmausführung werden die manuellen Arbeitsschritte des Mitarbeiters durch eine Bewegungssensorik überwacht, sodass entsprechend der detektierten Handlungsabfolge ein Aufsynchronisieren der Roboterhandlungsanteile ermöglicht wird. Grundlage der Überwachung bilden die fünf Grundgesten des *Methods-Time Measurement* (MTM) „Hinlangen“, „Greifen“, „Bringen“, „Fügen“, „Loslassen“. GOTO et al. beschreiben analog ein FSM-basiertes Aufgabenmodell für kollaborative Montageprozesse, das sie zur Nachverfolgung manuell ausgeführter Handlungen einsetzen [GOTO13]. Ein Robotersystem quittiert erkannte manuelle Handlungen verbal durch sprachliche Ausgabe der Aufgabenschritte.

GROSS adressiert den bei Umsetzung von MRK-Szenarien für Unternehmen einhergehenden Schulungsbedarf für Produktionsmitarbeiter durch Entwicklung einer multimodalen, kollaborationsorientierten Lernumgebung [GROS21b]. Ziel ist es, Mitarbeitern die notwendigen Kompetenzen bereitzustellen, damit sie während der Kollaboration kognitiv entlastet werden und die ihnen zur Verfügung stehenden Funktionen effektiv zur Montage einsetzen. Durch eine experimentelle Studie konnte ein direkter, positiver Effekt des Assistenzsystems auf die wertschöpfenden Prozesse gezeigt werden.

2.3 Zusammenfassung und Fazit

Summary and conclusion

Die etablierten Programmierverfahren für Industrieroboter gliedern sich in Online- und Offline-Methoden und adressieren den Roboter als Handhabungssystem weitgehend isoliert. Sie werden heute von speziell geschulten Programmierexperten angewendet und sind entsprechend der Roboterverbreitung vorrangig in der industriellen Großserienfertigung zu finden.

Um die Verbreitung von Industrierobotern auch in kleinen und mittleren Unternehmen (KMU) zu erhöhen, ist eine Reduktion des Schulungsaufwands zwingend erforderlich, welches durch die Verfügbarkeit intuitiver Inbetriebnahmeverfahren begünstigt werden kann [MEYE06, CORV20]. In Bezug auf den betrachteten Anwendungsbereich der Montage sind insbesondere Produktionsmitarbeiter als besondere Bedienergruppe zu berücksichtigen, die spezifische Anforderungen an eine intuitive Interaktionsgestaltung stellen [RICK16]. Sie verfügen über umfassendes Domänenwissen in Bezug auf den auszuführenden Montageprozess, sind in der Regel jedoch ungeübt in der Verwendung von steuerungs- und automatisierungstechnischen Nutzerschnittstellen zur Inbetriebnahme.

Charakteristisch für die Automatisierung von Montageaufgaben ist weiterhin, dass an der Prozessausführung meist mehrere Steuerungssysteme beteiligt sind, wie z. B. Zellenrechner oder speicherprogrammierbare Steuerungen (SPS) für Prozessmodule. Mit den verbreiteten Inbetriebnahmeverfahren können diese Prozesse nicht holistisch betrachtet automatisiert werden, sondern erfordern die Anwendung steuerungsspezifischer bzw. proprietärer Programmiersysteme.

Ansätze zur intuitiven Interaktionsgestaltung basieren häufig auf einem „Lernen von Demonstration", bei dem manuelle Prozessausführungen zunächst durch das lernende technische System observiert und anschließend bestmöglich nachgeahmt werden. Die Umsetzung einer demonstrationsbasierten Interaktionsschnittstelle setzt die Lösung folgender Teilprobleme voraus:

- *Bewegungstracking*
  Das Nachverfolgen von Objekt- und Bedienerbewegungen wird durch geeignete Sensortechnik ermöglicht. Es bilden sich zunehmend multimodale Sensoranordnungen heraus, bei denen eine Aggregation von Messwerten erfolgt.
- *Handlungserkennung*
  Die Handlungserkennung gliedert sich in eine Trainings- und eine Anwendungsphase und basiert auf einer Behandlung von detektierten Zustandsänderungen mit Methoden zur Merkmalsklassifikation oder Auswertung im Zustandsraum.
- *Ableiten von Reaktionen im Anwendungskontext*
  Die Reaktion des technischen Systems kann sowohl aus der gleichartigen Nachahmung des demonstrierten Prozesses als auch aus der Anwendung eines zuvor erlernten Skills bestehen, welcher spezifisch an den aktuellen Interaktionsrahmen angepasst wird.

Es ist festzustellen, dass im Forschungsumfeld entwickelte Interaktionsverfahren meist stark von industriellen Produktionsprozessen abstrahieren. Insbesondere bei der PbD-Entwicklung und Erprobung wird von wenig komplexen Pick&Place Prozessen und idealisierten Bauteilen ausgegangen. Die untersuchten Ansätze greifen nicht die besonderen Merkmale von Montagemitarbeitern hinsichtlich verfügbaren Domänenwissens auf und stellen einen unzureichenden Bezug zur Arbeitsplatzumgebung und den hier verwendeten Betriebsmitteln und Ressourcen her. Zudem mangelt es an einer Verknüpfung der Verfahren mit Prozessplanungswerkzeugen im Sinne eines integrierten Engineering-Prozesses, wodurch eine Übertragbarkeit in die Praxis erschwert wird.

Hieraus ergibt sich der Bedarf nach einer Lösung, die die Aufwände aller zur Inbetriebnahme notwendigen Arbeitsschritte entsprechend einer Gesamtbetrachtung und unter praxisnahen Randbedingungen reduziert und somit dazu beiträgt, die Verbreitung roboterbasierter Montageanlagen zu erhöhen und insbesondere eine flexible Automatisierbarkeit von Montageschritten zu ermöglichen.

3 Handlungsbedarf, Zielsetzung und Vorgehensweise

Task and objectives

3.1 Handlungsbedarf und Zielsetzung

Need for action and objectives

Für eine variantenübergreifende Prozessausführung bieten roboterbasierte Anlagenkonzepte den Vorteil einer freien Bewegungsprogrammierbarkeit, die eine Basistechnologie zur Realisierung flexibler Montageprozesse darstellt. Charakteristisch für die heute verfügbaren Verfahren zur Bewegungsprogrammierung ist eine starke Fokussierung auf den Funktionsumfang der Einzelbetriebsmittel wie z. B. die Bewegung einzelner Achsen oder des Tool Center Points (TCP) [GÖBE12]. Ein Bezug zu dem durch die Bewegung hervorgerufenen Montageprozess wird dabei jedoch nicht hergestellt, sodass insbesondere Montageabläufe mit verteilt gesteuerten Anlagenkomponenten die Anwendung und manuelle Synchronisierung unterschiedlicher Programmiersysteme erfordern. Der mangelnde Prozessbezug stellt in diesem Zusammenhang das Hauptdefizit der verfügbaren Methoden dar.

Heutige Anwender von Roboterprogrammierverfahren werden meist den Unternehmensbereichen des Anlagenbaus oder der Instandhaltung zugeordnet und müssen aufwendig auf diese Tätigkeit vorbereitet werden, da sie für eine Vielzahl unterschiedlicher Anlagen – während der Inbetriebnahmephase und darauffolgend für die Störungsbehebung – verantwortlich sind. Die Vorhaltung einer Abteilung, die die Inbetriebnahme und Wartung automatisierungstechnischer Systeme fokussiert, ist für produzierende Unternehmen erst ab einem spezifischen Aufgabenumfang wirtschaftlich, sodass insbesondere für kleine Unternehmen große Hürden für die Einführung automatisierter bzw. roboterbasierter Montageanlagen bestehen [SPAT19, WEBE21].

Im Gegensatz zu Programmierexperten verfügen Montagemitarbeiter nicht über die notwendigen Kenntnisse, um automatisierte Anlagen zur Realisierung einzelner Montageschritte einrichten zu können. Sie müssen zunächst dazu befähigt werden, das Verhalten des Automatisierungssystems selbstständig verändern zu können, um z. B. auf Stückzahlschwankungen oder Produktvariantenänderungen reagieren zu können. Aus diesem Grund sind die heute eingesetzten Betriebsmittel im manuellen Montageumfeld von vergleichsweise geringer Komplexität und die jeweilige Leistungsfähigkeit (Produktivität) nur noch begrenzt steigerungsfähig. Eine mögliche Lösung ist hier die kooperierende Anwendung manueller und automatisierter Montagetechnik nach dem HART-Ansatz (*Human-Agent Robot Teamwork*), der – je nach Produktionsrahmenbedingungen – eine flexible Aufgabenverteilung zwischen Mitarbeiter und Automatisierungslösung vorsieht [BRAD12].

Die Vorbereitung der Montagemitarbeiter auf diese Aufgabe ist aufwendig, da im Vergleich zu Anlagenbau und Instandhaltung eine deutlich größere Personengruppe mit nur geringen Vorkenntnissen angesprochen wird. Weiterhin bleibt das bereits existierende Expertenwissen der Mitarbeiter über die zu realisierenden Montageprozesse bei Programmierschulungen weitgehend ungenutzt [GÖBE12].

Aus den genannten Aspekten leitet sich die Hauptforschungsfrage der Arbeit ab:

- *Wie können Montagemitarbeiter neue Prozesse intuitiv zur Ausführung durch eine roboterbasierte Montageanlage einlernen?*

Bei der Ausgestaltung und Realisierung eines Konzeptes soll mit der zunehmenden digitalen Begleitung und Unterstützung von Produktionsprozessen durch digitale Zwillinge eine aktuelle Entwicklung aufgegriffen werden [SCHU20]. So ist es heute Stand der Technik, dass während der Produkt-, Prozess- und Betriebsmittelplanung umfangreiches Modellwissen digital erzeugt wird und damit auch für weitere Betriebsprozesse verfügbar ist. Die Datenbasis umfasst insbesondere Geometriemodelle der Baugruppen und Anlagen, die im Rahmen eines integrierten Inbetriebnahmeprozesses herangezogen werden können.

Methoden, die Geometriemodelle z. B. zur Bewegungsprogrammierung von Robotern nutzen, fallen in den Bereich der Offline-Programmierung (vgl. Kapitel 2.1.1) und sind nicht für die direkte Interaktion mit Betriebsmitteln konzipiert. Sie setzen einen hohen Aufwand zur Modellerzeugung und -pflege (Abgleich Modell-Realität) voraus. Im Forschungsumfeld existieren hybride Ansätze aus Online- und Offline-Verfahren, deren Anwendungen jedoch ebenfalls stark auf den Funktionsumfang der Robotertechnik begrenzt sind. Insbesondere die Adressierung von Montageprozessen ist hier unzureichend.

Hieraus ergibt sich ein offenes Potenzial für das zu entwickelnde Interaktionskonzept, das durch Beantwortung folgender Forschungsfrage ausgeschöpft werden soll:

- *Wie kann der Zugriff auf modellgestützte Methoden zur virtuellen Inbetriebnahme von roboterbasierten Anlagen bereitgestellt werden, damit diese während der Online-Interaktion zur Vereinfachung der Inbetriebnahme automatisierter Montageprozesse genutzt werden können?*

Beide Forschungsfragen adressieren das Ziel, die Montagekapazität des einzelnen Mitarbeiters zu erhöhen, indem dieser wiederkehrende und monotone Arbeitsabläufe bedarfsgerecht an eine flexibel automatisierbare Anlage abtreten kann, um sich Tätigkeiten mit höherer Wertschöpfung zuwenden zu können. Für KMU sollen durch den Ansatz die Hürden für eine stufenweise Einführung automatisierter Anlagen sinken, die sich aus dem hohen Schulungsbedarf der Mitarbeiter bezüglich betriebsmittelspezifischer Inbetriebnahmeverfahren ergeben.

3.2 Vorgehensweise der Arbeit

Scientific approach

In Kapitel 2 wurde zunächst der aktuelle Entwicklungsstand von Programmierverfahren für Industrieroboter in Forschung und Technik evaluiert. In diesem Zusammenhang erfolgte eine Beurteilung über die jeweilige Anwendbarkeit der Verfahren durch die genannte Benutzergruppe. Zudem wurde der Fortschritt existierender Ansätze zur sensorischen Handlungserkennung untersucht, welcher den Ausgangspunkt zur Entwicklung des methodischen Kerns einer demonstrationsbasierten Interaktion darstellt.

Unter Berücksichtigung der in Kapitel 3 definierten Zielsetzung erfolgt in Kapitel 4 die Ableitung eines geeigneten Inbetriebnahmekonzepts. Dabei wird der Anwendungsbereich flexibel automatisierbarer Montagesysteme vom Aspekt der Wandlungsfähigkeit abgegrenzt und weiterhin der Begriff der *steuerungstechnischen Rekonfiguration* eingeführt. Zur Lösung der in Abschnitt 4.2.1 formulierten Trackingaufgabe werden nachfolgend komplementäre Sensorsysteme gesucht, deren aggregierte Messdaten eine Bestimmung der durch den Bediener demonstrierten Montagehandlungen ermöglichen. Weiterhin wird die Handlungserkennung in einen geschlossenen Interaktionsablauf mit notwendigen Unterstützungsfunktionen eingebettet, um die Steuerbarkeit durch den jeweiligen Bediener zu gewährleisten.

In Kapitel 5 folgt eine vertiefte Erläuterung zur informationstechnischen Implementierung der Handlungserkennung, die auf einer verteilten Auswertung und fortschreitenden Zusammenführung von Sensordaten in einem aktiven Szenenkontext beruht und in der Generierung eines Arbeitsplans zur Montageautomatisierung mündet. Anschließend wird in Kapitel 6 ein methodischer Überbau zur vollständigen Inbetriebnahme einer spezifischen Montageanlage vorgestellt und die resultierende Gesamtlösung beispielhaft unter Zuhilfenahme einer Demonstrationsanlage erprobt. Die Ergebnisse der Erprobung werden abschließend zur Bewertung des Verfahrens genutzt.

Die hier beschriebenen Arbeiten – insbesondere die Realisierung der zur Anwendung genutzten Anlagentechnik – sind im Rahmen der öffentlich geförderten Forschungsvorhaben AutoMontEx[1] und MoDemo[2] unter Einbeziehung industrieller Anwenderunternehmen entstanden. Durch Experteninterviews und einen intensiven Austausch konnten praxisnahe Anforderungen erhoben und mögliche Lösungsalternativen frühzeitig bewertet werden.

---

[1] AutoMontEx – Erarbeitung eines Programmierkonzeptes automatisierter Montageanlagen für manuelle Montageexperten. BMBF-Projekt im Bereich Mensch-Technik-Interaktionl

[2] MoDemo – Flexible Montageautomatisierung durch intuitiv programmierbare Roboter. IGF-Vorhaben Nr. 18446 BG

4 Konzept zur Inbetriebnahme flexibler Montageanlagen

Concept for the commissioning of flexible assembly systems

4.1 Begriffsbestimmung und Systembeschreibung

Definitions and system description

4.1.1 Montageprozesse und Möglichkeiten der Flexibilisierung

Assembly processes and possibilities for increasing flexibility

Montageprozesse können gemäß Bild 4-1 in Teilfunktionen der Hauptgruppen *Fügen*, *Handhaben*, *Kontrollieren*, *Justieren* und *Sonderoperationen* gegliedert werden. Sie werden zur Produktrealisierung während der Montageplanung kombiniert ausgewählt und ausgelegt. Die jeweiligen Prozesse repräsentieren das Verbindungsglied zwischen Montage-Produkt und Montage-Betriebsmittellösung und übertragen die Anforderungen des Produkts an seine Herstellung in Form von Prozessparametern an die Betriebsmittel.

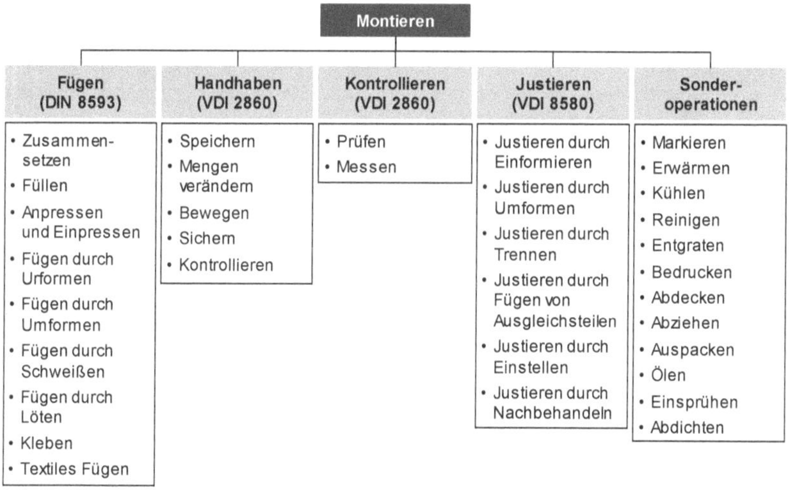

Bild 4-1: Taxonomie von Teilfunktionen der Montage nach LOTTER et al. [LOTT12]

Taxonomy of assembly tasks according to LOTTER et al. [LOTT12]

Die Planung einer Montagelösung folgt meist einem sich zunehmend verfeinernden Top-Down Planungsansatz [LOTT12, STEI12, WEID14], der mit der Klärung von Produktionsrahmenbedingungen wie z. B. der Nutzungsdauer, Sollausbringung oder Amortisationszeit der Montagelösung beginnt. Anschließend erfolgt eine Produktanalyse, während der die Anzahl und der Anlieferungszustand von Bauteilen, ihre

Handhabungseigenschaften, die Fügerichtung der Montage sowie Qualitätsanforderungen evaluiert werden. Im dritten Schritt wird der resultierende Montageablauf analysiert, indem die feingeplante Produktgeometrie, die spezifische Fügesituation und die Fügerangfolge betrachtet werden. Hinsichtlich einer geschlossenen Prozessabfolge beinhaltet dies ebenso die Gestaltung der Materialflussschnittstellen. Dabei werden Zielzustände der Montageobjekthandhabung definiert und Werkstückträgerkonstruktionen abgeleitet.

In der Folge können einzelne Teilfunktionen unter Zuhilfenahme der vorangestellten Schnittstellenanalyse isoliert behandelt und weiter ausdetailliert werden. Eine konkrete Prozessausprägung umfasst darüber hinaus beispielsweise die Auswahl einer geeigneten Fügestrategie oder die Festlegung skalarer Prozessparameter [SAYL11]. Einzelne funktionale Prozessmodule müssen schließlich in eine übergeordnete Montageorganisationsform eingegliedert werden, damit die Gesamtlösung die gestellten Anforderungen z. B. hinsichtlich Taktzeit und Ausbringung sicher erfüllt.

Die Montageplanung ist stark geprägt durch das Ziel, zukünftige Veränderungen hinsichtlich der Produktionsrahmenbedingungen durch eine *hohe Flexibilität* auffangen zu können und somit das Investitionsrisiko für das Unternehmen zu minimieren. SCHMIDT definiert Flexibilität in der Montage als *Anpassbarkeit des Systems an Veränderungen hinsichtlich Art und Menge der zu produzierenden Produkte, der Produktionsanforderungen sowie der Produktionsbedingungen* [SCHM92].

Abzugrenzen ist Flexibilität gegen den Begriff der *Wandlungsfähigkeit* von Produktionssystemen, vgl. Bild 4-2 bzw. [NYHU08]. So bedeutet Flexibilität, dass bereits im Planungsprozess Veränderungen wie z. B. Stückzahlschwankungen oder Produktvarianten erwartet und berücksichtigt werden. Es bilden sich abgegrenzte Bereiche (s. a. „Fähigkeitskorridore“, [NYHU08]) heraus, in denen Betriebspunkte für den operativen Betrieb ohne größeren Aufwand gewählt werden können. Dies kann z. B. bedeuten, dass einzelne Prozessmodule in Abhängigkeit von der jeweiligen Produktvariante ausgetauscht werden, der zugrunde liegende Montageablauf aber unverändert bleibt.

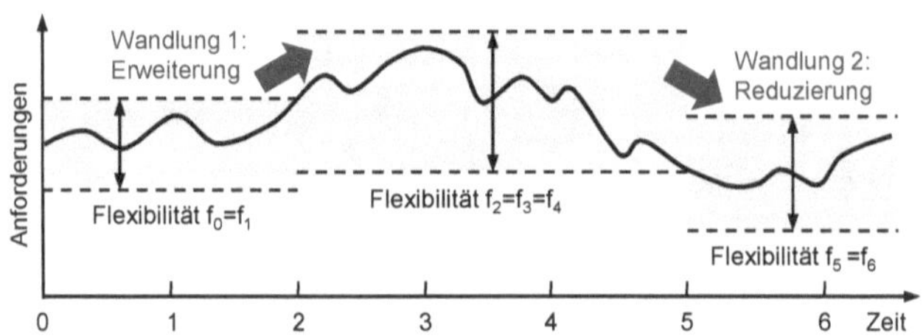

Bild 4-2: Abgrenzung von Flexibilität und Wandlungsfähigkeit nach ZÄH et al. [ZÄHM05]

Differentiation between flexibility and changeability according to ZÄH et al. [ZÄHM05]

Wandlungsfähigkeit kennzeichnet ein Produktionssystem, wenn es dem Betreiber darüber hinaus erlaubt, auf während der Planung unvorhersehbare Entwicklungen auch nachträglich mit begrenztem Aufwand reagieren zu können [NYHU08]. Dies kann z. B. bedeuten, dass Nachfrageschwankungen derartig stark ausgeprägt sind, dass vorgesehene und als Kapazität vorgehaltene Stückzahlkorridore verlassen werden. Während der Planung wandlungsfähiger Systeme werden daher Möglichkeiten zur Wandlung bereits vorgesehen, indem benötigte Freiheitsgrade bzw. Schnittstellen geschaffen werden, die z. B. den Austausch von Funktionsmodulen mit unterschiedlicher Technologie oder Kapazität erlauben.

Im Gegensatz zur Flexibilität handelt es sich bei bestehender Wandlungsfähigkeit aber nicht um vorgehaltene Ressourcen, die abgerufen werden können. Stattdessen ist es eine Systemeigenschaft, die durch sog. Wandlungsbefähiger begünstigt werden kann und deren Vorteile durch zusätzliche Wandlungsaufwände bzw. -kosten realisiert werden können. NYHUIS et al. charakterisieren dazu die Wandlungsbefähiger [NYHU08]:

- **Modularität**, erreicht durch standardisierte, funktionsfähige Einheiten, die leicht austauschbar gestaltet werden;
- **Skalierbarkeit** umfasst alle technischen, räumlichen und personellen Möglichkeiten der Erweiterung bzw. Reduzierung, die zur Kapazitätsanpassung genutzt werden können;
- **Kompatibilität** als Schnittstelleneigenschaft bzgl. Material-, Medien- bzw. Energietransport sowie Informationsaustausch, die eine Vernetzung von Komponenten an Modul- und Systemgrenzen erlaubt;
- **Universalität** meint die Dimensionierung und Gestaltung von Elementen für stark unterschiedliche Anforderungen bzgl. Produkt oder Technologie;
- **Mobilität**, gefördert durch eine leichte Aufstell- und örtliche Verschiebbarkeit des Anlagensystems.

Orthogonal zu den genannten Systemeigenschaften der Flexibilität und Wandlungsfähigkeit bestehen mit den Begriffen *Rekonfigurierbarkeit* und der *Umrüstbarkeit* zwei weitere Möglichkeiten zur Charakterisierung der Anpassungsfähigkeit eines Montagesystems, vgl. Bild 4-3.

Rekonfigurierbarkeit beschreibt dabei die Fähigkeit, spezifische Aufgaben sehr effizient durch optimierte Funktionseinheiten ausführen zu können [NYHU08]. Gleichzeitig können diese Einheiten bei rekonfigurierbaren Systemen aufgrund standardisierter Schnittstellen aber auch schnell und aufwandsarm ausgetauscht werden. Die Prozesssteuerung erfolgt durch die Funktionseinheit weitgehend autonom, sodass übergeordnete Steuerungssysteme meist unverändert bleiben.

Umrüstbare Montagesysteme werden durch Rüstarbeiten wie bspw. dem Austausch von Werkzeugen oder der Einstellung von Vorrichtungen in verschiedene, vorab bekannte oder unbekannte Arbeitszustände überführt. Das Rüsten erfolgt dabei innerhalb der (universellen) Funktionseinheiten, die im Gegensatz zur Rekonfiguration nicht ausgetauscht werden.

	Flexibilität	Wandlungsfähigkeit
Rekonfigurierbarkeit	Rekonfiguration durch **bekannte und standardisierte Funktionseinheiten**, z. B. Austausch einer Schweiß- gegen eine Klebeeinheit für Produktvarianten mit besonderer Materialkombination	Rekonfiguration durch **zum Zeitpunkt der Planung noch nicht vorhandene** Funktionseinheiten, z. B. Integration einer Reinigungsanlage zur bisher nicht möglichen Verarbeitung oberflächenbehandelter Teilespektren
Umrüstbarkeit	Umrüstung von Anlagenkomponenten **entlang vorgesehener Arbeitszustände** für ein bekanntes Produktspektrum, z. B. Umbau von Hilfskonstruktionen zur Schweißprozessunterstützung	Umrüstung von Anlagenkomponenten für Produkte mit Dimensionen **außerhalb des bekannten Spektrums**, z. B. Verschiebung von Aufstellpositionen zur Vergrößerung des Arbeitsraums bei Mehrroboter-Schweißprozessen

Bild 4-3: Systemeigenschaften zur Reaktion auf geänderte Montageanforderungen

System properties to react to changed assembly requirements

Im Rahmen dieser Arbeit wird ein Ansatz zur Inbetriebnahme von vorrangig flexiblen Montageanlagen erarbeitet, der folglich die dynamische Anpassung auf bekannte Produktvarianten bzw. Baugruppenspektren ermöglicht. Die Anpassungen können dabei sowohl durch Rekonfiguration, d.h. durch den Austausch von Funktionsmodulen sowie durch einfache Rüstarbeiten innerhalb der Anlage erreicht werden. Es wird das Ziel verfolgt, die einhergehenden steuerungstechnischen Inbetriebnahmeaufwände bezogen auf die ausgeführten Prozesse signifikant zu reduzieren.

Eine Ausweitung des Ansatzes auf Wandlungsszenarien wird angestrebt, indem Möglichkeiten evaluiert werden, Montageprozesse derart generalisiert d. h. betriebsmittelunabhängig abzubilden, dass sie auch für nicht absehbare Produktveränderungen adaptiert werden können. Die Evaluation orientiert sich dabei an den genannten Wandlungsbefähigern sowie an spezifischen Flexibilitätsdimensionen, die von der Ausprägung der betrachteten Montageprozesse abhängig sind.

4.1.2 Funktionale Anlagenstrukturierung

Functional system structure

Die Systemeigenschaften zur Flexibilität bzw. Wandlungsfähigkeit sind eng mit Entscheidungen zur technologischen und systemtechnischen Architektur einer Montagelösung verknüpft. Ihre Struktur lässt sich gemäß Bild 4-4 hierarchisch in Ebenen mit unterschiedlicher Verantwortlichkeit und Abstraktion gliedern. Jede Ebene umfasst jeweils eine Aggregation von Elementen der untergeordneten Ebene.

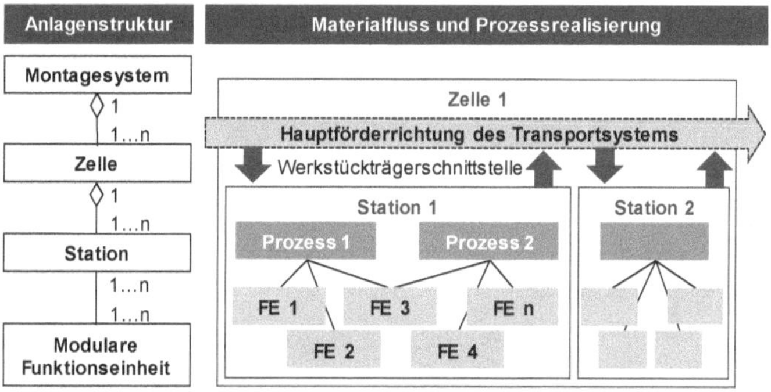

Bild 4-4: Gliederung eines automatisch verketteten Montagesystems
Structure of an automatically linked assembly system

Die gesamte Montagelösung wird als *Montagesystem* bezeichnet. Es stellt die Verbindung aller Montageeinrichtungen dar und realisiert den wesentlichen Materialfluss mithilfe eines umlaufenden Transportsystems [LOTT12]. Teil des Transportsystems sind produktspezifisch gestaltete Werkstückträger, die die Hauptmontagebaugruppe aufnehmen und entlang der Förderrichtung mitbewegt werden. Mit jedem Montageschritt wird die Baugruppe um neue Anbauteile erweitert, sodass die sich einstellenden graduellen Gestaltänderungen des Produkts und seine ggf. erforderlichen Orientierungsänderungen zu einer aufwendigen Werkstückträgerkonstruktion führen können.

Das Transportsystem verbindet *Montagezellen*, die ihrerseits einer logischen Gruppierung von *Stationen* entsprechen. Eine Abgrenzung zwischen Zelle und Station kann durch Betrachtung des erreichten Montagefortschritts und der beteiligten Betriebsmittel getroffen werden. So wird das Ziel verfolgt, innerhalb der Zelle eine Baugruppe oder ein einfaches Produkt möglichst vollständig zu montieren [LOTT12]. Benötigte Anbauteile oder weitere Hilfsmittel werden meist an den räumlichen Grenzen der Zelle durch weitere Speicher- und Fördersysteme zugeführt, sodass sich ein relativ abgegrenztes Zellengefüge ergibt.

Die Identifikation einzelner Stationen kann auf Basis der zur Montage notwendigen Einzelprozesse erfolgen. Einem *Prozess* wird jeweils eine Station zugeordnet. Er entspricht dem kleinsten abgeschlossenen Montagefortschritt bezogen auf einen Fügeort [LOTT12] und kann durch eine einzelne Teilfunktion (vgl. Bild 4-1) oder die Kombination mehrerer Teilfunktionen hervorgerufen werden. Auf der untersten Gliederungsebene befinden sich *Funktionseinheiten* als ausführende Elemente des Systems, die in der Regel nur an einem Prozess beteiligt sind. Demgegenüber kann ein Montageroboter als flexibel programmierbares Handhabungsgerät aber auch bei mehreren Prozessen innerhalb einer Zelle genutzt werden. In Bezug auf die Hard- und Softwareschnittstellen der Funktionseinheiten wird eine modulare Gestaltung angestrebt, um die Rekonfigurierbarkeit des Systems zu erhöhen und damit positiven Einfluss auf seine Flexibilität und Wandlungsfähigkeit zu nehmen (vgl. Bild 4-3).

Hinsichtlich der Anordnung der Stationen innerhalb einer Zelle wird zwischen einer *Reihenverkettung*, bei der die Stationen nacheinander Montagevorgänge am Basisteil ausführen und einer *Parallelverkettung*, bei der Montagevorgänge zur Erhöhung der Ausbringung simultan durchgeführt werden, unterschieden [LOTT12]. Zur besseren Austaktung der Anlage kann auch eine Kombination aus Reihen- und Parallelverkettung sinnvoll sein.

Analog zu den Teilfunktionen aus Bild 4-2 ist nach [HESS16] auch eine Gliederung der Funktionseinheiten möglich in:

- Speichereinrichtungen, z. B. Bunker, Stapeleinrichtungen, Magazine
- Einrichtungen zum Mengen verändern, z. B. zum Teilen, Vereinigen, Abteilen, Zuteilen, Verzweigen und Zusammenführen, Sortieren
- Zuführeinrichtungen, z. B. Bandzuführung, Drahtzuführung, Schraubenzuführung, kontinuierliche Werkstückzuführung
- Einrichtungen zum Sichern, z. B. Werkstückaufnahmen, Greifer, Greiferwechseleinrichtungen, Spanneinrichtungen
- Einrichtungen zum Bewegen, z. B. Lineareinheiten, Schwenkeinheiten, Dreheinheiten, Positionierachsen, Einlegeeinrichtungen, Portaleinheiten, Schwingfördertechnik
- Prozesstechnik für Prozesse des Fügens, Justierens und Sonderoperationen (vgl. Bild 4-1)
- Kontrolleinrichtungen, z. B. Bildverarbeitungssysteme

4.1.3 Steuerungstechnische Topologie
Control system topology

Die durch die Funktionseinheiten umzusetzenden Prozesse werden – je nach Aufgabe – durch verschiedenartige Steuerungssysteme realisiert, vgl. Bild 4-5. Grundsätzlich erzeugen diese das logische Anlagenverhalten, indem sie Eingangssignale verschiedener Quellen zyklisch einlesen, anhand einer Programmlogik auswerten und Ausgangssignale am Ende eines jeden Zyklus ausgeben, insbesondere, um Stellgrößen der verwendeten Aktorik zu manipulieren. Üblicherweise werden für derartige Steuerungsaufgaben speicherprogrammierbare Steuerungen (SPS) bzw. Industrie-PCs (IPC) mit entsprechenden Schnittstellen zur Feldkommunikation (E/A, Bussysteme) eingesetzt.

Einfache Funktionseinheiten verfügen meist über keine eigene Steuerung, sondern werden auf Stationsebene durch das vorhandene Steuerungssystem eingebunden. So werden bspw. zur Realisierung einer Zuführeinrichtung nur wenige Sensorsignale wie z. B. Anwesenheitssensoren am Ende der Zuführstrecke und am Ende der Stauung benötigt. Ihre Signale können direkt in der Stationssteuerung zur Ablaufsteuerung verwendet werden.

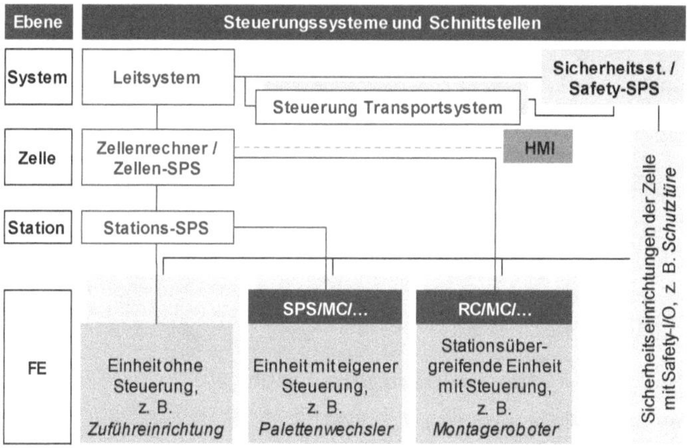

Bild 4-5: Beispielhafte Steuerungsarchitektur eines flexibel automatisierten Montagesystems

Exemplary control architecture of a flexibly automated assembly system

Bei hoher Komplexität einer einzelnen Funktionseinheit kann es hilfreich sein, ein dediziertes Steuerungssystem für diese Funktionseinheit vorzusehen, sodass die Komplexität für das vertikal einbindende Steuerungssystem auf Stationsebene durch Möglichkeiten zur Abstraktion sinkt. Ein Beispiel für eine komplexe Funktionseinheit ist ein Palettenwechselsystem zur Bauteilbereitstellung, das leere Paletten durch eine integrierte Sensorik selbstständig detektiert und gegen volle Paletten aus einem Reservoir austauscht. Während das übergeordnete Steuerungssystem Informationen zur Verfügbarkeit neuer Bauteile bzw. zur Einsatzfähigkeit der Einheit benötigt, können die gesamte Logik des Palettenwechsels sowie die Zugriffssteuerung z. B. für externe Beschickungsvorgänge gekapselt werden. Weitere Gründe für die Verwendung eines integrierten Steuerungssystems sind Vorgänge, die durch ein hohes Maß an Prozess-Know-how gekennzeichnet sind wie z. B. drehmoment-/drehwinkelgesteuerte Schraubprozesse oder Anwendungen, die besondere Anforderungen bzgl. der verfügbaren Rechenkapazität stellen wie z. B. Bildverarbeitungssysteme.

Flexible Montagezellen mit stationsübergreifenden Handhabungseinrichtungen wie z. B. Sechsachs-Knickarmrobotern oder Portalsystemen verfügen auf Zellenebene in der Regel über eine weitere vertikale Steuerungsschicht, die sowohl Stationssteuerungen als auch Steuerungen der Handhabungsgeräte (Robotersteuerung bzw. robot control/RC oder Bewegungssteuerung bzw. motion control/MC) einbinden. Weiterhin werden auf Ebene der Zelle meist Mensch-Maschine-Schnittstellen (human machine interface/HMI) vorgesehen, die die Bedienung durch Maschinenbediener sowie die wiederkehrende Fehlerdiagnose und Wartung durch Instandhaltungspersonal ermöglichen.

Die Steuerung des Gesamtsystems erfolgt durch ein Leitsystem, das u. a. die Informationen der einzelnen Zellen zusammenführt und den Materialfluss durch Einbindung des Transportsystems organisiert, das die Zellen verbindet.

Ein weiterer, wesentlicher Aspekt der Gesamtsystemsteuerung betrifft die Gewährleistung eines sicheren Betriebs. Dazu werden Aufgaben der funktionalen Sicherheit durch ein von den Logiksteuerungen entkoppeltes Steuerungssystem übernommen, das sowohl die sicherheitstechnischen Schnittstellen zu den Einzelkomponenten wie bspw. zur Sicherheitssteuerung des Roboters als auch sicherheitstechnische Komponenten wie z. B. Schutztüren oder Not-Halt-Taster einbindet und das notwendige Sicherheitsverhalten umsetzt.

4.2 Ableiten des Inbetriebnahmekonzepts

Deduction of the commissioning concept

Das in Abschnitt 3.1 formulierte Ziel dieser Arbeit besteht in der Entwicklung eines Inbetriebnahmekonzepts für roboterbasierte Montageanlagen. Der Fokus liegt dabei auf Prozessen, die die steuerungstechnische Inbetriebnahme betreffen, d. h. der programmtechnischen Umsetzung von Montageabläufen für eine entsprechend Bild 4-5 verwendete Steuerungstechnik.

Die steuerungstechnische Inbetriebnahme ist Teil der allgemeinen Inbetriebnahme im Betriebsmittellebenszyklus (s. a. Bild 2-1) und erfolgt aktuell durch steuerungstechnisches Expertenpersonal unter Zuhilfenahme steuerungsspezifischer Inbetriebnahmesysteme, meist proprietäre Software-Entwicklungsumgebungen der Steuerungshersteller, vgl. Bild 4-6 bzw. Abschnitt 2.1.1. Das Expertenpersonal entstammt bei externem Anlagenbezug in der Regel dem beteiligten Integrator-Unternehmen, bei Nutzung des unternehmensinternen Anlagenbaus einem entsprechenden Fachbereich des Montageunternehmens, der jedoch nicht unmittelbar am produktiven Montagebetrieb beteiligt ist. Die Inbetriebnahme wird unter Verwendung des Produktivsystems durchgeführt, das vor Produktionsanlauf auch für abschließende Funktionstests genutzt wird. Getestete Anlagenfunktionen können somit schrittweise an das Montagepersonal übergeben werden.

Der programmtechnisch abgebildete Funktionsumfang richtet sich nach dem zu diesem Zeitpunkt bekannten Variantenspektrum des herzustellenden Produkts, das sich aufgrund von neuen Kundenanforderungen, Erweiterungen im Produktbaukasten oder Anpassungen in der Produktgestaltung im Verlauf des Produktivbetriebs verändern kann. Der daraus resultierende Bedarf nach einer Erweiterung des steuerungstechnischen Verhaltens führt dazu, dass Inbetriebnahmeprozesse wiederkehrend durch die entsprechenden Fachexperten vorgenommen werden müssen. Die Abstimmung zwischen den betroffenen Personengruppen sowie der wiederkehrende Übergang des Verantwortungsbereichs haben einen hohen Koordinationsaufwand zur Folge.

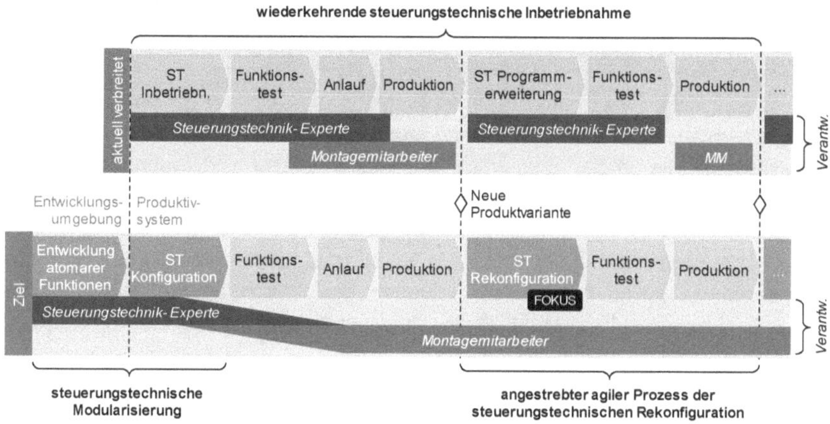

Bild 4-6: Einordnung der steuerungstechnischen Rekonfiguration im Lebenszyklus roboterbasierter Montageanlagen

Control system reconfiguration in the life cycle of robot-based assembly systems

Im Sinne der in Bild 4-3 beschriebenen flexiblen Rekonfigurierbarkeit soll daher ein Inbetriebnahmeverfahren entwickelt werden, das es den Montagemitarbeitern erlaubt, das steuerungstechnische Anlagenverhalten selbständig (*agil*) an das veränderte Produktprogramm anpassen zu können. Dieses Ziel soll durch zwei wesentliche Änderungen im Inbetriebnahmeprozess erreicht werden:

- der Modularisierung der Steuerungstechnik auf Ebene der Funktionseinheiten, indem einzelne, atomare Funktionsbausteine mit erleichterter Konnektivität und prozesstechnischer Übertragbarkeit entwickelt werden;
- der vereinfachten steuerungstechnischen Rekonfiguration durch eine für Montagemitarbeiter *intuitiv* gestaltete Interaktionsschnittstelle.

Auf der intuitiven Gestaltung der Interaktionsschnittstelle für Montagemitarbeiter liegt dabei das Hauptaugenmerk dieser Arbeit.

Nach GÖBEL wird hohe Intuitivität im Robotik-Kontext für den Bediener durch hohe *Erwartungskonformität,* d. h. durch ein Anknüpfen an Erfahrungen, Kenntnisse oder Handlungsgewohnheiten des Bedieners erreicht [GÖBE12]. Auf den spezifischen Anwendungsfall der Montage kann dies übertragen werden, indem für den Bediener bekannte Objekte und Handlungsmuster (Artefakte) seiner Domäne wiederverwendet werden. Ein möglicher Ansatz zur Erfüllung dieser Forderung kann durch das in Abschnitt 2.1.2 beschriebene Programming by Demonstration (PbD) realisiert werden. Der Bediener soll ihm bekannte Artefakte während der Demonstration nutzen können, um ein gleichartiges, seitens des Automatisierungssystems programmatisch abbildbares Verhalten zu erzeugen.

Im Unterschied zu verbreiteten PbD-Ansätzen, die eine möglichst hohe Übereinstimmung zwischen den durch den Bediener demonstrierten und durch das technische System ausgeführten Bewegungen bzw. Handlungen anstreben, müssen hier jedoch prozesstechnische Einschränkungen der Montageart berücksichtigt werden. So verwenden Montagemitarbeiter während der manuellen Prozessausführung Werkzeuge und Hilfsmittel, die für den manuellen Gebrauch bestimmt sind, während automatisierte Funktionseinrichtungen z. B. aufgrund mangelnder Sicherheit, Erreichbarkeit oder manueller Schaltbarkeit in der Regel nicht manuell betrieben werden können bzw. dürfen. Charakteristisch für den verfolgten Ansatz ist daher die Lösung des Übergangs von der manuell ausgeführten Montagedemonstration durch den Bediener hin zu einem automatisierten Montagebetrieb, der auf einer steuerungstechnischen Abbildung beruht, vgl. Bild 4-7.

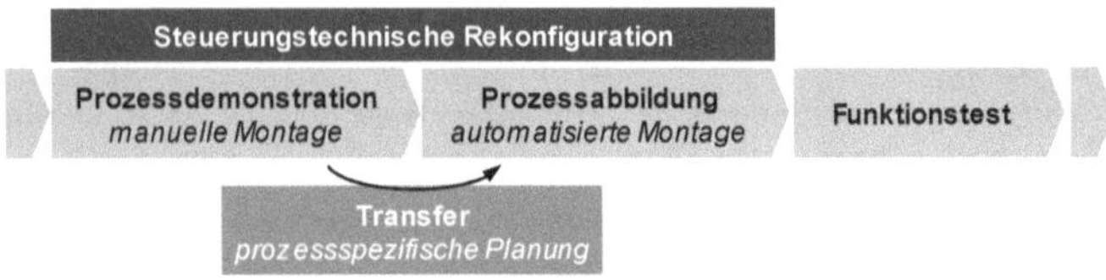

Bild 4-7: Transfer von manueller Prozessdemonstration zu automatisierter Ausführung

Transfer from manual process demonstration to automated execution

Die Lösung erfordert die Anwendung geeigneter Planungswerkzeuge, die notwendige Randbedingungen anhand der Prozessdemonstration ableiten, geeignete Ressourcen zur Prozessausführung identifizieren und in einen kontinuierlichen Ablauf integrieren können.

Zur Ableitung des benötigten Funktionsumfangs können die Abläufe innerhalb einer roboterbasierten Montagezelle herangezogen werden, vgl. Bild 4-8. Im dargestellten, verketteten Beispiel wird ein Werkstückträger, auf dem sich eine Grundbaugruppe befindet, durch ein Transportsystem in die Zelle befördert. Entlang der Förderstrecke sind Funktionseinheiten der 6 Stationen positioniert, die jeweils den ihnen zugeordneten Prozess ausführen, wenn der Werkstückträger vor ihnen angehalten wird. Die fiktive Prozesskette lautet: „fetten", „zusammensetzen", „schrauben", „zusammensetzen", „einpressen", „prüfen". In der Zellenmitte befindet sich ein Robotersystem, das an zwei Fügeschritten (Stationen 2 und 4) beteiligt ist, indem es Bauteile aus einem Palettenmagazin greift und mit der Grundbaugruppe, die sich auf dem Werkstückträger befindet, durch Handhabungsoperationen zusammensetzt. Je nach Produktvariante können verschiedene Greifer durch das Robotersystem selbstständig gewechselt werden, sodass die Zelle flexibel auf Bedarfsänderungen reagieren kann. Aufgrund der festen Verkettung kann die Prozessreihenfolge hier nicht nachträglich angepasst werden, was die Anzahl möglicher Produktvarianten einschränkt.

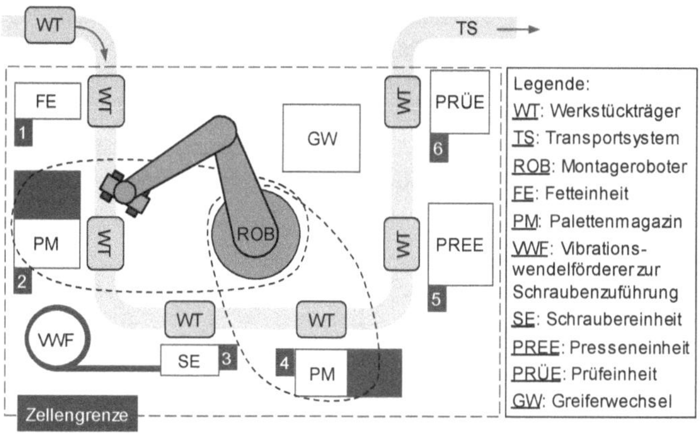

Bild 4-8: Beispielhafter Aufbau einer verketteten, roboterbasierten Montagezelle mit 6 Stationen

Exemplary setup of an interlinked, robot-based assembly cell with 6 stations

Demgegenüber ist der gleiche Zellenaufbau in Bild 4-9 ohne verkettendes Transportsystem gezeigt. In diesem Fall wird die Grundbaugruppe der Zelle zugeführt und durch das Robotersystem durch Handhabungsoperationen von Station zu Station bewegt. Aufgrund der freien Bewegungsprogrammierbarkeit des Roboters kann die Reihenfolge der Prozessausführung beliebig geändert werden, sofern dies die Gestaltung des Produkts und der beteiligten Funktionseinheiten zulässt.

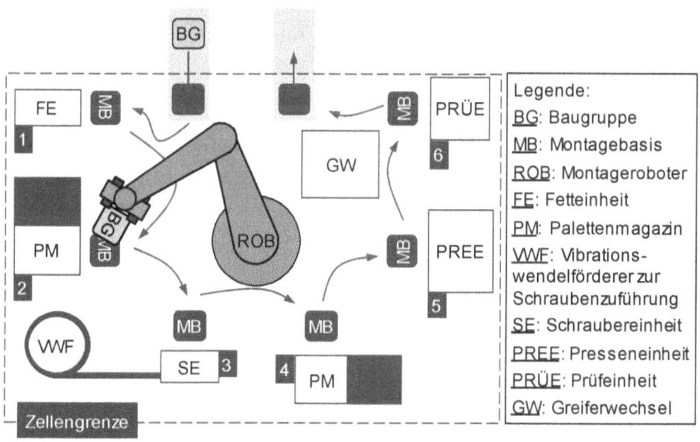

Bild 4-9: Beispielhafter Aufbau einer unverketteten, roboterbasierten Montagezelle

Exemplary setup of an unlinked, robot-based assembly cell

Für die wirtschaftliche Anwendbarkeit des angestrebten Inbetriebnahmeverfahrens ist es entscheidend, derartige betriebsmittelbezogene Grenzen der freien Programmierbarkeit so abzubilden, dass einerseits die Umsetzbarkeit der automatisierten Montage evaluierbar wird (notwendig) und andererseits die Prozessausgestaltung möglichst effizient d. h. mit kurzer Taktzeit erfolgt (hinreichend). Im Ergebnis soll der Anwender des Verfahrens durch Einbringen seines Domänenwissens während der manuell ausgeführten Montagedemonstration alle notwendigen Randbedingungen festlegen, die für einen direkten Transfer des Ablaufs auf das automatisierte Montagesystem benötigt werden, d. h. das Auflösen der notwendigen und hinreichenden Bedingungen ermöglichen.

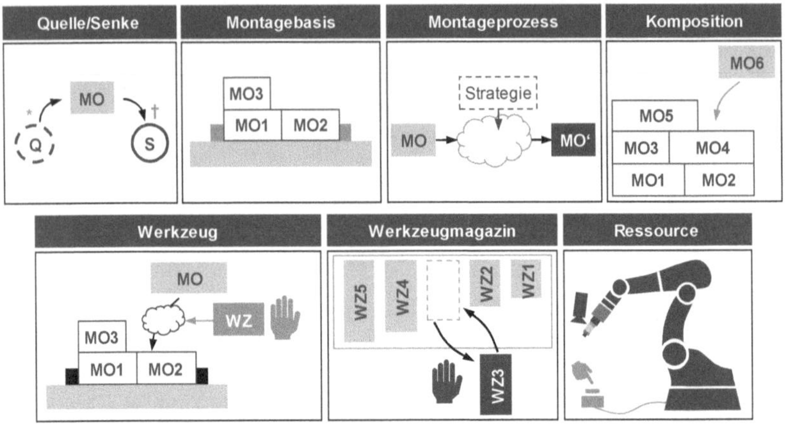

Bild 4-10: Grundmuster zur Abbildung der flexiblen Montage
Fundamental patterns to map the flexible assembly

Zur Formalisierung der Transferaufgabe können einige *Grundmuster* (vgl. Bild 4-10) abgeleitet werden, die – abstrahiert – in wiederkehrender Form sowohl die manuelle als auch die automatisierte Montage beschreiben:

- **Quelle/Senke**: Objekte können an einer Quelle instanziiert und an einer Senke entfernt werden. Ein Beispiel für eine Quelle (Q) ist eine Zuführung mit Staustrecke und fester Greifposition, eine Senke (S) ist bspw. der Ablageort auf ein Transportband, das Objekte kontinuierlich aus der Zelle heraus befördert.
- **Montagebasis**: Die Grundbaugruppe bzw. das erste Montageobjekt (MO) wird auf einem Werkstückträger oder durch eine Spannvorrichtung fixiert, sodass Montageprozesse relativ zur Basis ausgeführt werden können.
- **Montageprozess**: Charakteristisch für einen Prozess ist die Anwendung einer *Montagestrategie*, die die Ausprägung des Prozesses symbolisiert und beispielsweise die Art der Manipulationsausführung festlegt, nach der das gewünschte Prozessergebnis (MO') sicher erreicht werden kann, s. a. [SAYL11].
- **Komposition**: Eine Montagebaugruppe kann als Verbindung eines Basisteils (Einzelteil oder Zusammenbau mehrerer Teile) und eines Anbauteils (ebenso Einzelteil oder Zusammenbau) verstanden werden. Einhergehend mit der Komposition der

beteiligten Fügepartner ist eine sukzessive Gestaltänderung der Gesamtbaugruppe, die den momentanen Montagezustand repräsentiert.

- **Werkzeug**: Werkzeuge können als Objekte aufgefasst werden, die einen Prozess (i. d. R. örtlich aufgelöst) an einer Montagebaugruppe bzw. an einem einzelnen Montageobjekt ausführen. Dazu wird das Werkzeug durch den Bediener oder ein Handhabungsgerät aufgenommen und an den Wirkort bewegt.
- **Werkzeugmagazin**: Zur temporären Aufnahme und Ablage von Werkzeugen können Werkzeugmagazine mit fest definierten Positionen verwendet werden.
- **Ressource** (automatisierte Funktionsauslösung): Zu Ressourcen der Arbeitszelle können alle Objekte gezählt werden, die einen selbst gesteuerten Prozess ausführen, d. h. meist über ein dediziertes Steuerungssystem mit gekapseltem Prozesswissen verfügen. Die Ausführung wird durch ein Signal ausgelöst.

Die erste Aufgabe zur steuerungstechnischen Rekonfiguration einer Montagezelle (vgl. Bild 4-7) besteht in der sicheren Detektion dieser Grundmuster sowie in der kontextuellen Interpretation ihres Übergangs. Eine Hilfestellung bietet hier eine Analyse auf Grundlage des objektorientierten Softwareentwurfs, indem relevante Muster durch Objektklassen repräsentiert werden, die über sie charakterisierende Attribute, auf sie ausführbare Funktionen und über – je nach Kontext – mögliche Schnittstellen zu anderen Objekten verfügen, vgl. Bild 4-11.

Objektklasse	Attribute	Funktionen	Schnittstellen
Montageobjekt	Geometrie, Ursprungslage, Orientierung	Bewegung (transient)	selbst, Quelle/ Senke, Mensch, Werkzeug, Montagebasis
Quelle/Senke	Montageobjekt-Typ, Ordnungsstruktur, Ursprungslage, Abmaße	Materialbereitstellung (diskret), Material-aufnahme (diskret)	Montageobjekt, Mensch, Hand-habungsgerät
Montagebasis	Geometrie, Ursprungslage, Orientierung, Spannzustand	Bewegung (transient), Zustandsänderung (diskret)	Montageobjekt
Komposition	Montageobjektanordnung, Montagezustand	Zustandsänderung (diskret)	selbst, Montageobjekt
Werkzeug	Typ, Geometrie, Ursprungs-lage, Position/Orientierung Wirkort	Bewegung (transient), Zustandsänderung an Objekt (diskret/ transient)	Montageobjekt, Werkzeugmagazin, Mensch, Hand-habungsgerät
Werkzeugmagazin	Ursprungslage, Abmaße	Werkzeugbereitstellung (diskret), Werkzeug-aufnahme (diskret)	Werkzeug, Mensch, Hand-habungsgerät
Ressource	Typ, Geometrie, Ursprungs-lage, Position/Orientierung Wirkort	spezifisch (diskret/ transient)	Montageobjekt, Werkzeug, Mensch, Hand-habungsgerät

Bild 4-11: Objektorientierte Analyse zur Bestimmung des Montagekontexts
Object-oriented analysis to determine the assembly context

Dargestellt sind jeweils die wesentlichen, die Montage bestimmenden Objektmerkmale und eine Festlegung, ob es sich bei den ausgeführten Funktionen um einen zeitlich ausgedehnten (transienten) Ablauf oder eine spontane Zustandsänderung handelt. Sie liefern synthetisch aggregiert eine Aussage darüber, welche Informationsklassen zum Zeitpunkt der Verfahrensanwendung benötigt werden. Anhand dessen kann weiterhin bestimmt werden, ob bestehende Informationsquellen in Anwenderunternehmen existieren, die die benötigten Attributdaten bereitstellen können oder ob diese zum Zeitpunkt der Montagedemonstration neu erfasst werden müssen.

Auf Basis von Experteninterviews unter Teilnehmern des Forschungsprojekts MoDemo (s. a. Kapitel 3.2) wurde evaluiert, dass Planungs- und arbeitsvorbereitende Tätigkeiten Informationen folgender Klassen definieren:

- Geometrie (i. d. R. verfügbar in Form von CAD-Modellen)
- Typ (Materialquelle/-senke, Werkzeug, Ressource)
- Ordnungsstruktur (Materialquelle/-senke)
- Abmaße (Werkzeugmagazin)

Entsprechend müssen nachfolgende Informationsklassen neu erhoben werden, insbesondere da sie sich während des Montagefortschritts dynamisch verändern:

- Momentane Lage und Orientierung (Objektursprung und Wirkort)
- Relative Montageobjektanordnung und ihr Montagezustand
- Spannzustand (Montagebasis)

Durch kontinuierliche Auswertung (Tracking) der dynamischen Attributveränderungen lassen sich die Grundfunktionen der beteiligten Objekte ableiten:

- Bewegung, transient
- Materialbereitstellung/-aufnahme, diskret
- Zustandsänderung (Montagebasis, Komposition, Montageobjekt durch Werkzeug hervorgerufen), diskret/transient
- Werkzeugbereitstellung/-aufnahme, diskret

Das kontinuierliche Tracking der beschriebenen Objekte bildet dabei die Interaktionsschnittstelle des demonstrationsbasierten Inbetriebnahmeansatzes.

4.2.1 Definition der Tracking-Aufgaben

Definition of tracking tasks

Im Rahmen einer Voruntersuchung zur Nachverfolgbarkeit manueller Montageprozesse wird ein Versuchsaufbau erstellt, der aus einem fest positionierten Montageobjekt als Basis besteht, vgl. Bild 4-12. Relativ zur Montagebasis werden Anbauteile in Form von Verschraubungen (angeordnet in Nestern) und Schraubwerkzeuge (angeordnet als Magazin) positioniert. Weiterhin werden verschiedenartige Bewegungssensoriken angebracht:

- Sensorik 1, Microsoft Kinect v2[3]: erfasst den gesamten Körper des Bedieners und gibt die räumliche Position von 25 fest definierten Körperpunkten sowie u. a. auch den Zustand der Hände (geöffnet, geschlossen) aus [KIMY12, BILE19], s. a. Kapitel 4.3.1.
- Sensorik 2, Leap Motion[4]: erfasst eine Hand des Bedieners und gibt die räumliche Position der Fingerspitzen, die Lage des Handmittelpunkts und die Orientierung der Hand aus [MARI14].

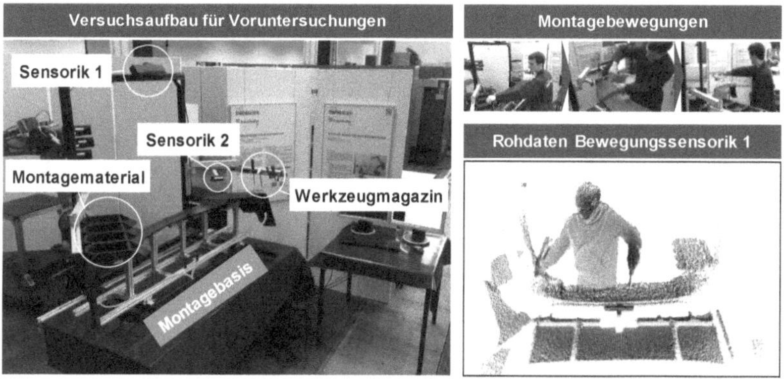

Bild 4-12: Versuchsaufbau zur sensorischen Erfassung einer Schraubmontage
Test setup for the sensor-based detection of a screw assembly

Zur Erfassung der manuellen Montage werden die Grundgesten des MTM (vgl. Abschnitt 2.2.4) herangezogen und auf die spezifische Montagesituation angewendet. Der Montageablauf wird in einzelne, ineinander übergehende Gestenzustände gegliedert, indem ein Zustand neben der MTM-Grundgeste („Hinlangen", „Greifen", „Bringen", „Fügen", „Loslassen") auch Informationen über die verwendete Bedienerhand („links", „rechts"), das momentan gegriffene Objekt („Schraube", „Schraubendreher", „keines") und einen aktiven *Ereignisbereich* umfasst. Ereignisbereiche werden jeweils in der Umgebung der zur Montage verwendeten Objekte in Form von Kugelvolumina definiert und vom Bediener während der manuellen Montage mit den Händen durchschritten, vgl. Bild 4-13.

Mehrere, aufeinander folgende Zustandsübergänge bilden die durch das System zu erkennenden Montagegesten ab. Diese müssen sicher voneinander abgegrenzt werden. Zudem sollen Fehlerkennungen z. B. infolge ungenauer Sensormessdaten

[3] https://developer.microsoft.com/de-de/windows/kinect
[4] https://www.ultraleap.com/tracking

verhindert werden. Für die Voruntersuchungen wird ein DTW-Ansatz gewählt (vgl. Abschnitt 2.2.2): die zu erkennenden Aktionen des Bedieners werden in Form von Zustandsfolgen beschrieben, vgl. Bild 4-14. Während der Observationsphase bewegt der Bediener seine Hände von Ereignisbereich zu Ereignisbereich und greift Objekte, die er benutzt bzw. wieder ablegt. Die verwendeten Bewegungssensoriken registrieren die sich dabei einstellenden Zustandsänderungen. Sie setzen sich aus den makroskopischen Armbewegungen bzw. den aktivierten Ereignisbereichen einerseits und aus den feinfühligen Manipulationen der Finger andererseits zusammen. Durch einen Abgleich der observierten Zustandsänderungen während der sensorischen Erfassung mit vorab definierten, idealen Gesten, werden die Gesten mit höchster Übereinstimmung ausgewählt und dokumentiert.

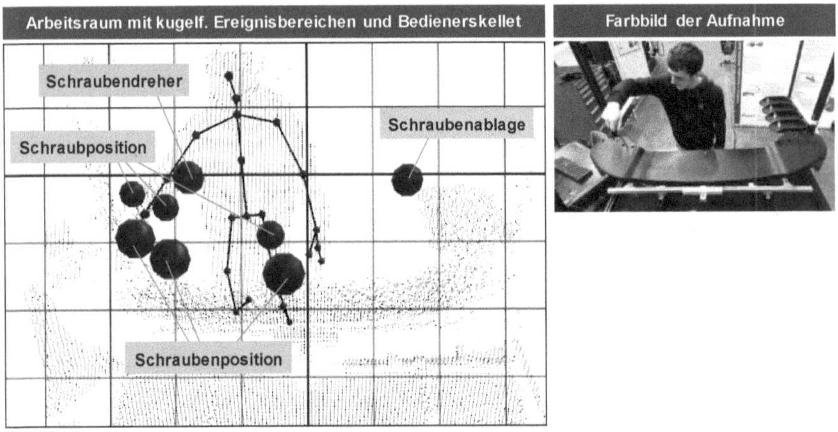

Bild 4-13: Positionierung von Ereignisbereichen im Montagearbeitsraum
Positioning of event volumes in the assembly workspace

Anhand der Voruntersuchungen können folgende Erkenntnisse gewonnen und weiterer Handlungsbedarf abgeleitet werden:

- Die kontinuierliche Evaluation der MTM-Grundbewegungen auf Basis von sensorisch registrierten Zustandsübergängen ist geeignet, manuelle Montageabläufe als Handlungsabfolge zu erfassen.
- Insbesondere die feststehende Kinect-Bewegungssensorik, die den gesamten Interaktionsraum des Bedieners abdeckt, ist zur Erfassung makroskopischer Bewegungen geeignet.
- Die optische Überwachung von Fingerbewegungen ist mit der Leap Motion-Bewegungssensorik insbesondere bei Objektinteraktionen aufgrund von Okklusionseffekten fehleranfällig und führt zu nicht reproduzierbaren Ergebnissen. Ein Detektieren von Hand-Objekt-Interaktionen ist für die Abbildung manueller

Montagevorgänge jedoch unablässig. Das Sensorkonzept soll daher um ein geeignetes, nicht-optisches Verfahren ergänzt werden (I).

- Die untersuchten optischen Sensoriken sind nicht dazu geeignet, Objektpositionen hinreichend sicher zu erfassen, sodass diese nicht als Ausgangspunkt zur Bewegungsprogrammierung eines Robotersystems herangezogen werden können. Daher ist auch hierzu eine Erweiterung des Erfassungskonzepts erforderlich (II).

Zur Erstellung eines auf Grundbewegungen basierenden Montageablaufplans können zusätzliche Kontextinformationen durch geometrische Definition von Interaktionsvolumina abgebildet werden. Interaktionsvolumina und ihr Bezug zu montagerelevanten Objektinformationen bieten darüber hinaus die Möglichkeit, Randbedingungen für die Montage abzuleiten und Rückschlüsse auf nicht sichtbare bzw. sensorisch nicht erfassbare Zustandsänderungen zu ziehen. Auf sie kann während des Trackings und der Ablaufevaluation zurückgegriffen werden. Um diesen Zugriff zu ermöglichen und domänenspezifisches Wissen abbilden zu können, wird ein geeignetes Datenmodell benötigt (III).

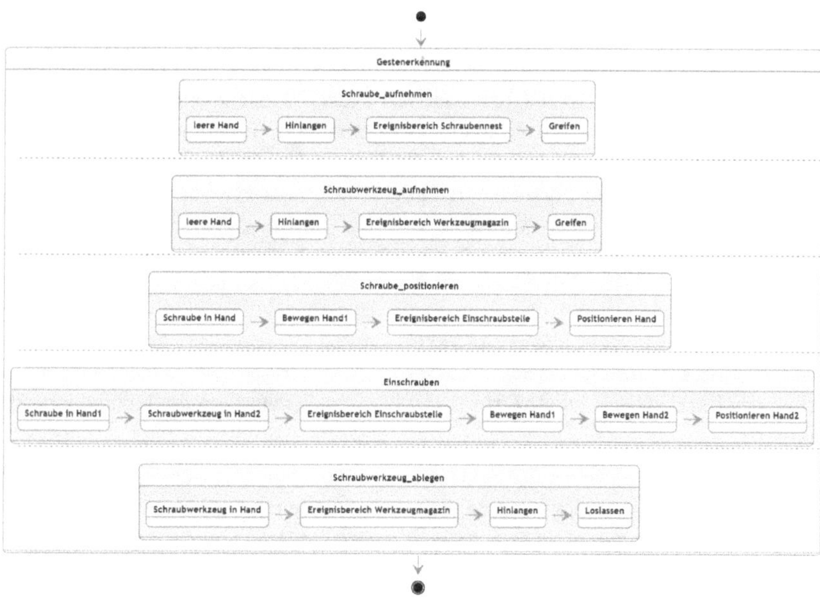

Bild 4-14: Zustandsdiagramme der zu erkennenden Referenzgesten

State diagrams of the reference gestures to be recognized

Dem ermittelten Handlungsbedarf in Bezug auf die Trackingaufgabe (I, II) soll durch zwei nachfolgend beschriebene Konzepterweiterungen entsprochen werden. Die Entwicklung des Datenmodells setzt sich in Kapitel 4.2.2 fort.

Detektion von Hand-Objekt-Interaktionen

Der Analyse aus Bild 4-11 folgend, treten haptische Interaktionen des Bedieners während der Montagedemonstration bei den Objektklassen *Montageobjekt*, *Quelle/Senke*, *Werkzeug*, *Werkzeugmagazin* und *Ressource* auf.

Montageobjekte können aufgenommen (gegriffen), bewegt und abgelegt (losgelassen) werden. In der Umgebung von Quellen werden Objekte entnommen (gegriffen); bei Senken werden sie abgelegt (losgelassen). Die Interaktion mit Werkzeugen der manuellen Montage gleicht der Verwendung von Montageobjekten, indem sie aufgenommen, zu ihrem Wirkort bewegt und nach Prozessausführung wieder abgelegt werden. Weiterhin können Werkzeugmagazine als Ausprägung von Quellen/Senken für Werkzeuge aufgefasst werden. Allen genannten Interaktionen ist gemein, dass sie durch die Handzustände „Greifen" und „Loslassen" im jeweiligen Handlungskontext voneinander abgegrenzt werden können. Diese Aufgabe soll durch eine dedizierte Sensorik gelöst werden.

Einen Sonderfall in Bezug auf die Interaktion bildet die Gruppe der Ressourcen, die als Objekte mit automatisierter Funktionsauslösung definiert wurden. Sie verfügen in der Regel über eine nicht standardisierte, objektspezifische Schnittstelle, durch die der Bediener die Funktionsauslösung initiiert. Diese kann zwar haptisch ausgeführt sein, eine Differenzierung durch entsprechende Handzustände erscheint aufgrund der Vielzahl möglicher Gesten schwierig und schränkt somit die Übertragbarkeit ein. Funktionsbetätigungen von Ressourcen sollen im Rahmen des Konzeptes daher nicht auf Basis von Hand-Tracking, sondern durch Zugriff auf entsprechende steuerungsinterne Informationsquellen detektiert werden.

Identifikation und Positionsbestimmung von Montageobjekten

Bei der Montagedemonstration verändert der Bediener die Position von Montageobjekten durch Manipulation. Während Objekte durch den Bediener gegriffen werden, kann ihre Lage im Interaktionsraum auf Basis der durch die Bewegungssensorik bestimmten Handposition approximiert werden (vgl. „mitbewegtes Montageobjekt", Bild 4-15).

Zur Identifikation, um welche Objektklasse es sich bei der Interaktion handelt, können in der Umgebung von Quellen und Senken Ereignisbereiche ausgewertet und entsprechende Objektinstanzen erzeugt werden (s. a. Bild 4-13). Die nachfolgende Identifikation kann unter Einhaltung von Kontinuitätsrandbedingungen mit approximierten Bewegungskoordinaten des Bedieners realisiert werden.

Eine genaue Positionierung identifizierter Montageobjekte soll durch ein komplementäres Verfahren realisiert werden. Legt der Bediener ein Objekt ab, z. B. wenn er eine Montagebaugruppe zusammensetzt, dann zählt die Endposition des Objekts zu den entscheidenden, den Prozess charakterisierenden Parametern. Je genauer diese Position bestimmt werden kann, desto höher ist die erreichbare Qualität der Planungsergebnisse für roboterbasierte Bewegungen.

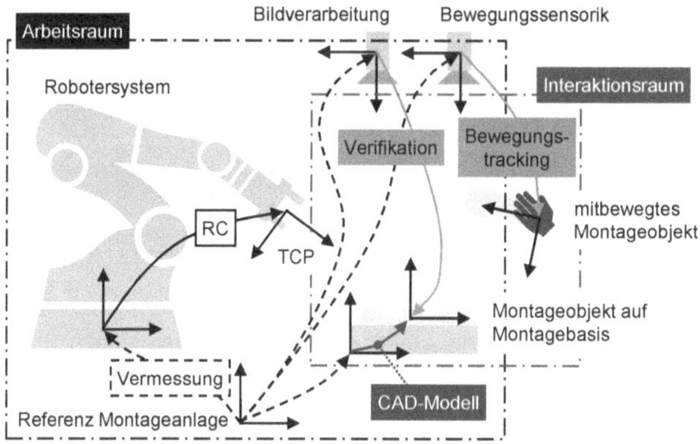

Bild 4-15: Positionserfassung im Arbeits- und Interaktionsraum
Position detection in the work and interaction space

Der verfolgte Ansatz sieht hier einen zweistufigen Prozess zur Lokalisation von Montageobjekten in der Nähe von Montagepositionen vor, vgl. Bild 4-15: Zunächst werden mögliche Montageanordnungen der beteiligten Objekte anhand ihrer CAD-Modelldaten identifiziert, und es wird jeweils ein zugehöriges Baugruppenmodell, das den montierten Zustand repräsentiert, generiert. Im zweiten Schritt erfolgt eine optische Verifikation der Montageanordnungen mithilfe von Verfahren der Bildverarbeitung. Sie führen einen Abgleich zwischen virtuell generierten Baugruppenmodellen und fotosensorisch erhobenen Bilddaten durch. Die Grundlage der Positionierung bilden jedoch weiterhin die idealen Objektkoordinaten der CAD-Modelle, da die Unsicherheit, die sich aus der begrenzten optischen Auflösung der makroskopischen Sensorik ergibt, die spätere Prozessplanung negativ beeinflussen würde.

Damit die derart bestimmten, relativen Positionsdaten im Kontext der Montageanlage verwendet werden können, müssen die Sensorsysteme und die an der Montage beteiligten Ressourcen und Einrichtungen einmalig bei Einrichtung der Anlage relativ zueinander vermessen werden. Dazu wird ein zur Montageanlage feststehendes Referenzkoordinatensystem definiert, das beispielsweise zur Vermessung der Roboterbasis mittels Standardverfahren der Robotersteuerung (RC) genutzt werden kann. Durch zusätzliche Nullpunktverschiebungen können Einrichtungen wie z. B. die Montagebasis unter Zuhilfenahme des Robotersystems bzw. durch Antasten mit dem TCP vermessen werden. Optische Sensoren können durch optische Marker, die an definierten Positionen relativ zum Referenzkoordinatensystem angebracht werden, vermessen werden. Unter Berücksichtigung der Vermessungsergebnisse können Positionsdaten zwischen den lokal verwendeten Koordinatensystemen transformiert werden.

Bild 4-16 zeigt die resultierende Sensorik- und Verfahrenskombination, die zur Lösung der Tracking-Aufgabe im Folgenden implementiert und angewendet wird.

Tracking-Objekt	Tracking-Attribut	Sensorik/Verfahren
Bediener	Skelettkoordinaten	Bewegungssensorik
Bediener	Greifzustand	Dedizierte Greifsensorik
Montageobjekt	Position, approximiert	Bewegungssensorik
Montageobjekt	Position, montiert	CAD-Modellauswertung
Montageobjekt	Verifikation Montagezustand	Bildverarbeitung
Werkzeug	Aufnehmen/Ablegen	Dedizierte Greifsensorik
Werkzeug	Position, approximiert	Bewegungssensorik

Bild 4-16: Resultierende Sensorik- und Verfahrenskombination der Tracking-Aufgabe
Resulting sensor and method combination for the tracking task

4.2.2 Modellierung des Kontexts
Modeling the context

Der in Bild 4-7 dargestellte Transfer von manueller zu automatisierter Montage basiert auf der Nutzung von Tracking-Informationen in einem konkreten Handlungskontext. Dieser wird durch den Bediener bestimmt, der mit unterschiedlich beschaffenen Objekten bzw. Artefakten in seiner Umgebung interagiert, vgl. Bild 4-11. Die Interaktion folgt dabei einer spezifischen Abfolge von Handlungen (A), die sich aus der Struktur und Geometrie der Montagebaugruppe (B) und den prozessbedingten Möglichkeiten zu ihrer Montage ergibt (C). Zu Letzteren zählen insbesondere auch die Fähigkeiten des Bedieners und der verwendeten Werkzeuge und Ressourcen, Montageschritte ausführen bzw. Technologien anwenden zu können. Bezogen auf den Montagekontext und seine Modellierung können die Bereiche als benachbarte und sich gegenseitig beeinflussende Modellaspekte aufgefasst werden, vgl. Bild 4-17.

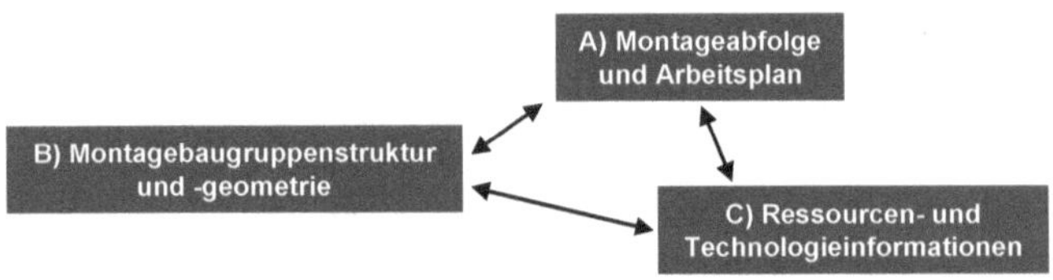

Bild 4-17: Modellaspekte des Montagekontexts
Model aspects of the assembly context

Als Quellen für die benötigten Informationsklassen können Planungsdokumente und -systeme herangezogen werden, die während der Montageplanung erstellt werden bzw. Anwendung finden. Hierzu zählen Ergebnisse der Feinplanung, die z. B. durch CAD-Systeme bei der Konstruktion von Montageobjekten und Betriebsmitteln oder durch Prozessplanungs- und Simulationssysteme während der Montageabsicherung erstellt werden [WIES14]. Da derartige Systeme keine Schnittstellen zur Inbetriebnahmeunterstützung von PbD-Ansätzen bereitstellen, wird im Folgenden eine Integration dieser Datenquellen beschrieben.

Als Vorbild der Modellierung des Montagekontexts wird der Step-NC Standard [ISO20a] herangezogen, der analog bei Bearbeitungsprozessen eine Verknüpfung von Modellaspekten leistet, vgl. Bild 4-18. Dazu zählen Strukturinformationen, die die durch Bearbeitung herzustellende Gestalt eines Werkstücks in Form von voneinander abgegrenzten Bearbeitungs-*Features* beschreiben. Aus Prozesssicht kann einzelnen Features eine Menge von Bearbeitungs-*Operationen* gegenübergestellt werden, die zur Herstellung der Objektgestalt ausgeführt werden. Operationen umfassen zudem Definitionen über die auszuführenden Maschinenfunktionen, zu verwendende Werkzeuge, zu realisierende Werkzeugbahnen, anzuwendende Bearbeitungsstrategien sowie technologiespezifische Parameter. Die Gliederung der Operationen in Form eines durch eine Bearbeitungsmaschine interpretierbaren Programms erfolgt, indem Operationen auf Feature-Ebene zu Arbeitsschritten zusammengefasst werden, die ihrerseits ebenso als logische Abfolge gespeichert werden. Zur informationstechnisch integrierten Modellierung hat sich in der Praxis die Methodik einer CAD-CAM-NC Werkzeugkette etabliert [BREC13a].

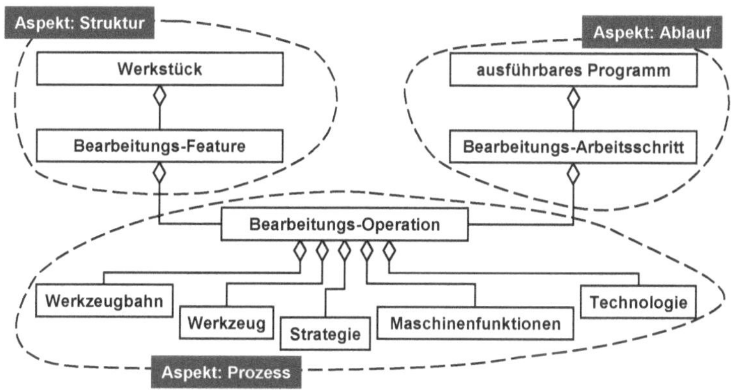

Bild 4-18: Step-NC Modellstruktur für Bearbeitungsprozesse
Step-NC model structure for machining processes

Analog kann für den Anwendungsbereich der Montage ein äquivalenter Modellansatz gefunden werden [BREC14a], der nachfolgend beschrieben wird.

Strukturdaten

Die Struktur von Montageobjekten wird maßgeblich durch die geometrische Gestalt ihrer Körper bestimmt. Im Unterschied zu Bearbeitungsprozessen, an denen in der Regel nur ein bearbeiteter Objektkörper beteiligt ist bzw. in seiner Struktur beschrieben wird, schließt ein Montageablauf mehrere Objektkörper ein. Somit nimmt auch die gegenseitige Beziehung der Körper, abgebildet bspw. in Form eines hierarchischen Gliederungsbaums oder als Montagevorranggraph, Einfluss auf die Struktur.

Eine alternative Möglichkeit zur Beschreibung der Objektgliederung bieten relationale Montagemodelle, die Körperbeziehungen durch (Flächen-)Kontakte und

Verbindungen modellieren [WIES14]. In Zusammenhang mit einem fortschreitenden Montageablauf werden Einzelkörper durch Kontakte und Verbindungen zu Zwischenbaugruppen gruppiert, die ihrerseits erneut Bestandteil nachfolgend erzeugter Montageverbindungen sein können. Geometrisch interagieren in der Nähe der Verbindungen dazu montagerelevante Bereiche der Objekte, die analog zu Bearbeitungs-Features als Montage-Features bzw. *Assembly Features* bezeichnet werden [VANH00, BOSS07].

Der im Rahmen der Arbeit genutzte Modellierungsansatz verwendet Assembly Features als kleinste atomare Einheit zur Beschreibung montagerelevanter Objektbereiche, vgl. Bild 4-19. Sie umfassen skalare Typen und Parameterattribute und referenzieren geometrisch den Ursprung eines beigestellten Geometriemodells. Am Beispiel der in Bild 4-19 dargestellten Schraube kann ihr Gewinde als Assembly Feature durch einen Feature-Typ (*Gewinde*) eine Ursprungsverschiebung (*Pose*) und Feature-Parameter (*Länge*, *Gewindeart*) beschrieben werden.

Weiterhin wird eine Trennung zwischen Modellen und Instanzen getroffen. Dies ermöglicht die Wiederverwendung von Modellinformationen über mehrere Instanzen eines gleichen Objekttyps hinweg. Zustandsinformationen, die sich während des Verlaufs einer Montage ändern, werden einerseits durch *Assembly Object Instance States* abgebildet, wenn sie sich auf eine einzelne Objekt-Instanz beziehen. Sie können durch *Assembly State Groups* aber auch einer Gruppe von Objekten (Montagebaugruppe) zugeordnet werden.

Die geometrische Struktur der Montage lässt sich durch Verkettung von Pose-Informationen innerhalb eines Welt-Koordinatensystems nachvollziehen. Dabei bezieht sich

- die *localPose* eines Assembly Features auf das Elternsystem des Assembly Objects,
- die *instancePose* der Assembly Object-Instanz auf das Elternsystem der Assembly State Group und
- die *worldPose* der Assembly State Group auf das Welt-Koordinatensystem, vgl. Bild 4-19.

Während des Montageablaufs können die Zustände der Objekte wie z. B. ihre Lage verändert werden. Montageobjekte bzw. die ihnen zugeordneten Assembly State Groups werden durch Montageverbindungen (Assembly Joints) miteinander verbunden, vgl. Bild 4-20. Die derart beschriebenen Verbindungen unterscheiden Basis (*base*) und Anbauteile (*attached*) und referenzieren jeweils sowohl an der Verbindung beteiligte Assembly State Groups wie auch wirksame Assembly Features.

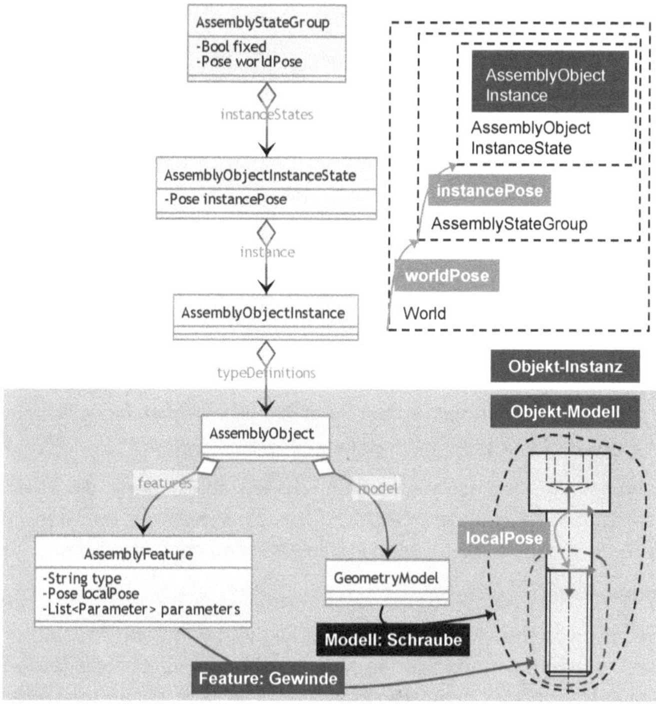

Bild 4-19: Strukturdaten: Objektmodelle und Zustandsbeschreibung (Objektbeispiel: Schraube)

Structure data: object models and state definition (exemplary object: screw)

Das in Bild 4-20 dargestellte Beispiel einer Verschraubung zeigt Assembly Features (AFE) der beteiligten Fügepartner mit dem Ziel, die Montierbarkeit evaluierbar und Prozessparameter ableitbar zu machen. So könnte eine Montierbarkeitsprüfung durch einen Durchmesservergleich von Außengewinde, Durchgangsbohrung und Gewindebohrung, einen Abgleich der Außen- und Innengewindeart und durch eine Prüfung der noch freien Gewindetiefe im montierten Zustand erfolgen. Für den Montageprozess wichtige Parameter betreffen insbesondere die gegenseitige Anordnung der Fügepartner zu verschiedenen Zeitpunkten des Ablaufs. Die Orientierung (3 DOF) des Anbauteils ergibt sich durch parallele Ausrichtung der markierten Ausrichtungsflächen an Schraubenkopf und Auflage. Zur einachsigen Montage senkrecht zur Oberfläche kann das Anbauteil koaxial entlang der Ausrichtungsfläche verschoben werden (2 DOF), bis die Mittellinien von Außengewinde und Gewindebohrung übereinander liegen. Ausgehend vom montierten Zustand können dann Stützpunkte einer Montagebewegung für das Anbauteil bestimmt werden. Eine detaillierte Beschreibung der Ausrichtung von Fügepartnern erfolgt in Abschnitt 5.2.4.

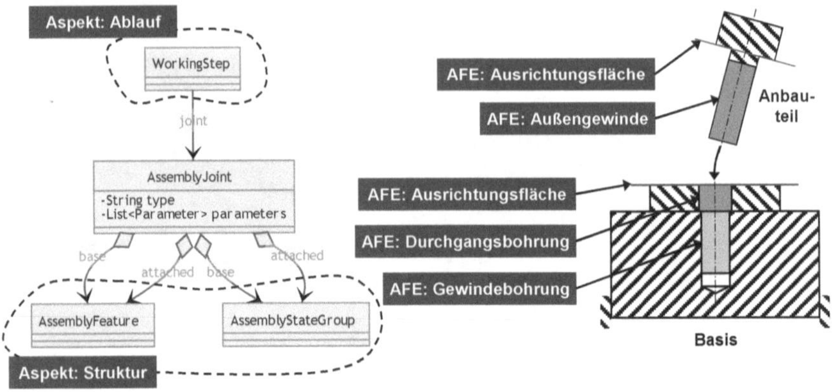

Bild 4-20: Montageverbindungen an der Schnittstelle zwischen Modellaspekten

Assembly joints at the interface between model aspects

Montageverbindungen repräsentieren damit diejenigen Entitäten, die einen unmittelbaren Zusammenhang zwischen Gestalt, Prozess und Ablauf herstellen und einen Übergang von einem Montagezustand in den nächsten charakterisieren.

Ablaufmodellierung

Die Übertragung von Verbindungen, deren Struktur in Form von Assembly Joints abgebildet wird, hin zu einem definierten Montageablauf erfolgt modelltechnisch durch Aggregation von Arbeitsschritten (*Working Steps*). Arbeitsschritte bzw. ihre logischen Verknüpfungen repräsentieren den Kontrollfluss der resultierenden Programmlogik. Die Ausgestaltung erfolgt in Anlehnung an ISO 15187 [ISO00a] bzw. den *MORPHA Style Guide for Icon-Based Programming* [BISC02], der entwickelt wurde, um den Kontrollfluss von Roboterprozessen insbesondere für ungeschulte Mitarbeiter transparent und zugänglich zu gestalten. Die Darstellung des Style Guides basiert auf einem Flussdiagramm, das sich aus der Verkettung von Befehlsblöcken (*Commands*) ergibt. Jeder Befehlsblock wird durch ein grafisches Symbol dargestellt, durch das die Intuitivität des Ansatzes verbessert wird. In Bild 4-21 werden die unterschiedenen Klassen von Befehlsblöcken wiedergegeben.

Relevant für die Modellierung des Montageablaufs bzw. der Abfolge von Arbeitsschritten sind hier insbesondere Programmflussbefehle wie beispielsweise Wenn/Dann-Bedingungen, Schleifen, Verzweigungen oder Synchronisationen.

Modelltechnisch kann der Ablauf als gerichteter Graph mit Arbeitsschritten als *Kanten* und hergestellten Montageverbindungen als *Knoten* aufgefasst werden. Gemäß Bild 4-22 setzt sich ein Arbeitsplan (*Workplan*) als den gesamten Ablauf umfassende Entität aus verketteten Arbeitsschritten (*WorkingStep*) zusammen. Durch Referenzieren eines Startarbeitsschrittes kann ein Ablauf gestartet werden. Jeder Arbeitsschritt selbst referenziert

- eine Liste ihm vorausgegangener Arbeitsschritte, die abgeschlossen sein müssen, ehe die Abarbeitung begonnen werden darf (Synchronisation) und
- eine Liste ihm nachfolgender Arbeitsschritte, die gestartet werden können, wenn der Arbeitsschritt abgeschlossen wurde (Verzweigung).

Programm-steuerung	Bewegungs-steuerung	Ein- und Ausgabe	Anwendungs-steuerung	Sonstige
Programmfluss	Bewegungsbefehle	Eingabe	Handhabung	Spezifischer Code
Wartebefehle	Bewegungsparameter	Ausgabe	Arbeitsraum-begrenzung	mathematische Operationen
Ablaufunter-brechung	Sensorisch geführte Bewegung	Externe Kommunikation	Punktschweißen	
Fehlerbehand-lung			Lichtbogenschweißen	
			Kleben	
			Lackieren	
			Montage und Demontage	

Bild 4-21: Befehlsübersicht zur Gestaltung graphischer Benutzerschnittstellen für Roboter nach ISO 15187 [ISO00a]

Command overview for the design of graphical user interfaces for robots according to ISO 15187 ISO00a]

Analog erfolgt eine Aggregation von Operationen, die die atomaren Elemente eines Arbeitsschrittes darstellen und automatisiert gesteuerte Prozesse einer Ressource repräsentieren, s. a. Bild 4-17.

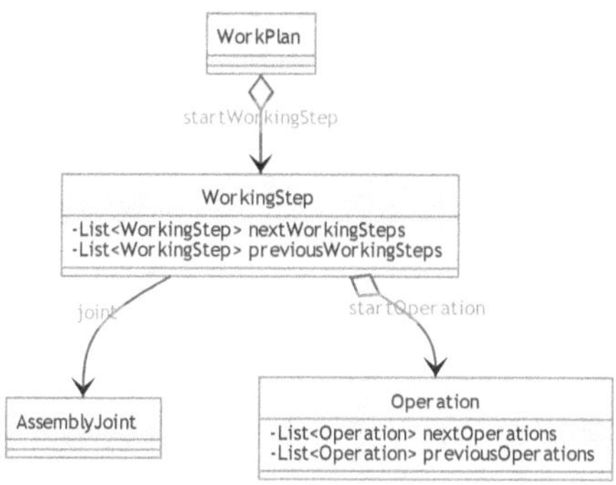

Bild 4-22: Modellierung des Montageablaufs

Modeling of the assembly process

Mithilfe der Verknüpfung eines Arbeitsschrittes und der durch ihn herzustellenden Montageverbindung kann direkt auf Planungsinformationen des Strukturkontextes zugegriffen werden. Somit können während der Feinplanung des Arbeitsschrittes bzw. der Ableitung von Operationen Parameter wie z. B. Bewegungskoordinaten oder mögliche Greifpunkte eines Montageobjekts bestimmt werden.

Prozessdaten

Prozessdaten sind die dritte Gruppe der unterschiedenen Kontextinformationen. Sie umfassen alle nötigen Definitionen, um eine Montageaufgabe durch eine spezifische Auswahl von Betriebsmitteln umsetzen zu können.

Abgeleitet werden die Prozessdaten im Rahmen von Planungsschritten, die eine mögliche Kombination von Montagefunktionen bestimmen, die zur Realisierung der Montageaufgabe geeignet sind. Unter Berücksichtigung der verfügbaren Ressourcen einer Montagezelle (wie bspw. in Bild 4-9) kann eine Feinplanung der Montagefunktionen erfolgen.

Im Rahmen des Inbetriebnahmekonzepts sollen Anwender in die Lage versetzt werden, ein Planungssystem auf intuitive Weise anzuleiten, sodass es die Automatisierung einer Montageaufgabe weitgehend autonom durchführen kann. Das Planungssystem greift dazu auf vorab definierte Prozessmodelle zu, die als Anwendung einer Montagestrategie unter Berücksichtigung von Randbedingungen verstanden werden kann, die der Anwender in Form von Planungsparametern vorgibt.

Für eine beispielhafte Montageverbindung, bei der ein Anbauteil an ein Basisteil durch Zusammensetzen gefügt wird, könnte etwa folgende Abfolge von Operationen geplant werden:

- Operation 1 (Greifen): Das Anbauteil, das sich zu Beginn des Arbeitsschrittes in einem Teilemagazin befindet, wird von einem Robotersystem mit Parallelbackengreifer an einem der möglichen Greifpunkte des Bauteils gegriffen (*Prozessmodell: Greifen mit Parallelbackengreifer*).
- Operation 2 (Handhaben): Das Robotersystem bewegt das Anbauteil in die Nähe der Fügestelle (*Prozessmodell: Kollisionsfreie Handhabung von Bauteilen*).
- Operation 3 (Fügen): Es erfolgt die Anwendung einer pendelnden Fügestrategie, um das Anbauteil zunächst durch definierten Kontakt relativ zum Basisteil auszurichten. Anschließend werden beide Fügepartner durch Zusammensetzen miteinander verbunden (*Prozessmodell: Zusammensetzen mit pendelnder Fügestrategie*).

Der Anwender kann für den beschriebenen Fall den gesamten Arbeitsschritt durch Prozessdemonstration vorgeben, sodass mittels Tracking die Abfolge aus „Greifen", „Handhaben" und „Fügen" bestimmbar ist. Aus einer Liste möglicher Fügestrategien kann nachfolgend eine geeignete Fügestrategie ausgewählt werden, die das

Planungssystem zur Prozessfeinplanung anwendet, um z. B. Stützkoordinaten der Montagebewegung zu berechnen.

Das Ergebnis der Planung sind hinreichend spezifizierte Operationen, die einen kontinuierlichen Übergang zwischen Operationen und Arbeitsschritten ermöglichen. Zur Ausführung des Programmablaufs können die Operationen in steuerungssystemspezifische Befehle übertragen und ausgeführt werden (s. a. Kapitel 6.2.3)

4.3 Ausgestaltung der Interaktion

Interaction design

Aufbauend auf dem beschriebenen Fundament aus Tracking-Funktionen (Kapitel 4.2.1) für einen montagetechnisch definierten Handlungskontext (Kapitel 4.2.2) kann die Interaktion für die ausgewählte Bedienergruppe der Montagemitarbeiter ausgestaltet werden. Sie bildet die Schnittstelle, durch die Bediener das automatisierte Verhalten der Montageanlage selbst beeinflussen und auf Zustandsinformationen der eingeschlossenen Steuerungssysteme zugreifen können.

Die zur Interaktion benötigten technischen Artefakte resultieren aus der für das Tracking der Montagedemonstration benötigten Sensorik, den dabei verwendeten Interaktionsobjekten sowie weiteren Interaktionsverfahren, die in den Kapiteln 4.3.1 und 4.3.2 spezifiziert werden.

Zur Verdeutlichung der Ausführungen wird eine repräsentative Baugruppe herangezogen, die dem anvisierten Teilespektrum des Verfahrens entstammt, vgl. Bild 4-23. Die Baugruppe besteht aus dem Klemmkastengehäuse (a) eines Servomotors der Fa. Siemens sowie einem Deckel (b), der an zwei unterschiedlichen Anbaustellen des Gehäuses durch je vier Schrauben (c) fixiert werden kann. Das Gehäuse hat Abmessungen von ca. 230x180x80mm und der Deckel von ca. 50x50x5mm.

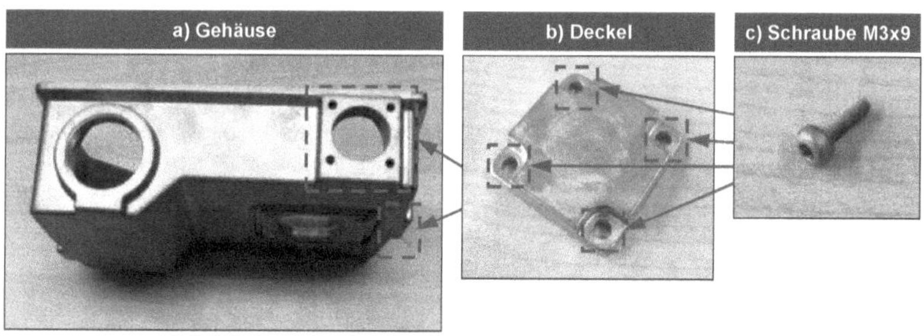

Bild 4-23: Bauteile der Klemmkastenmontage

Parts of the terminal box assembly

Im Rahmen eines kohärenten Interaktionsablaufs bedarf es neben den Funktionen zur sensorischen Montageerfassung noch weiterer Interaktionssteuerungs- und

Unterstützungsfunktionen, die den Vorgang des Einlernens eines neuen Montageablaufs ermöglichen. Diese werden in Kapitel 4.3.3 definiert.

Die Gestaltung der Interaktion erfolgt unter Berücksichtigung der in ISO 9241-110:2020 genannten Prinzipien [DIN20].

4.3.1 Sensorische Erfassung manueller Montageprozesse

Sensory detection of manual assembly processes

Anknüpfend an Bild 4-16 werden die ausgewählten Sensorsysteme und angewendeten Verfahren nachfolgend erläutert.

Bewegungssensorik

Die Microsoft Kinect v2 Bewegungssensorik wurde in Voruntersuchungen als geeignet identifiziert, um makroskopische Bedienerbewegungen zu erfassen. Die Bewegungssensorik umfasst dazu unter anderem einen RGB Farbsensor und eine Kombination aus Infrarotlichtemitter und -sensor. Letztere ermittelt Tiefendaten mittels Time-of-Flight (TOF)-Verfahren [VILL17].

Die RGB Farbbilder und Tiefendaten werden als zwei unabhängige Datenströme bereitgestellt. Durch ein Entwicklungspaket des Herstellers sind Transformationen zwischen den Farb- und Tiefenbildsystemen möglich.

Neben der Bereitstellung von Bilddaten leistet das Entwicklungspaket darüber hinaus eine Vorverarbeitung der Sensordaten und bietet Zugriff auf Bewegungs- bzw. Poseninformationen von bis zu 6 erkannten Bedienern im Sichtfeld des Sensorsystems. Die Poseinformationen umfassen 25 fest definierte Körperpunkte, die in Raumkoordinaten relativ zum Tiefensensor ausgegeben werden, vgl. Bild 4-24. Von ihnen befinden sich 19 Körperpunkte oberhalb der Hüfte und sind für die Bewegungsanalyse sichtbar, wenn der Bediener während der Interaktion vor der Anlage steht. Die Ausgabe erfolgt mit einer Frequenz von jeweils 30 Bildern bzw. Posen pro Sekunde (*frames per second*, FPS). Somit können auch manuelle Bewegungsabläufe mit hoher Dynamik erfasst werden.

Im Hinblick auf das TOF-Verfahren ist zu beachten, dass Reflexionen und externe Lichtquellen das Messverfahren negativ beeinflussen können. Es ist daher bei der Anlagengestaltung und Positionierung darauf zu achten, dass ggf. störende Lichtquellen abgedunkelt und stark reflektierende Oberflächen z. B. im Hintergrund des Bedieners abgedeckt werden. Die Tiefenmessung erfolgt mit einem Öffnungswinkel von 70° (horizontal) bzw. 60° (vertikal) in einem Bereich zwischen 0,5m bis 4,5m. Die Messunsicherheit wird mit 0,5% des gemessenen Abstands zum Sensor durch den Hersteller angegeben. Quantitative Untersuchungen zur Tiefenmessung ebener Flächen ergeben einen Fehler in der Größenordnung kleiner 20mm im Messbereich um 1m Abstand [VILL17].

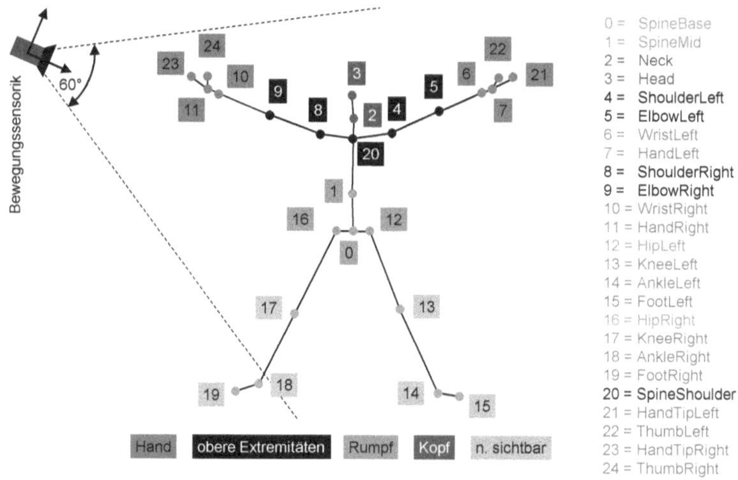

Bild 4-24: Ausgegebene Körperpunkte der Kinect Bewegungssensorik
Kinect motion sensor body points output

Im vorgesehenen Einsatzszenario wird ein Abstand zwischen Sensor und Bediener von 2m angenommen, damit die makroskopischen Handbewegungen des Bedieners sicher erfasst werden können. Der erwartete Fehler der Positionsbestimmung liegt dabei unter 50mm.

Entsprechend Bild 4-15 werden die Messdaten aller verwendeten Sensoren sowie die automatisierten Roboterbewegungen in einem gemeinsamen Arbeits- und Interaktionsraum ausgewertet. Dies setzt eine relative Vermessung des Bewegungssensors in Bezug auf ein globales Referenzkoordinatensystem voraus. Zur Vermessung bzw. *Referenzierung* wird ein zweidimensionales optisches Target verwendet, das ortsfest im Interaktionsraum platziert wird, vgl. Bild 4-25.

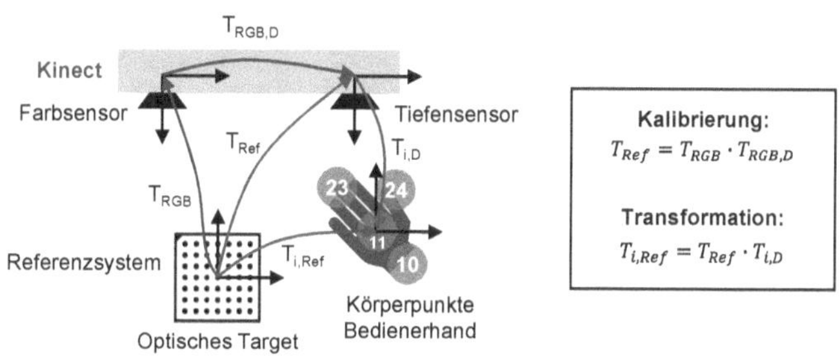

Bild 4-25: Transformation von Körperpunkten in das Referenzkoordinatensystem
Transformation of sensor body points into the reference coordinate system

Durch Aufnahmen des Farbsensors und Bildverarbeitungsmethoden zur monokularen Positionsbestimmung des Targets kann die Position des Farbsensors T_{RGB} relativ zum Referenzsystem bestimmt werden. Das Entwicklungspaket des Kinect Systems bietet Zugriff auf Methoden zur Transformation zwischen den jeweiligen Sensorkontexten $T_{RGB,D}$, sodass eine Transformation T_{Ref} berechnet werden kann. Sie ermöglicht die Übertragung von Poseinformationen der Körperpunkte i in das Referenzkoordinatensystem zu $T_{i,Ref}$.

Die Schnittstelle zur weiteren Integration bilden folglich

$$T_{i,Ref} \tag{4.1}$$

$$\text{mit } i \in \{0 \dots 12, 16, 20 \dots 24\}$$

die im Abstand von $\frac{1}{30}s$ bereitgestellt werden.

Weiterhin kann das Prinzip der Ereignisbereiche aus Kapitel 4.2.1 weiter ausgearbeitet werden. So wird ein Ereignisbereich x eines an der Interaktion beteiligten Objekts als Kugelvolumen mit einer Position $T_{x,Ref}$ und einem Radius r_x im virtuellen Interaktionsraum definiert, vgl. Bild 4-26. Zwischen den Mittelpunkten zweier Ereignisbereiche i und j kann mittels euklidischer Norm jeweils ein Abstand $d_{i,j}$ bestimmt werden. Unter der Bedingung, dass sich Ereignisbereiche nicht überschneiden dürfen, bestimmt der kleinste Abstand zwischen zwei Ereignisbereichen jeweils ihren Radius r_x. Diese Regel gilt nur für statische Objekte, d. h. zu Zeitpunkten, an denen sie nicht durch den Bediener mitbewegt werden und nicht für die Ereignisbereiche der Bedienerhände H_L bzw. H_R.

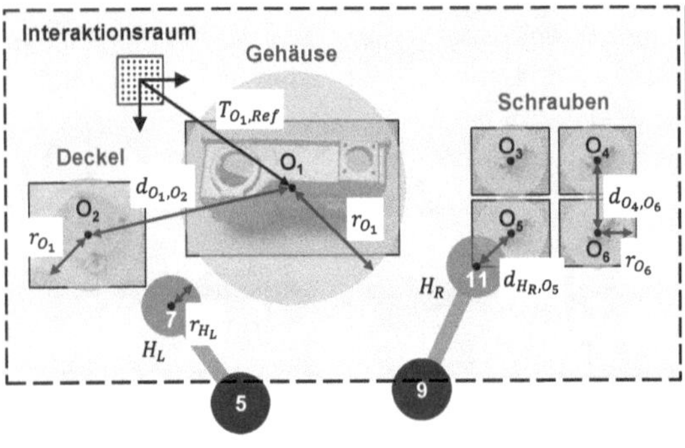

mit:

$T_{x,Ref}$:	Position des Ereignisbereichs *x* im Referenzsystem
r_x:	Radius des Ereignisbereichs
$d_{i,j}$:	Abstand zwischen den Ereignisbereichen *i* und *j*
H_L/H_R:	Ereignisbereich der linken (7) und rechten (11) Bedienerhand
O_k:	Ereignisbereich Objekt *k*

Bild 4-26: Ereignisbereiche im virtuellen Interaktionsraum
Event volumes in the virtual interaction space

Überschneiden sich die Ereignisbereiche einer Hand und eines statischen Objekts, so wird auf eine Interaktion des Bedieners mit dem Objekt geschlossen, bestimmbar durch

$$d_{H_h,O_k} < r_{H_h} + r_{O_k} \tag{4.2}$$

für $h \in \{L, R\}$, $k = 1 \dots N_O$ und N_O: Anzahl Objekte

Die Radien der statischen Objekte können weiterhin durch die tatsächliche Objektgröße weiter begrenzt werden. Dies kann z. B. durch Evaluation von Knotenpunktkoordinaten eines CAD-Modells erfolgen, indem eine alle Punkte einschließende Kugel mit Radius $R_{k,Hull}$ berechnet wird [RITT90, KRIS98]. Aus ihr lässt sich ggf. auch eine Verschiebung des Objektmittelpunkts zum Modellursprung ableiten.

Unter Berücksichtigung aller $R_{k,Hull}$ und Betrachtung der gegenseitigen Objektabstände können Grenzwerte für die Interaktionsbereichsradien festgelegt werden, die zu einer situationsgerechten Abgrenzung der Bereiche führen. Zunächst kann ein maximaler Radius definiert werden zu:

$$r_{O_k,max} = R_{k,Hull} + \varepsilon \tag{4.3}$$

In der Umgebung angrenzender Objekte kann ein kleinerer Radius aus dem Verhältnis der Kugelradien gebildet werden:

$$r_{O_k,limit} = min\left(\frac{R_{k,Hull}}{R_{k,Hull} + R_{i,Hull}} \cdot d_{i,k}\right) \forall\, i = 1 \dots N_O, i \neq k \tag{4.4}$$

Aufgrund der begrenzten Genauigkeit der Bewegungserfassung können Interaktionen mit kleinen, dicht gepackten Objekten nur dann sicher erkannt werden, wenn ihr Interaktionsbereich durch einen allgemeinen Mindestradius R_{min} definiert wird. Kommt es dadurch bei Interaktion zu Mehrfachüberschneidungen, kann das Objekt mit geringstem Handabstand ausgewählt werden. Falscherkennungen sind hier tolerierbar, sofern es sich um gleichartige Objekte handelt wie z. B. bei Objektanordnung in Nestern oder bei Schüttgut. Überschneiden sich Bereiche ungleicher Objektarten mehrfach, so muss die Ausgangsanordnung der Objekte verändert werden.

Zusammengefasst ergibt sich für den Objektradius:

$$r_{O_k} = max\left(R_{min}, min\left(r_{O_k,limit}, r_{O_k,max}\right)\right) \tag{4.5}$$

In empirischen Untersuchungen konnte mit $\varepsilon = 20mm$, $R_{min} = 30mm$ und $r_{H_L} = r_{H_R} = 50mm$ eine hohe Übereinstimmung zwischen manuell ausgeführten Objektinteraktionen und im virtuellen Interaktionsraum ermittelten Interaktionsereignissen erreicht werden.

Greifsensorik

Der zweite Schritt des Bediener-Trackings umfasst die Bestimmung des Greifzustands bei räumlich detektierten Interaktionsereignissen durch eine dezidierte Greifsensorik, vgl. Kapitel 4.2.1. Es sollen die Zustände „Greifen“ und „Loslassen“ während der Montagedemonstration sicher unterschieden werden.

Eine verbreitete technische Lösung ist die Verwendung von Datenhandschuhen, die Greifereignisse durch haptische Sensorik oder Analyse der relativen Fingerstellungen identifizieren, vgl. Kapitel 2.1.2. Je nach Ausprägung der Handschuhe wirkt sich nachteilig aus, dass sie die Hand- und Fingerflächen zur Messung meist vollständig umschließen, somit in direkten Kontakt mit den Greifobjekten stehen und bspw. Verschleiß oder Verschmutzung ausgesetzt sind. Bei Exoskeletten, die zur Ableitung der Fingerstellungen eingesetzt werden, kommt hinzu, dass sie den Bediener bei der Montage aufgrund ihrer aufbauenden Struktur stark einschränken können.

Daher kommt im untersuchten Einsatzfall ein alternatives Verfahren zum Einsatz, das auf Elektromyographie (EMG) beruht und oberflächliche Messungen der Muskelaktivitäten im Unterarm des Bedieners auswertet [BISC05]. Elektromyographie ist eine Methodik, die in der Medizin zu Diagnosezwecken von physiologisch bedingten Beschwerden der Muskelpartien genutzt wird. Es existieren verschiedene Messmethoden, wobei für den hier untersuchten Anwendungsbereich insbesondere die nichtinvasive Oberflächenelektromyographie geeignet erscheint. Im Gegensatz zur Nadelelektromyographie wird keine Nadelelektrode in den betreffenden Muskel gestochen, sondern es werden Elektroden an der Hautoberfläche in der Umgebung des Muskels angeordnet. So lässt sich beispielsweise mit der verbreiteten „Belly-Tandon"-Anordnung, bei der Elektroden über der Muskelendplattenregion und dem Sehnenansatz angebracht werden, Summenpotentiale eines gesamten Muskels, nicht jedoch die einer einzelnen Faser messen [AHDB15]. Zwar eignet sich das Verfahren dadurch nicht zur Diagnose eines pathologischen Fehlers in einer Muskelfaser, aber es kann festgestellt werden, welcher Muskel sich in einem kontrahierten Zustand befindet.

Dies wird bei dem Myo Armband der Fa. Thalmic Labs ausgenutzt. Es umfasst 8 Edelstahlelektroden, die in einem flexiblen Kunststoffband eingebettet sind und ringförmig um die Muskelpartien des Unterarms angebracht werden, vgl. Bild 4-27.

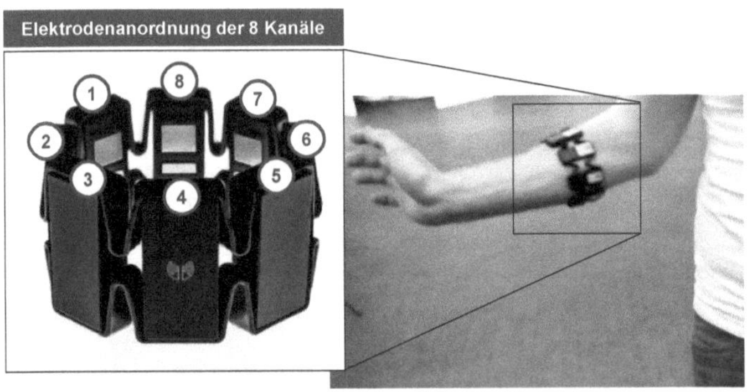

Bild 4-27: Myo Sensor-Armband
Myo sensor armband

Weiterhin ist eine 9-Achsen-IMU (Inertial Measurement Unit, Inertiale Messeinheit) integriert, die aus den 3 Einzelkomponenten 3-Achsen-Gyroskop, 3-Achsen-Beschleunigungssensor und 3-Achsen-Magnetometer besteht. Über eine Aktorik kann eine haptische Rückmeldung an den Träger in Form von Vibrationen ausgegeben werden. Die Datenübertragung erfolgt drahtlos via Bluetooth und zur Energieversorgung wird ein integrierter Akku genutzt, um die Bewegungsfreiheit des Bedieners möglichst nicht einzuschränken.

Das Armband zeichnet EMG-Messwerte mit einer Frequenz von 200 Hz auf, IMU-Daten werden mit 50 Hz erfasst. Die Signalwerte werden mit 8 Bit Auflösung diskretisiert; EMG-Signale werden somit in einem Bereich von -128 bis 127 ganzzahlig, proportional zur Muskelaktivität bzw. zum oberflächlich gemessenen Spannungspotential ausgegeben. In Vergleichsuntersuchungen [MEND17] konnte gezeigt werden, dass Gestenerkennungen mit dem Myo Armband, das als günstiges und mobiles Produkt für Endkunden konzipiert ist, keine signifikant höhere Fehlerrate aufweisen als Erkennungen mit diagnostischen Referenzsystemen, die über Sampling-Raten im Kilohertzbereich verfügen. Quantitative Untersuchungen zeigen, dass auf Basis der Myo EMG Signaldaten mit 97% eine hohe Übereinstimmung bei der Klassifikation unterschiedlicher Arten von Handgesten erzielt werden konnte [BOYA16].

Die Integration der Greifsensorik gliedert sich in zwei Phasen:

- eine bedienerspezifische Kalibrierungsphase und
- die Tracking-Phase.

Die Kalibrierung verfolgt wiederum zwei Ziele. So kann das Armband am Unterarm des Bedieners prinzipiell mit einem beliebigen Verdreh- bzw. Rollwinkel φ angelegt werden, vgl. Bild 4-28.

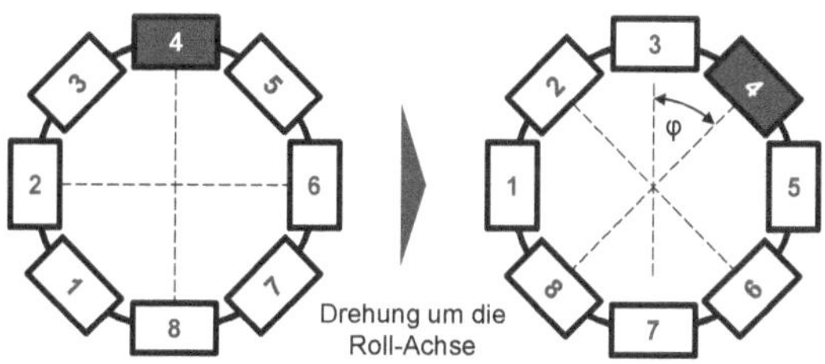

Bild 4-28: Rollwinkel φ beim Anlegen des Armbands

Rolling angle φ when wearing the armband

Bei Ausführen einer gerichteten Initialisierungsgeste können die IMU-Signale des Armbands ausgewertet werden und ein bis zum Ablegen des Armbands gültiges φ bestimmt werden, vgl. Bild 4-29 oben.

Trotz gleichartiger Bewegungen variieren EMG-Ausschläge stark von Person zu Person. Daher dient eine zweite, kreisende Kalibrierungsgeste zur individuellen

Profilerstellung des Bedieners, vgl. Bild 4-29 unten. Die Kreisbewegung stellt die ideale Referenz dar, da bei allen größeren Ausschlägen in den Signaldaten eine weitere Kontraktion der Finger oder des Handgelenks vorliegen muss. Durch das Kreisen des Armes wird sowohl die Armbewegung als solche sowie auch die Bewegung in alle möglichen Richtungen abgebildet. Das Referenzprofil kann schließlich zur Evaluation herangezogen werden, um zu bestimmen, ob ein Greifen vorliegt oder nicht.

Während der Tracking-Phase erfolgt für jeden der 8 EMG-Kanäle ein Vergleich mit den Daten der Referenzbewegung. Überschreitet ein Kanalwert eine prozentuale Schwelle zum Referenzwert, so wird diesem Kanal der Wahrheitswert „wahr" zugewiesen, andernfalls ein „falsch". Somit resultiert eine Liste γ_t mit 8 Wahrheitswerten für jeden Auswertungszeitpunkt t.

Zur effizienten Verarbeitung der Sensordaten und Berechnung der Wahrheitswerte erfolgt zunächst eine Vorverarbeitung in Form eines gleitenden Mittelwertes, welcher den Kanalwert symbolisiert. Für die mit 200 Hz aufgezeichneten Sensordaten hat sich eine Mittelung von den jeweils letzten 100 Kanalwerten nach dem First-In-First-Out-Verfahren (FIFO) als geeignet herausgestellt, um eine hinreichende Tracking-Dynamik bei begrenzter Ressourcenauslastung zu erzielen.

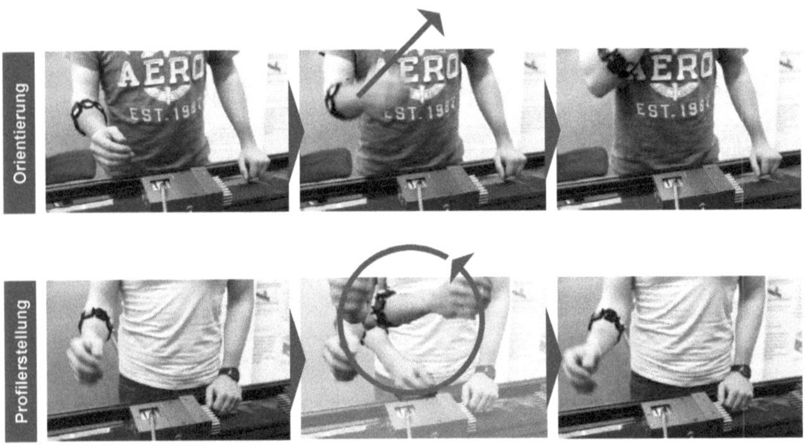

Bild 4-29: Gesten zur bedienerspezifischen Kalibrierung
Gestures for user specific calibration

Die Berechnung der Referenzwerte erfolgt während der Phase der Profilerstellung in abgewandelter Form. So werden zunächst alle aufgezeichneten Datenpunkte je Kanal in Stapel von 100 aufeinander folgenden Werten gegliedert. Je Stapel wird dann der Maximalwert bestimmt. Abschließend erfolgt eine Mittelwertberechnung über alle Stapelmaximalwerte, sodass für jeden Kanal ein skalarer Referenzwert resultiert.

Zur weiteren Glättung und Unterdrückung ungewünschter Schwankungen der EMG-Daten, wird eine exponentielle Schwelle der Form

$$\gamma_t^* = \alpha \cdot \gamma_t + (1 - \alpha) \cdot \gamma_{t-1}^* \tag{4.6}$$

angewendet. Durch empirische Untersuchungen zur Sensitivität wurde mit $\alpha = 0{,}7$ ein geeigneter Wert gefunden.

Die Sensorintegration beinhaltet abschließend noch eine Sperre des Trackings bei zu hohen Beschleunigungswerten der IMU. Zu schnelle Bewegungen können gegebenenfalls zu einer Fehleinschätzung des Systems aufgrund zu hoher Muskelkontraktionen führen, die nicht direkt auf eine Greifbewegung zurückzuführen sind.

Bild 4-30 zeigt beispielhaft den Verlauf der Signalrohdaten während eines Greifvorgangs.

Bildverarbeitung

Als drittes Verfahren zur sensorischen Erfassung von Montageprozessen wird ein Bildverarbeitungsschritt zum Ende eines jeden Arbeitsschrittes vorgesehen. Er hat den Zweck einer abschließenden Verifikation, ob die nachverfolgten Bedienerbewegungen, Greifereignisse und virtuell bestimmten Montageanordnungen zu einem resultierenden Montagezustand geführt haben, der sich optisch wiedererkennen lässt. Dies bedeutet, dass die beteiligten Montageobjekte an den erwarteten Positionen lokalisiert werden können. Die Lokalisierung basiert auf der Verarbeitung der zugehörigen 3D-CAD-Modelle der Einzelobjekte, die innerhalb eines monokular aufgenommenen 2D-Bildes mit 6 Freiheitsgraden eingepasst werden. Als Kamerasystem wird ein monochromer CMOS Sensor mit einer Auflösung von 2048x2048 Pixel verwendet, der einen Arbeitsbereich im Interaktionsraum mit einer Kantenlänge von maximal 2m abdeckt. Die Pixellänge kann somit mit ca. 1mm abgeschätzt werden. Zur globalen Referenzierung wird das optische Target der Bewegungssensorik wiederverwendet.

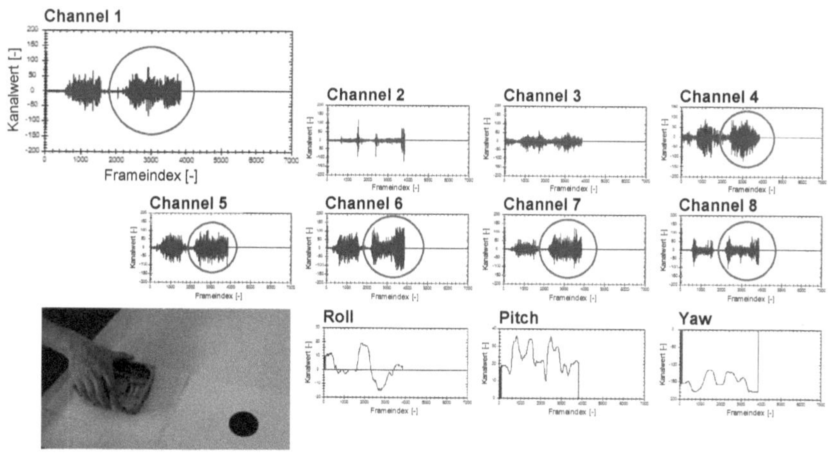

Bild 4-30: Muskelkontraktionen in den Kanälen 1 und 4 bis 8 während des Greifens
Muscle contractions in channels 1 and 4 to 8 during grasping

Die Umsetzung nutzt weiterhin die Bildverarbeitungsbibliothek Halcon der Fa. MVTec als im industriellen Umfeld etablierte und weit verbreitete Lösung [TIMM21]. Sie bietet Funktionen für ein formbasiertes Lokalisieren von Objekten (*shape-based matching*), die sich in die Abschnitte „Referenzdaten erzeugen" und „Objekt finden" gliedern.

Referenzdaten symbolisieren sichtbare Kanten und Schattierungen eines Objekts. Sie werden aus verschiedenen Ansichten einer um das 3D-Modell platzierten virtuellen Kamera abgeleitet, indem sie in ihre 2D-Bildebene projiziert werden [MVTE21]. Die hierzu genutzte Funktion `create_shape_model_3d` erhält Wertebereiche für Kugelkoordinaten und Orientierungen als Parameter, in deren Grenzen die Pose der virtuellen Kamera automatisch permutiert wird. Die Wertebereiche ergeben sich aus der erwarteten Position des Objekts relativ zur Kamera sowie einer Toleranzbreite je Achse.

Das Finden von Objekten wird durch die Funktion `find_shape_model_3d` ermöglicht [MVTE21]. Sie identifiziert Bereiche mit hoher Übereinstimmung zwischen Referenzdaten und einem real aufgenommenen Kamerabild und passt die Objekte bestmöglich in die Szene ein. Das Ergebnis entspricht der Pose im Kamerakoordinatensystem (vgl. Bild 4-15), die notwendig ist, um den Ursprung des 3D-CAD-Modells derart zu transformieren, sodass das Modell das Objekt im Kamerabild überlagert. Zudem wird ein Bewertungsmaß (*score*) zurückgegeben, der angibt, wie hoch der Anteil der gefundenen Überlagerung zur Gesamtfläche des Modells ist.

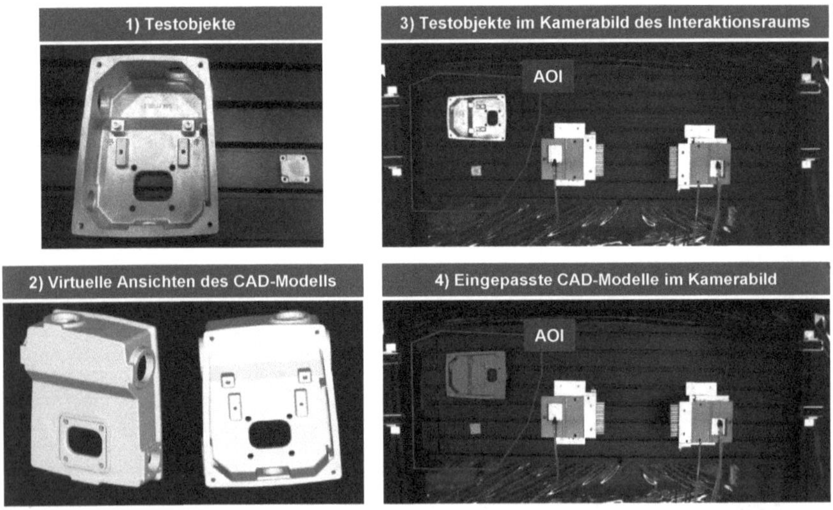

Bild 4-31: 3D-CAD-Modell basierte Lokalisierung von Testobjekten im Interaktionsraum

3D CAD model-based localization of test objects in interaction space

Bild 4-31 zeigt beispielhaft den beschriebenen Ablauf der modellgestützten Lokalisierung von Montageobjekten anhand der Testbaugruppe. Der in 3) und 4) markierte

Bereich entspricht einer Umgebung, in der die Objekte vermutet werden, nachdem eine sensorisch nachverfolgte Manipulation durch den Bediener erfolgte.

Der Vorteil des Verfahrens besteht darin, dass zur Referenzwertgewinnung keine realen Bilder der Bauteile benötigt werden, deren Erstellung sowie Vorhaltung aufwendig und auch fehleranfällig ist [MVTE21]. Stattdessen können die Formbeschreibungen zum benötigten Zeitpunkt und in genau der Konfiguration in-situ berechnet werden, wie sie für den betrachteten Montageschritt erforderlich sind. Ferner können auch Montagebaugruppen im jeweiligen (teil-)montierten Zustand lokalisiert werden, indem die 3D-CAD-Modelle der Einzelteile relativ zueinander positioniert und als vereinigtes Modell abgespeichert werden.

Die Leistungsfähigkeit des Verfahrens wird technisch beschränkt durch den benötigten Speicher zur Vorhaltung der virtuellen Objektansichten sowie durch die Berechnungsdauer zur Erstellung der Ansichten und Lokalisieren der Objekte. Je besser die resultierende Objektposition vorab geschätzt bzw. eingegrenzt werden kann, desto geringer kann die Anzahl virtueller Ansichten gewählt werden. Dies wirkt sich positiv auf den benötigten Speicherbedarf und auf die Rechenzeiten aus.

Einen weiteren bedeutenden Einfluss auf die Rechenzeit hat die Auflösung des Kamerabildes, in das die Objekte eingepasst werden [TIMM21]. Auch hier kann die Leistungsfähigkeit positiv beeinflusst werden, indem der erwartete Bildbereich (*area of interest,* AOI) möglichst klein gewählt wird.

Es wurden Evaluationen zur Lokalisation für die Testobjekte „Deckel" und „Gehäuse" jeweils mit einem Abstand von ca. 1,2 m zwischen Kamera und Testobjekt sowie einer Kugelkoordinatenvarianz der virtuellen Ansichten zwischen 10° und 60° durchgeführt, vgl. Bild 4-32/Bild 4-33.

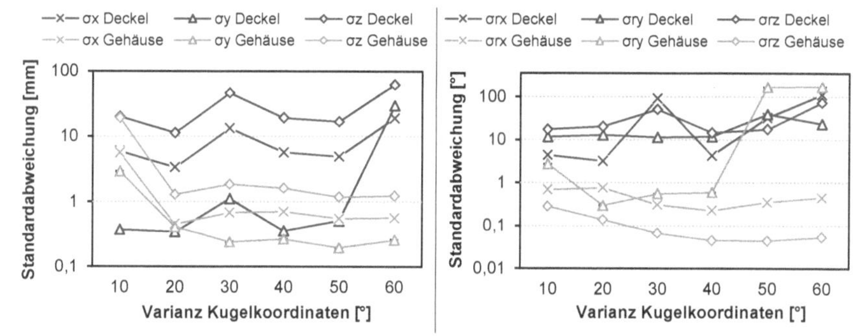

Bild 4-32: Verteilung translatorischer und rotatorischer Standardabweichungen in Abhängigkeit von der Kugelkoordinatenvarianz

Distribution of translational and rotational standard deviations as a function of the spherical coordinate variance

Die Verteilung der translatorischen und rotatorischen Standardabweichungen zeigt keine direkte Abhängigkeit zwischen der Unsicherheit des Verfahrens und der Größe der Kugelkoordinatenvarianz. In einzelnen Koordinatenrichtungen kommt es mit zunehmender Kugelkoordinatenvarianz zu Unsicherheitssprüngen, die sich auf Symmetrieeffekte zurückführen lassen. Handelt es sich in der Praxis wie beim Objekt „Deckel" tatsächlich um ein symmetrisches Bauteil, das in vier unterschiedlichen Konfigurationen montierbar ist, so können diese Abweichungen ggf. toleriert werden bzw. erfordern eine gesonderte Betrachtung.

Es zeigen sich höhere Unsicherheiten bei Messungen in Tiefenrichtung (z bzw. rx/ry), die sich auf den monokularen Ansatz des Verfahrens zurückführen lassen. Die Lokalisation des größeren Gehäuses führt zu besseren Ergebnissen als die Erkennung des kleineren Deckels, vgl. Bild 4-32.

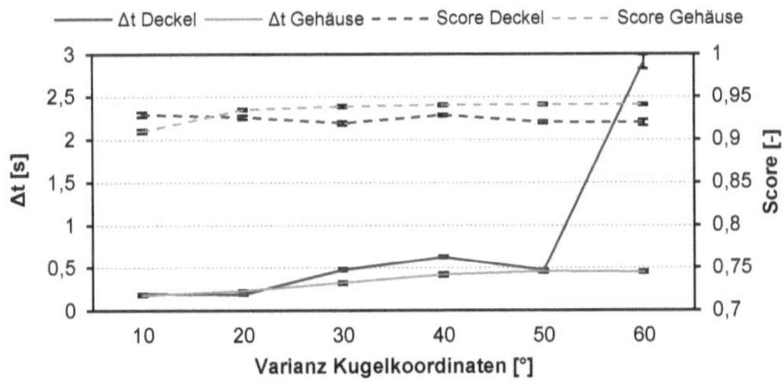

Bild 4-33: Verteilung der Berechnungszeit und Score in Abhängigkeit von der Kugelkoordinatenvarianz

Distribution of calculation time and score as a function of the spherical coordinate variance

Die Berechnungszeit nimmt tendenziell mit steigender Kugelkoordinatenvarianz leicht zu, wohingegen der Score-Wert keine Abhängigkeit zeigt. Wie bei den Lokalisationsergebnissen zeigt sich auch bei der Berechnungszeit ein negativer Effekt bei großer Kugelkoordinatenvarianz, der sich auf die schlechte eindeutige Lokalisierbarkeit des kleinen, symmetrischen Deckels zurückführen lässt.

Für die weitere Entwicklung wird eine Kugelkoordinatenvarianz von $r_x, r_y, r_z \in \{-20°, 20°\}$ gewählt. Zusammenfassend kann die resultierende Sensorik- und Verfahrenskombination der Tracking-Aufgabe entsprechend der Taxonomie aus [VRIG15] eingeordnet werden. Die Kombination umfasst

- **formbasierte Methoden**, die auf der Verarbeitung von Farb- und Tiefenbildern aufsetzen und geometrische Beziehungen von Objekten im Interaktionsraum bestimmen,

- **Raum-Zeit Methoden**, bei denen insbesondere Greifaktivitäten aufgrund von raumzeitlichen Merkmalen (*spatiotemporal features*) abgebildet und verglichen werden, sowie
- **regelbasierte Methoden**, die auf der kontextuellen Auswertung von Modellinformationen wie z. B. der Annäherung von Montage-Features beruhen.

4.3.2 Interaktionsgerechte Montageanlagengestaltung

Interaction-oriented assembly system design

Die Interaktion des Bedieners verfolgt das Ziel der aufwandsarmen Inbetriebnahme bzw. steuerungstechnischen Rekonfiguration (vgl. Bild 4-6) einer roboterbasierten Montagezelle. Die Anwendbarkeit des Konzeptes setzt die Einhaltung einiger grundlegender Randbedingungen bezüglich des Zellenaufbaus voraus.

Layout und Erreichbarkeit

Entsprechend der Darstellung in Bild 4-15 teilen Bediener und Robotersystem den Interaktionsraum, in dem sowohl Montagedemonstration als auch automatisierte Montage erfolgen. Sie verwenden die gleiche Montagebasis, um eine hohe Übereinstimmung der Umgebungsbedingungen für die Montage zu erzielen und somit den Transfer der Tätigkeiten auf das Robotersystem zu begünstigen. Für die anvisierte Baugruppengröße mit einem Durchmesser mit $d_{max} \leq 0{,}5m$ kann ein Aufbau ähnlich eines an die Roboterzelle integrierten Handarbeitsplatzes gefunden werden, vgl. Bild 4-34.

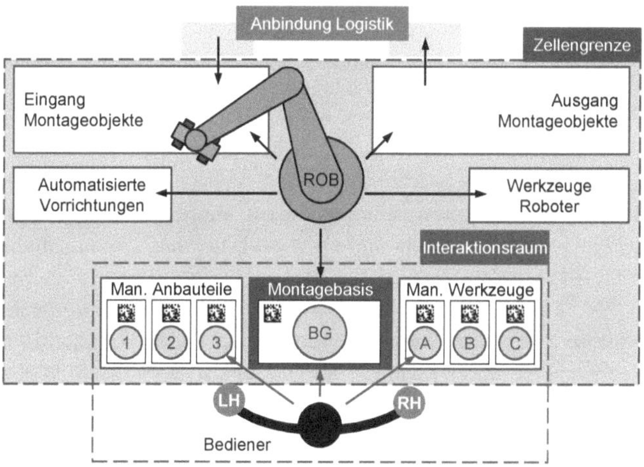

Bild 4-34: Layout einer automatisierten Montagezelle mit integriertem Interaktionsraum

Layout of an automated assembly cell with integrated interaction space

Die Darstellung umfasst Ereignisbereiche (1, 2, 3, BG, A, B, C) für Objektklassen, mit denen der Bediener durch seine Hände (LH, RH) direkt interagiert. Für jeden

Ereignisbereich wird ein Identifikationscode vorgesehen, der es ermöglicht, Kontextinformationen des Bereichs zu bestimmen, wie z. B. *Grundmuster Quelle/Senke* mit Montageobjektinformationen, *Grundmuster Werkzeug* mit Werkzeugparametern, *Grundmuster Montagebasis* mit baugruppenspezifischen Szeneninformationen. Durch eine Ausgestaltung in Form von optischen Codes (hier: Data Matrix [BART09]) können die Bildverarbeitungssysteme des Konzeptes zur Codebestimmung herangezogen werden, sodass manuelle Eingriffe des Bedieners zur Systemvorbereitung weitgehend vermieden werden.

Alle Objekte der manuellen Montage befinden sich im Erfassungsbereich der Sensorsysteme, und der Bediener kann sie direkt erreichen. Das zentrale Robotersystem der Montagezelle nutzt die gleiche Montagebasis während des automatisierten Ablaufs. Es greift darüber hinaus auf Anlagenressourcen zu, die zur automatisierten Prozessausführung optimiert sind, dabei Zielkriterien in Bezug auf Qualität und Leistungsfähigkeit erfüllen und die Anbindung an das übergeordnete Produktionssystem realisieren.

Ein- und Ausgabegeräte

Die Montageprozessdemonstration repräsentiert die zentrale, den Ablauf definierende Aufgabe des Bedieners. Sie greift das Domänenwissen des Montagemitarbeiters auf und nutzt ihm bekannte Artefakte, durch die er das Verhalten des Systems direkt beeinflussen kann. Als Eingabegeräte dienen hier die beschriebenen Bewegungs-, Greif- und Objekterkennungssensoren. Der Zustand des Systems kann unmittelbar anhand der tangiblen Interaktionsobjekte abgelesen werden.

Neben der direkten physischen Manipulation werden zur Prozesserfassung auch modellbasierte Lebenszyklusinformationen als *digitale Zwillinge* der Objekte herangezogen und ausgewertet (vgl. Kapitel 4.2.2). Um dem Bediener auch mit diesen virtuellen Artefakten eine möglichst barrierefreie Interaktion zu ermöglichen, werden geeignete Darstellungs- und Interaktionsverfahren benötigt. Weiterhin besteht zur Vorbereitung der Prozessdemonstration sowie zur fortlaufenden *Interaktionssteuerung* die Notwendigkeit, Möglichkeiten zur Auswahl und skalaren Dateneingabe zu schaffen. Für den Aspekt der virtuellen Interaktion wird das Konzept daher um ein Touch User Interface ergänzt, vgl. Bild 4-35. Auf ihm können beliebige virtuelle Inhalte dargestellt und Eingaben ohne weitere Hilfsmittel vorgenommen werden. Durch Befragung des AutoMontEx-Projektkonsortiums konnte offengelegt werden, dass derartige Interfaces in Anwenderunternehmen bereits heute von Montagemitarbeitern für analoge Aufgaben verwendet und akzeptiert werden.

Sicherheit

Wie in Bild 4-34 ersichtlich, sieht das Interaktionskonzept einen geteilten Arbeitsraum zwischen Bediener und Robotersystem vor. Die Nutzung des Arbeitsraums erfolgt räumlich überschneidend jedoch zu verschiedenen Zeitpunkten, sodass es zu keiner Bewegung des Roboters kommt, solange sich der Bediener in seinem Gefahrenbereich befindet.

Der demonstrationsbasierte Ansatz setzt die Anwesenheit eines betriebsbereiten Robotersystems zunächst nicht voraus. Zur Umsetzung spezifischer Abläufe kann eine intermittierende Auslösung automatisierter Anlagenfunktionen jedoch notwendig sein, z. B. zur Verwendung automatisierter Vorrichtungen, die nicht manuell durch den Bediener selbst betrieben werden können. In diesem Fall verlässt der Bediener den Arbeitsbereich, der sicherheitstechnisch gegen weiteren Zutritt gesichert und überwacht wird und erteilt der Anlagensteuerung eine Bewegungsfreigabe. Nach Beendigung des automatisierten Prozesses kehrt der Roboter in eine sichere Warteposition zurück und wird stillgesetzt. Nachfolgend kann der Bediener den geteilten Arbeitsraum erneut betreten, ohne dass ein Not-Halt des Systems ausgelöst wird.

Die Gestaltung folgt der DIN EN ISO 10218-2 [DIN12] mit der Applikationsart „Kollaborationsraum“, die insbesondere Anwendung bei kollaborativen d. h. gemeinsamen Montageszenarien Anwendung findet. Sie definiert Sicherheitsmaßnahmen, die eine Personenerkennung bei Zutritt in einen Gefahrenbereich gewährleisten und das sichere Stoppen des Roboters sowie automatische Anlaufen nach Situationsbereinigung ermöglichen. In Bild 4-35 ist die Zutrittserkennung beispielhaft durch Anbringung eines Sicherheitslichtgitters außerhalb der Roboterzelle realisiert.

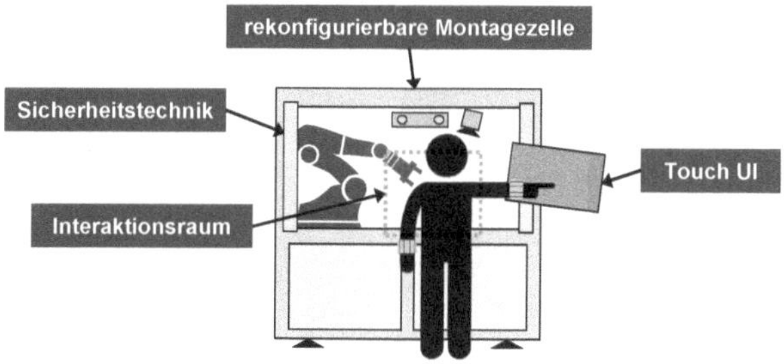

Bild 4-35: Zielbild einer roboterbasierten Montagezelle zur demonstrationsgestützten Inbetriebnahme

Visualization of a robotic assembly cell for demonstration-based commissioning

Da es im Betrieb lediglich zu einer Kooperation und nicht zu einer echten Kollaboration kommt, ist ein MRK-fähiger Roboter keine notwendige Voraussetzung zur Anwendung des Verfahrens.

4.3.3 Unterstützungsfunktionen zur Interaktionssteuerung

Auxiliary functions for interaction control

Die Anwendbarkeit des Verfahrens durch einen Montagemitarbeiter setzt voraus, dass Funktionen zur Verfügung stehen, die einzelnen Lösungsbestandteile in einem integrierten Ablauf nutzen zu können. Die Interaktionssteuerung hat die Aufgabe, den Bediener durch den Prozess der Montageautomatisierung zu führen, erwartungskonform auf seine Handlungen zu reagieren und wenn möglich, Vorschläge für nächste Arbeitsschritte aufzuzeigen. Zu jedem Zeitpunkt obliegt es dem Bediener,

Handlungsalternativen der Interaktionssteuerung anzunehmen oder Korrekturen am resultierenden Arbeitsplan der Automatisierung vorzunehmen.

Bild 4-36 zeigt die Abfolge aus Bedienerhandlungen und Systemreaktionen, die der Interaktionssteuerung zugrunde liegt. Ihre Funktionsweise wird nachfolgend definiert.

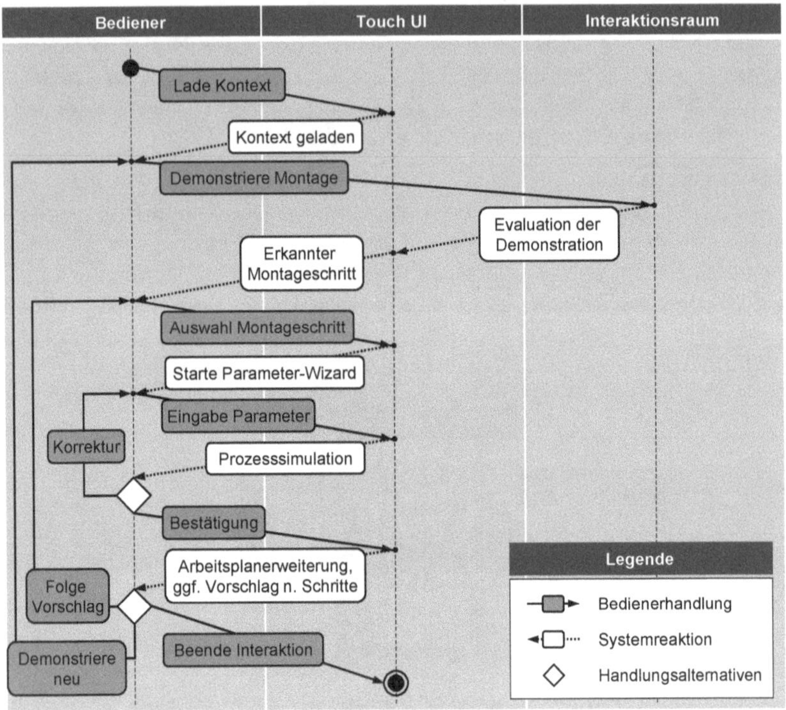

Bild 4-36: Sequenzdiagramm der Interaktionssteuerung

Sequence diagram of the interaction control

Festlegen des Montagekontexts

Der Montagekontext umfasst Modellinformationen zu Strukturen, Arbeitsabläufen und Prozessen (vgl. Kapitel 4.2.2). Seine Gesamtheit wird nachfolgend als *Szene* bezeichnet. Zu Beginn der Inbetriebnahme ist es notwendig, dass der Bediener eine Szene auswählt, die dem aktuellen Zustand der Montageanlage entspricht. Das bedeutet, dass für alle Objekte, mit denen der Bediener während der Prozessdemonstration interagiert, Modellinformationen vorliegen.

Während der Inbetriebnahme erweitert der Bediener die Szene um neue Arbeitsschritte, die mit der Szene softwaretechnisch abgespeichert werden. Änderungsprozesse können abgebildet werden, indem eine Szene mit bereits definierten Arbeitsschritten geladen wird und der Bediener Anpassungen am Ablauf vornimmt.

Erfassungsvalidierung

Nach erfolgter Prozessdemonstration durch den Bediener reagiert die Interaktionssteuerung, indem sie potenzielle Montageschritte auf Grundlage der Sensordatenströme identifiziert und den Bediener zur Validierung zurückmeldet. Mögliche Montageschritte sind beispielsweise entsprechend der Grundmuster (Kapitel 4.2):

- (manuelle) Montageprozesse, bei denen der Bediener ein Montageobjekt manipuliert, um seinen Zustand zu verändern,
- das Zusammensetzen (Kompositionen) von Montageobjekten und Zwischenbaugruppen oder
- das Auslösen automatisierter Montagefunktionen verwendeter Ressourcen.

Mit der Auswahl eines vorgeschlagenen Montageschrittes endet ein einzelner Demonstrationsvorgang, indem der Bediener der Interaktionssteuerung zur weiteren Spezifikation des Prozesses folgt.

Prozessparametrierung

In Abhängigkeit von der Art eines Montageschrittes bzw. unterlagerter Prozessmodelle, können dem Bediener Parameter zur Eingabe dargestellt werden. Unter Berücksichtigung der Anwendergruppe orientiert sich die Parameterauswahl dabei an der Domäne der Montagetechnik mit der Maßgabe, eine möglichst ressourcenunabhängige Charakterisierung der Prozesse zu schaffen. Die Übertragung in ressourcenspezifische Abläufe und ausführbaren Steuerungscode erfolgt später zum Zeitpunkt der Prozessplanung (siehe Kapitel 6.2.2).

Die Komplexität der Eingabe von Prozessparametern wird auf skalare Datentypen, hauptsächlich Gleitkommazahlen und die Auswahl aus einer Liste möglicher Parameteralternativen begrenzt, um dem Umfeld der Werkshalle gerecht zu werden. Parameteralternativen betreffen z. B. die Anwendung unterschiedlicher Montagestrategien oder die Verwendung spezifischer Technologiefunktionen.

Umfangreichere Anpassungen können durch Definition neuer Prozessmodelle im Rahmen der Arbeitsvorbereitung erfolgen.

Prozesssimulation und -verifikation

Eine wesentliche Funktion des Touch-UI ist die Visualisierung der Demonstrationserfassung sowie der mit Parametern versehenen Prozessplanung. Anhand der Visualisierung wird es dem Bediener ermöglicht, unmittelbar zu entscheiden, ob die Charakteristik der Prozessausführung seinen Intentionen entspricht. Falls nicht, können Prozessparameter iterativ optimiert und wiederholt simuliert werden bzw. der Arbeitsschritt kann gänzlich verworfen und die Montage erneut demonstriert werden.

Zur Simulation eines Montageschrittes werden die 3D-CAD-Modelle der Montageobjekte in einem virtuellen Interaktionsraum derart geometrisch angeordnet, sodass sie der realen Situation in der Anlage entsprechen. Das Ziel ist eine Prozessabbildung, die von möglichen Betriebsmittelressourcen abstrahiert und den Fokus des Montagemitarbeiters ausschließlich auf den Montageprozess, d. h. auf dessen Auslegung und Bewertung, richtet. So können z. B. Zusammensetzbewegungen der beteiligten Fügepartner als Bewegungssimulation dargestellt werden, bei denen der Bediener visuell eine Bewertung über Kriterien wie Geschwindigkeit oder Abstände zu Kollisionsflächen vornehmen kann.

Vorausschauende Arbeitsschrittplanung

Bei einigen Prozessarten kann es zu einer Häufung gleichartiger Arbeitsschritte kommen. In diesen Fällen soll auf repetitive Prozessdemonstrationen verzichtet werden können, indem das System Möglichkeiten zur Duplizierung von Arbeitsschritten vorausschauend identifiziert und dem Bediener als optionale nächste Schritte vorschlägt.

Ein Beispiel für eine Prozessart, bei der sich Arbeitsschritte häufig wiederholen und deren Inbetriebnahme somit von einer vorausschauenden Arbeitsschrittplanung profitieren kann, sind Schraubprozesse. So sind an einzelnen Bauteilverbindungen mittels Schrauben oft mehrere Schraubenverbindungen beteiligt, die in definierter Weise und Reihenfolge auszuführen sind. Zudem werden aus Rationalisierungsgründen in der Regel Gleichteile verwendet. Dies begünstigt die Übertragbarkeit einzelner Planungen und führt dazu, dass sich die Effizienz der Inbetriebnahme bzw. steuerungstechnischen Rekonfiguration erhöht. Die Herausforderung bei der Umsetzung besteht in der Detektion ähnlicher Arbeitsschritte sowie dabei, den Bediener transparent bei der Planung anzuleiten.

5 Implementierung des Interaktionssystems

Implementation of the interaction system

In Kapitel 4 wurden die Aufgaben sowie das angestrebte Verhalten des Interaktionssystems definiert. In diesem Zusammenhang wurde auch das sensortechnische Fundament erläutert, auf dessen Datenbasis die Erfassung der Montageprozessdemonstration für den PbD-Ansatz beruht. Nachfolgend soll darauf aufbauend die Architektur zur softwaretechnischen Datenauswertung des Interaktionssystems beschrieben werden.

Bild 5-1 liefert dazu einen Überblick über die Bestandteile des Systems, ihre Schnittstellen und einen Bezug zur weiteren Kapitelgliederung.

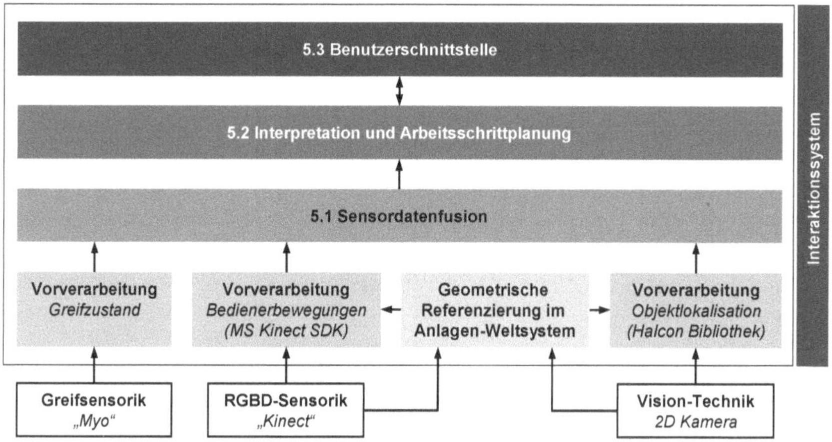

Bild 5-1: Architektur und Datenfluss des Interaktionssystems
Architecture and data flow of the interaction system

Jedem der Sensorsysteme kann ein Vorverarbeitungsschritt zugeordnet werden, durch den die Rohdaten des Systems zu Datenpunkten mit höherem Informationsgehalt aggregiert werden und effizienter weiterverarbeitet werden können [BREC15]:

- Die Vorverarbeitung der Greifsensorik wurde in Kapitel 4.3.1 erläutert und leistet eine Unterscheidung der Zustände „Greifen“ und „Nicht-Greifen“ durch Auswertung hochfrequenter Elektromyographiemesswerte.
- Die Vorverarbeitung der Kinect RGBD-Sensorik, die teilweise bereits auf der Sensorsystemhardware erfolgt, überführt die Datenströme aus Farb- und Tiefenbildern in Bewegungskoordinaten des Bedieners. Der Zugriff auf die Daten wird über ein Software Development Kit (SDK) des Herstellers bereitgestellt. Als Teil der Vorverarbeitung erfolgt eine Transformation der in Sensorkoordinaten ausgegebenen Körperpunkte in das anlagenspezifische Weltkoordinatensystem.

- Die Vorverarbeitung des Visionsystems zur Objektlokalisation realisiert den Zugriff auf Bilddaten der Kamera, speichert Kameraparameter zur Bildaufnahme und generiert virtuelle Referenzdaten aus 3D-CAD-Modellen der Objekte, um diese lokalisieren zu können. Analog zur Vorverarbeitung der RGBD-Sensorik werden auch hier Objektkoordinaten aus dem Kamerakoordinatensystem in das Weltkoordinatensystem transformiert, sodass alle Koordinaten nach der Vorverarbeitung im gleichen geometrischen Kontext vorliegen.

5.1 Informationstechnische Sensordatenfusion

Technical aspects of sensor data fusion

Das Zusammenführen der Sensordaten folgt dem Schema der „langsamen Fusion" (vgl. Kapitel 2.2.3) als Kombination aus isolierter (Vor-)Verarbeitung der einzelnen Sensordatenströme zu deren Verdichtung und einer schrittweisen Zusammenführung von Interpretationsergebnissen in Richtung Benutzerschnittstelle.

Den Rahmen bildet ein interaktionsorientiertes Datenmodell, das den Kontext der Interpretation abbildet, vgl. Bild 5-2. Auf oberster Ebene sieht es ein *InteractionFrame* Objekt vor, das einer zur Auswertung vorgesehenen Einzelaufnahme zu einem hinterlegten Zeitpunkt (*timestamp*) entspricht. Eine zeitlich ausgedehnte Montageprozessdemonstration kann folglich als Abfolge von InteractionFrames betrachtet werden. Das Modell gliedert sich weiterhin in bedienerspezifische Sensorinformationen (*User*) und Zustandsinformationen bezüglich der verwendeten Interaktionsobjekte, die mittels eindeutiger Identifikationsreferenz eine Verknüpfung zum allgemeinen Modellkontext herstellen (vgl. 4.2.2):

- Montageobjekte *(AssemblyObject)* und ihre Feature-Informationen *(AssemblyFeatures)*
- Montageobjektquellen und -senken *(AssemblyObjectSourceSink)*
- Anlagenressourcen *(AssemblyResource)*
- Werkzeuge *(AssemblyTool)*

Letztere Gruppe von Objekten wird während der Interaktion durch Beobachtung ihres Ortes und ihrer Orientierung (*Pose*) mittels optischer Objekterkennung erfasst. Ihre Klassenbeschreibung leitet sich im Modell daher von einer *DetectableGeometryObject*-Klasse ab. Diese beinhaltet jeweils einen Verweis zu einem 3D-Flächenmodell im STL-Format [MVTE21], das als unterstütztes Format der verwendeten Halcon Vision-Bibliothek zur Generierung virtueller Referenzdaten herangezogen werden kann, vgl. Kapitel 4.3.1. Das Modell weist an dieser Stelle eine Verbindung zu einem *VisionInterface*-Service auf, der die Verknüpfung zum Objekterkennungsmodul symbolisiert und Pose-Informationen (*WorldPose*) eines Objektes durch Aufruf der *captureObjectPose*-Funktion bestimmt.

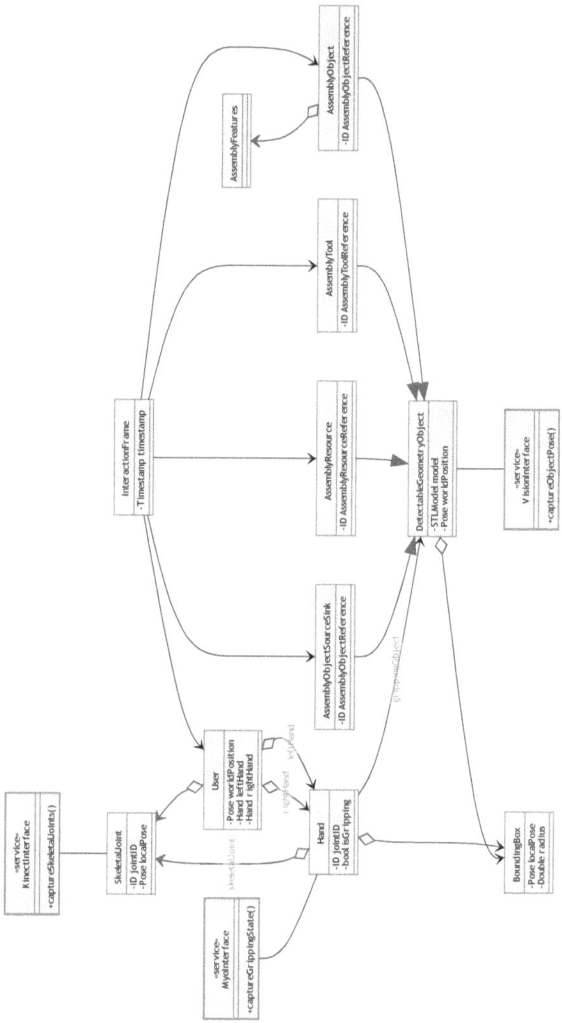

Bild 5-2: Klassendiagramm eines InteractionFrame Objekts

Class diagram of an InteractionFrame object

Die übrigen beiden Sensorsysteme *Kinect* (Bewegungssensorik) und *Myo* (Greifsensorik) werden durch Services repräsentiert, die in Verbindung mit Eigenschaften bzw. Substrukturen des Benutzerobjekts stehen. Dazu zählen insbesondere Körperpunktkoordinaten (*SkeletalJoints*), die durch die *captureSkeletalJoints*-Funktion des Kinect Services bestimmt werden. Die Körperpunktkoordinaten werden lokal d. h. relativ zu einer Benutzerpose, die in Weltkoordinaten vorliegt, ausgedrückt. Die Benutzerpose entspricht dabei dem Basispunkt 0 (*SpineBase*).

Die Handkoordinaten können entsprechend ihrer Punkt-IDs 7 (links) bzw. 11 (rechts) ausgelesen werden. Zudem werden die Orientierungen der Unterarme entsprechend den Verbindungsvektoren zwischen Ellenbogen und Handmittelpunkten als $\vec{x_l}$, einem zu $\vec{x_l}$ und $\{0,0,1\}_W$ senkrechten Vektor $\vec{y_l}$ und einem zu $\vec{x_l}$ und $\vec{y_l}$ senkrechten Vektor $\vec{z_l}$ berechnet. Durch sie können auch Orientierungsänderungen gegriffener und mitbewegter Objekte näherungsweise erfasst werden. Der Greifzustand der Hände wird durch eine *captureGrippingState*-Funktion des Myo Services bereitgestellt.

Für Ereignisbereiche, die allen Interaktionsobjekten sowie den Bedienerhänden zugeordnet werden, sind *BoundingBox*-Objekte vorgesehen. Sie werden durch einen dreidimensionalen Ort relativ zum entsprechenden Objektursprung und einen Kugelradius definiert, vgl. Bild 4-26.

Eine Schwierigkeit beim Zusammenführen der Sensordaten besteht darin, dass jedes Sensorsystem bzw. jeder Service, Daten mit eigener Frequenz ausgibt. Zur weiteren Auswertung soll daher durch einen zentralen Zustandsautomaten ein Verfahren implementiert werden, das keine strengen Anforderungen an die zeitliche Verfügbarkeit der Messergebnisse stellt. Ein einzelner Service emittiert InteractionFrames, die Daten nur bezüglich des betreffenden Sensors enthalten. Im Zustandsautomaten werden diese Daten zur Aktualisierung eines vollständigen InteractionFrames genutzt, welcher jeweils die aktuellsten Zustandsinformationen aller Sensoren umfasst. Zudem lösen Zustandsübergänge Ereignisse aus, an die die weiteren Interpretationsschritte angebunden werden können.

5.2 Softwareagenten zur zielorientierten Dateninterpretation

Software agents for goal-oriented data interpretation

5.2.1 Konzept des Softwareagenten

Concept of a software agent

Das Ziel der Dateninterpretation besteht darin, auf Grundlage atomarer Zustandsänderungen wie z. B. der Änderung einer Objektposition oder eines Greifzustands auf Montagehandlungen des Bedieners bzw. auf neue Arbeitsschritte im zu erstellenden Arbeitsplan zu schließen. Der Übergang hin zu neu spezifizierten Arbeitsschritten kann als Prozess gradueller Verdichtung von Informationen aufgefasst werden, auf dessen Weg Zwischenergebnisse generiert und im jeweiligen Kontext ausgewertet werden. Zur Lösung sollen Aspekte des softwaretechnischen Konzepts des *Agenten* aufgegriffen werden, um den Problembereich der Interpretation in voneinander abgegrenzte Teilprobleme zu gliedern und isoliert zu lösen.

Nach WOOLDRIDGE kann ein Agent als autonome Instanz aufgefasst werden, der eine dezidierte Aufgabe bzw. ein Ziel zugeordnet wird und die dazu fähig ist, eigenständig

Handlungen auszuführen [WOOL09]. Ein Agent interagiert mit seiner Umwelt, indem er sie durch Sensoren wahrnimmt, vgl. Bild 5-3. Er nutzt seine Wahrnehmung und ihm bekannte Zustands- bzw. Kontextinformationen zur Entscheidungsfindung darüber, wie er das ihm übertragene Ziel bestmöglich erreichen kann. Zur Zielerreichung beeinflusst er seine Umwelt durch Handlungen, die er mithilfe seiner Aktoren umsetzen kann.

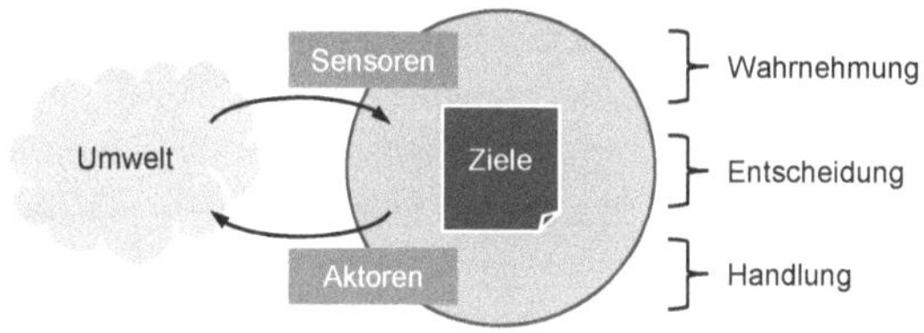

Bild 5-3: Konzept des Agenten in seiner Umwelt
Concept of an agent in its environment

Das individuelle Agentenverhalten, das aus einer Schleife aus *Wahrnehmung-Entscheidung-Handlung-Wahrnehmung-Entscheidung-Handlung…* resultiert, wird um soziale Eigenschaften ergänzt [WOOL09]. Demnach agiert ein Agent im Auftrag bzw. weiter gefasst im Interesse eines Nutzers oder einer Autorität, welche ihm die Aufgabe der Zielerreichung übertragen hat, vgl. Bild 5-4. Ein wesentliches Merkmal seiner sozialen Eigenschaften besteht in der Fähigkeit, eng mit anderen Agenten kommunizieren zu können. Dies kann der Agent ausnutzen, um Informationen mit anderen Agenten zu teilen oder um miteinander konkurrierende Ziele anderer Agenten zu verhandeln und einen global optimierten Zustand herbeizuführen.

Übertragen auf die Interpretation der erfassten Montage können Agenteninstanzen einzelne Interpretationsaufgaben übertragen werden, die sie isoliert voneinander oder durch Austausch von Zwischenergebnissen gemeinsam lösen. Ein Vorteil dieses Ansatzes besteht darin, dass die Komplexität der Einzelauswertung begrenzt wird. Weiterhin kann ein System aus Agenten (*Multi-agent system*, MAS) leicht um neue Agententypen bzw. neue Interpretationsschritte erweitert werden.

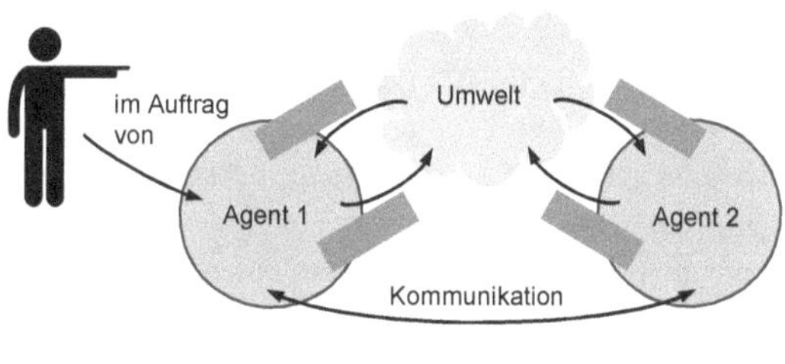

Bild 5-4: Soziale Aspekte von Agenten
Social aspects of agents

5.2.2 Ereignisgesteuerte Architektur

Event-driven architecture

Ein zweites Konzept, das bei der Umsetzung der Sensordateninterpretation angewendet wird, ist das Prinzip der Ereignissteuerung. Ereignisgesteuerte Systeme bzw. *event-driven architectures* (EDA) bestehen aus Ereignisquellen, event sources bzw. *producers* P, die Ereignisse detektieren, daraufhin Ereignisobjekte E erzeugen und diese emittieren [BRUN10], vgl. Bild 5-5. Das Gegenstück zu Ereignisquellen bilden die Ereignissenken, event sinks bzw. *consumers* C, die den Strom von Ereignissen eines Systems je nach der ihr übertragenen Aufgabe nach relevanten Einträgen filtern und diese verarbeiten, indem sie Systemreaktionen auslösen. Gleichartige Ereignisse können in Kanälen (*channels*) zusammengefasst werden, die eine bessere Gliederung und effizientere Zuordnung zu Ereignissenken erlauben [MICH11].

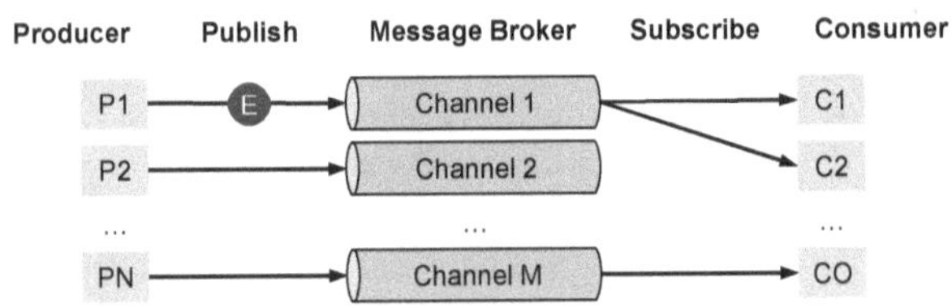

Bild 5-5: Komponenten einer ereignisgesteuerten Architektur
Components of an event-driven architecture

Ein Merkmal ereignisgesteuerter Systeme ist eine sehr lose Kopplung zwischen Ereignisquellen und -senken [BRUN10]. So erfährt eine Quelle nicht, ob ein Ereignisobjekt eine Senke tatsächlich erreicht hat oder ob gar eine darauf aufbauende Systemreaktion ausgeführt wurde. Die Quelle veröffentlicht das Ereignisobjekt im dafür vorgesehenen Kanal mit Metainformationen wie z. B. einer Ereignis-ID oder Absenderinformationen und wird zur Ereignisverarbeitung nicht weiter blockiert. Ereignissenken können nach dem publish/subscribe-Prinzip Änderungen relevanter Kanäle abonnieren [BRUN10], sodass ihnen neue Ereignisobjekte unmittelbar durch eine Managementkomponente wie z. B. einen *Message Broker* übermittelt werden, ohne selbst aktiv nach Änderungen suchen zu müssen.

Im Hinblick auf eine Adaption für das vorliegende Problem der Sensordateninterpretation bildet die EDA eine hilfreiche Ergänzung zur Umsetzung des Datenflusses vom Zustandsautomaten, der Änderungsereignisse veröffentlicht, zu Agenteninstanzen, die diese Ereignisse konsumieren. Zudem kann die Kommunikation zwischen Agenten ebenfalls ereignisgesteuert erfolgen, da Agenten sowohl Quellen als auch Senken für Ereignisse sein können. Dies entspricht einer Ausprägung von Sensoren als Senken und Aktoren als Quellen, vgl. Bild 5-6.

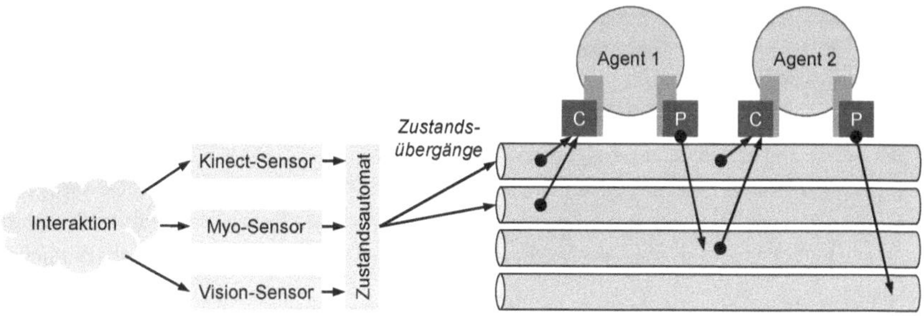

Bild 5-6: Interpretationsagenten integriert in eine ereignisgesteuerte Architektur
Interpretation agents integrated into an event-driven architecture

5.2.3 Kommunikationsprotokoll
Communication protocol

Die Kommunikation zwischen den Teilnehmern der EDA wird weiterhin durch die Struktur der Ereignisobjekte bestimmt. Sie teilt sich auf in Metainformationen, die durch den Nachrichtenkopf (*header*) beschrieben werden und die Nutzlast (*payload*). Die Nutzlast umfasst alle ereignisspezifischen Informationen, sodass das Ereignis von den Nachrichtenempfängern ohne weitere Rückfragen an den Sender verarbeitet werden kann. Diese Forderung ergibt sich aus der losen Kopplung, nach der der Sender nach Absenden der Nachricht nicht weiter blockiert wird, vgl. 5.2.2.

In der hier beschriebenen Implementierung besteht der Nachrichtenkopf aus den Attributen:

- Ereignis-ID als eindeutig vergebene Ganzzahl
- Zeitstempel zum Zeitpunkt der Nachrichtenveröffentlichung
- Absender in Form einer Zeichenkette

Die Nutzlast erfüllt den Zweck, die Kommunikationspartner über durch den Sender identifizierte Änderungen des Systems zu informieren. Diese können allgemein als Zustandsinformationen aufgefasst werden, die sich entweder direkt aus den Transitionen des Zustandsautomaten ergeben oder die das Ergebnis von Evaluationen der Interpretationsagenten sind. Die Nutzlast gliedert sich in die Attribute:

- Szenen-ID
- Subjekt-ID oder Subjekt-Typ
- Operator
- Objekt
- Parameter

Die Szenen-ID legt den Modellkontext des Ereignisses fest, durch den sich beispielsweise Modellinformationen über verwendete Montageobjekte ableiten lassen. Semantisch wird eine Konvention für die Nutzlast gewählt, nach der das Subjekt die Rolle des *Agens* als eine das Ereignis bzw. die Änderung verursachende Instanz einnimmt [BECH14]. Demgegenüber kann das Objekt als *Patiens* aufgefasst werden, das Änderungen durch das Subjekt erfährt. Die Art der Änderung wird durch einen Operator gekennzeichnet, dessen Ausprägung durch operatorspezifische Parameter charakterisiert werden. Je nach Operator müssen nicht alle Attribute in der Nutzlast spezifiziert werden.

Ein Beispiel für eine als JSON-Objekt serialisierte Nutzlast ist

```
{
    "SubjectType": "USER",
    "Operator": "CHANGE",
    "Object": "LOCATION",
    "Parameters": "11:1,0,0,10;0,1,0,20;0,0,1,30;0,0,0,1"
}
```

Die Nachricht beschreibt die Veränderung (Operator: *CHANGE*) eines Körperpunktes (Objekt: *LOCATION*) des Benutzers (Subjekt-Typ *USER*). Die Änderung wird vervollständigt durch Parameterangaben, die jeweils mit einem Doppelpunkt voneinander getrennt werden. Für die Änderung des Körperpunktes werden zwei Parameter benötigt, die Körperpunkt-ID und eine 4x4 Posematrix, die der neuen Pose des Körperpunktes entspricht. Die Matrix wird als Zeichenkette serialisiert, indem Spalten durch Kommas und Zeilen durch Semikolons voneinander getrennt werden. Das Beispiel zeigt eine Verschiebung von Körperpunkt 11 an die Stelle $\{10,20,30\}$ in Weltkoordinaten. Der Punkt hat die gleiche Orientierung wie das Weltsystem, was durch die Einheitsmatrix abgelesen werden kann.

In einem zweiten Beispiel wird ein beginnender Greifprozess der rechten Bedienerhand (RH) markiert durch folgende Nutzlast:

```
{
    "SubjectType": "USER",
    "Operator": "CHANGE",
    "Object": "STATE",
    "Parameters": "RH:STARTGRIP"
}
```

Unter Berücksichtigung des Änderungsfortschritts, ablesbar am Zeitstempel der eintreffenden Nachrichtenobjekte, lässt sich für die beiden aufeinander folgenden Beispiele darauf schließen, dass der Bediener in der Umgebung um $\{10,20,30\}$ mit seiner rechten Hand nach einem Objekt gegriffen hat. Zur besseren Lesbarkeit wird die Nutzlast nachfolgend in der Form

$$\{\langle SubjectType|SubjectID\rangle\} - \{Operator\} - \{Object\} \mid \{Parameters\} \tag{5.1}$$

dargestellt.

5.2.4 Charakterisierung der implementierten Agententypen

Characterization of the implemented agent types

Komplexere Interpretationen der observierten Zustandsveränderungen als im vorgenannten Beispiel bauen auf Zwischenerkenntnissen auf, die isoliert betrachtet zwar noch nicht hinreichend für eine Arbeitsschritterkennung sind, aber ein nützliches Hilfsmittel zur Strukturierung und Erhöhung der Transparenz darstellen. Jeder Art von (Zwischen-)Ergebnis wird ein Agententyp zugeordnet, der relevante Ereignisse identifiziert und ggf. eigenständig Informationen weiterer Datenquellen hinzuzieht.

Softwaretechnisch werden alle Agententypen von einer Basisklasse *InterpretationAgent* abgeleitet und sie sind Teil eines Agentennetzwerks, vgl. Bild 5-7. Das Agentennetzwerk ist eine Management-Komponente, welche zu Anwendungsbeginn alle Agenteninstanzen erzeugt und Zugriff auf agentenexterne Ressourcen verwaltet. Hierzu zählt zum einen der Message Broker, der die Veröffentlichung und Zustellung von Ereignisobjekten realisiert. Zum anderen verfügt das Agentennetzwerk über Verweise zum aktuell ausgewählten Montagekontext, der sich aus einer Montage Szene und dem aktiv bearbeiteten Arbeitsplan zusammensetzt. Weiterhin ist eine Schnittstelle vorgesehen, durch die andere Anwendungsteile wie z. B. der Zustandsautomat Ereignisobjekte veröffentlichen können.

Die Agenten-Basisklasse umfasst Attribute und Methoden, über die auch alle von ihr abgeleiteten Agententypen verfügen und somit die Integrität bzgl. Kommunikation und Datenzugriff gewährleisten. So werden beim Erzeugen einer Agenteninstanz durch Aufrufen der *initChannels*-Methode all diejenigen Kanäle des Message Brokers ausgewählt, auf dessen Ereignisobjekte der Agent reagieren (*subscribedChannels*) oder in die er Ereignisobjekte veröffentlichen (*publishingChannels*) soll. Zudem werden einheitliche Methoden zum Veröffentlichen und Empfangen von Ereignisobjekten definiert.

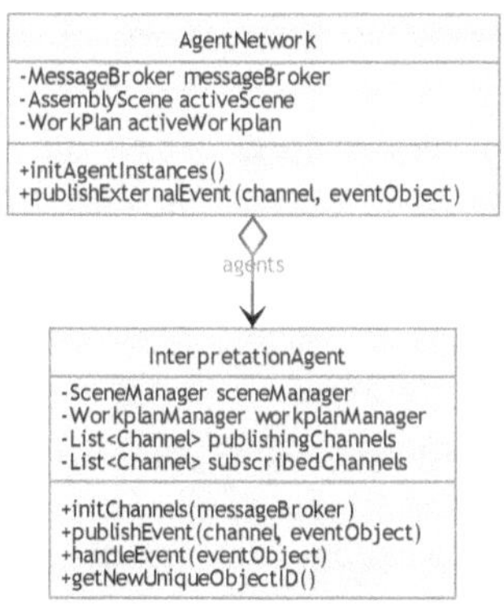

Bild 5-7: Klassendiagramme des Agentennetzwerks und der Agenten-Basisklasse

Class diagrams of the agent network and the agent base class

Für den Zugriff auf Montagekontextressourcen nutzen Agenten Manager-Objekte. Durch diese können sie unter anderem auch neue Kontextobjekte, wie z. B. Montageobjektinstanzen oder Arbeitsschritte erzeugen, die zur dauerhaften Speicherung der Interpretationsergebnisse genutzt werden. Die *getNewUniqueObjectID*-Methode kann dabei von allen Objekten genutzt werden, um auf diese neu erzeugten Objekte mithilfe einer global eindeutigen ID in veröffentlichten Ereignisobjekten verweisen zu können.

Die vorgeschlagene Implementierung umfasst die in Bild 5-8 dargestellten Agententypen. Ihre Komposition hat sich für das Erfassen von Zusammensetz- und werkzeugbasierten Schraubprozessen als tauglich erwiesen. Das Interpretationsverhalten jedes Agententyps wird nachfolgend erläutert. Je nach betrachtetem Prozess bzw. je nach Ausprägung ist die Erweiterbarkeit der Interpretationsfunktionen durch Ergänzung spezifischer Agententypen zum Agentennetzwerk gegeben.

Die Beschreibung der Agenten erfolgt in aufeinander aufbauender Reihenfolge.

Bediener-Objekt-Interaktion

Der erste Agententyp wertet Interaktionen des Bedieners mit seiner Umgebung aus.

Agent:	*UserSupervision*
Übertragenes Ziel:	*Identifikation von Manipulationsprozessen des Bedieners mit Greifobjekten in seiner Umgebung*

Dazu reagiert der UserSupervision-Agent auf Ereignisobjekte, dessen Subjekt sich direkt auf den Benutzer bezieht:

$$USER - CHANGE - LOCATION \mid \langle 7{,}11 \rangle : POSE \tag{5.2}$$

$$USER - CHANGE - STATE \mid \langle LH, RH \rangle : \langle STARTGRIP, STOPGRIP \rangle \tag{5.3}$$

Gemeinsam bilden sie die relevanten Zustandsänderungen des Bedieners während der Interaktion ab, die sich aus der Lokalisation der Handkörperpunkte 7 bzw. 11 und der Überwachung der jeweiligen Greifzustände ergeben.

Die Ableitung von Bediener-Objekt-Interaktionen erfordert weiterhin eine interaktionsparallele Nachverfolgung der Interaktionsobjekte. Zu den Interaktionsobjekten zählen Montageobjekte und ihre Quellen/Senken sowie Montagewerkzeuge und ihre Quellen/Senken. Der Agent speichert zu jeder dieser Objektinstanzen bzw. ihrer Objekt-ID jeweils aktuelle Pose-Informationen. Änderungen einer Pose können durch Verarbeiten folgender Nachrichtenobjekte erfasst werden:

$$OBJECT\_ID - CHANGE - LOCATION \mid POSE \tag{5.4}$$

Für jedes derart lokalisierte Interaktionsobjekt wendet der Agent das Schema der Ereignisbereiche (vgl. Kapitel 4.3.1) mit adaptiver Kugelradiusberechnung an. Nach jeder Veränderung einer Objektpose berechnet der Agent erneut alle Radien der Interaktionsobjekte gemäß Formel (4.5), sodass ihre Ereignisbereiche sich nicht überschneiden. Bei Veränderung eines Radius r_O erfolgt eine Mitteilung an das Agentennetzwerk:

$$OBJECT\_ID - CHANGE - ACTIVATIONRADIUS |\, r_O \quad (5.5)$$

Zur Interaktion mit den Objekten kommt es, wenn sich der Greifzustand (5.3) des Bedieners ändert. Bei einem $STARTGRIP$ Ereignis sucht der Agent nach sich überschneidenden Ereignisbereichen der greifenden Hand und aller bekannten Interaktionsobjekte. Gibt es eine Überschneidung, wird das Objekt als Greifobjekt durch den Agenten identifiziert, ein Nachrichtenobjekt der Form

$$USER - CHANGE - STATE \mid \langle LH, RH \rangle : GRIP : OBJECT\_ID \quad (5.6)$$

emittiert und die Objektbeladung der jeweiligen Hand gespeichert. Bei mehreren Überschneidungen wählt der Agent das Objekt mit der kürzesten Entfernung zwischen den Ereignisbereichsmittelpunkten. Gibt es keine Überschneidung wird das Ereignis verworfen.

In der Nähe von Objektquellen führt das Greifereignis dazu, dass eine neue Instanz desjenigen Objekttyps erzeugt wird, welcher der Quelle zugeordnet ist. Handelt es sich um eine Quelle für eine Klasse von Montageobjekten, wird eine Montageobjektinstanz mit neuer Objekt-ID angelegt; ist es eine Werkzeugquelle, resultiert eine neue Werkzeuginstanz mit neuer Objekt-ID. Die Instanziierung der Objekte wird zusätzlich zu (5.6) ebenfalls veröffentlicht durch:

$$OBJECT\_ID - APPEAR \mid SOURCE\_ID \quad (5.7)$$

Bewegt der Bediener eine mit einem Greifobjekt beladene Hand, wird angenommen, dass das Greifobjekt dieser Hand so lange folgt, bis ein $STOPGRIP$-Ereignis durch den Agenten wahrgenommen wird. Zur Dokumentation des Loslassens sendet der Agent das Nachrichtenobjekt

$$USER - CHANGE - STATE \mid \langle LH, RH \rangle : RELEASE : OBJECT\_ID \quad (5.8)$$

und veröffentlicht weiterhin die neue Pose des entsprechenden Greifobjekts, die der aktuellen Handpose zum Zeitpunkt des Loslassens entspricht durch:

$$OBJECT\_ID - CHANGE - LOCATION \mid POSE_{\langle LH,RH \rangle} \quad (5.9)$$

Befindet sich das losgelassene Objekt nun in der Nähe einer Objektsenke, versucht der Agent die Objektinstanz aus der Szene zu entfernen. Dazu prüft er die Überschneidung beider Ereignisbereiche und ob die Senke zur jeweiligen Objektklasse (Montageobjekt oder Werkzeug) kompatibel ist. Kann das Objekt entfernt werden, sendet der Agent

$$OBJECT\_ID - DISAPPEAR \mid SINK\_ID \quad (5.10)$$

Objekt-Objekt-Interaktion

Die Objekt-Objekt-Interaktion baut auf den Manipulationsprozessen des Bedieners auf, die dazu führen, dass sich einzelne Montageobjektinstanzen während der Interaktion annähern und in Interaktion miteinander treten. Der zweite Agent identifiziert mögliche Montageanordnungen zwischen einem ortsfesten Basisteil und einem bewegten Anbauteil, die zum Zusammenbau der Objekte geeignet sind.

Agent:	*AlignmentIdentification*
Übertragenes Ziel:	*Bestimmung der besten Ausrichtung eines Anbauteils zu einem benachbarten, kompatiblen Basisteil*

Folglich reagiert der Agent auf (5.4), indem er alle Montageobjektbewegungen nachverfolgt und die Suche nach möglichen neue Montageanordnungen startet. Eine Anordnung basiert auf dem in Kapitel 4.2.2 eingefügten Assembly Feature der Ausrichtungsfläche (AF). Sie kann geometrisch als durch eine Oberflächennormale $\vec{z}$ und einen Stützpunkt definierte Ebene verstanden werden. Der Stützpunkt wird so gewählt, dass er einem markanten Punkt der Montageverbindung entspricht. Am Beispiel zylindrischer Bohrung oder bolzenartiger Bauteile kann dies z. B. der Durchstoßpunkt der Mittellinie durch die Ebene der Ausrichtungsfläche sein, s. a. Bild 4-20. Komplexere Geometrien erfordern die Definition und Einhaltung geeigneter Konventionen bzw. die Anwendung Constraint-basierter Modellierung, um ein automatisiertes Ausrichten der Fügepartner zu ermöglichen [ANAN96, LEUM13, HSUY11, SOMA15].

Zur Ausrichtung führt der Agent drei Funktionen nacheinander aus.

Im ersten Schritt bestimmt er AF-Paare, deren $\vec{z}_i$ einander zugewandt sind, vgl. Bild 5-8, d.h. einen stumpfen Winkel ($\alpha_z > 90°$) einschließen. Weiterhin werden nur AF-Paare berücksichtigt, deren Stützpunkte nicht weiter als $\Delta_{AF,grenz}$ entfernt voneinander sind. Für die Hypothese, dass sich das bewegte Anbauteil nach Loslassen durch den Bediener im montierten Zustand befindet, sollten die Stützpunkte im Idealzustand übereinander liegen. In der Realität unterliegt dieser Prozess jedoch der Unsicherheit der Positionserfassung. Für das betrachtete Bauteilspektrum konnte mit $100mm$ ein geeigneter Wert für $\Delta_{AF,grenz}$ empirisch ermittelt werden. Das Ergebnis der Funktion ist eine Liste möglicher AF-Paare sowie Referenzen zu den jeweiligen Montageobjektinstanzen der Szene.

Im zweiten Schritt betrachtet der Agent die Umgebung U der beiden AF-Features mit dem Ziel, zusätzliche Montagefeatures der referenzierten Montageobjekte zu identifizieren, die zur Abbildung der Bauteile genutzt werden können. Zu ihnen zählen im Anwendungskontext insbesondere zylindrische Geometrieelemente, die zur Montage koaxial auszurichten sind. Die Schnittpunkte ihrer Mittellinien mit der jeweiligen AF werden als Stützpunkte gespeichert. Eine Umgebungsbegrenzung der Stützpunktsuche kann – angepasst an die jeweilige Bauteilstruktur – durch Definition eines spezifischen Radius $R_{U,i}$ definiert werden. Für jeden Fügepartner ergibt sich somit eine Liste weiterer Punkte, die potenziell in Übereinstimmung gebracht werden können.

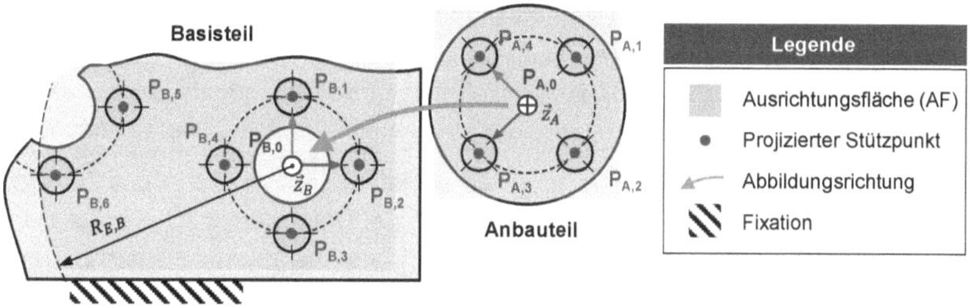

Bild 5-8: Stützpunktprojektion zur Abbildung eines Anbauteils (A) in Richtung eines Basisteils (B)

Base point projection for mapping an attached part (A) towards a base part (B)

Aus der Kombinatorik der beiden Listen mit je N_i Elementen können allgemein H Punktpaare $(P_{A,j}, P_{B,k})$ gebildet werden. Die Berechnung von H setzt sich aus einer Verknüpfung der *Kombination*

$$K(n,m) = \frac{n!}{(n-1)! \cdot m!} \tag{5.11}$$

mit $\{a,b\} = \{b,a\}$: beliebige Punktauswahl aus einer Liste

und der *Variation*

$$V(n,m) = \frac{n!}{(n-\mathrm{m})!} \tag{5.12}$$

mit $\{a,b\} \neq \{b,a\}$: eindeutige Paarung mit der zweiten Liste

zu

$$H = \sum_{p=1}^{P} K(P,p) \cdot V(Q,p) \tag{5.13}$$

mit $P = \min(N_A, N_B)$ und $Q = \max(N_A, N_B)$

zusammen. Somit ergeben sich für das in Bild 5-8 dargestellte Beispiel mit $N_A = 5$ und $N_B = 7$ insgesamt $H = 9275$ mögliche Punktpaare. Zur Reduktion der Komplexität wird daher ein effizientes Vorgehen zur geometrischen Bestimmung von Anordnung mit hoher Übereinstimmung der Punktpaarungen gesucht.

Aus der Verarbeitung großer Punktwolken ist mit dem *Iterative Closest Point* (ICP) Algorithmus ein Verfahren bekannt, das die gegenseitige Ausrichtung zweier, sich (teilweise) überdeckender Punktwolken leistet [BESL92, CHEN91]. Seine Anwendung erfolgt häufig zur Registrierung mehrerer Einzelaufnahmen von 3D-Umgebungsscans, bei denen die Punkteanzahl um mehrere Größenordnungen höher ist als im vorliegenden Fall der Feature-Stützpunkte, s. a. Kapitel 2.1.1. Zudem handelt es sich bei der Registrierung von Umgebungsscans um eine durch iterative Annäherung optimierte Lösung, da eine vollständige Übereinstimmung aller sich überlagernder Punkte aufgrund des diskretisierenden Messverfahrens nicht möglich ist. Demgegenüber ist zu erwarten, dass die mithilfe des idealen Montagemodells synthetisierten Punktpaare derart transformiert werden können, dass sie virtuell vollständig übereinstimmen.

Der vollständige ICP Algorithmus für große Punktmengen umfasst sechs Schritte, vgl. Bild 5-9. Er beginnt mit der zufälligen Auswahl einer Untermenge von Punkten aus der zu bewegenden Punktmenge. Im zweiten Schritt, der Assoziation, werden zu den ausgewählten Punkten jeweils die nächsten Nachbarpunkte der feststehenden Referenzpunktmenge bestimmt. Die Suche nach Nachbarpunkten ist die aufwendigste Operation des Algorithmus und ein häufiger Differenzierungsaspekt optimierter Verfahrensalternativen [RUSI01, NEUG97]. In diesem Zusammenhang wird der Begriff des *closest point* auch mit *corresponding point* ersetzt, um zum Ausdruck zu bringen, dass es neben dem euklidischen Abstand weitere Punktmerkmale gibt, die zu einer Assoziation genutzt werden können.

Bild 5-9: Die sechs Schritte des ICP Algorithmus nach [BESL92]
The six steps of the ICP algorithm according to [BESL92]

Anschließend erfolgt eine Gewichtung und ggf. Zurückweisung einzelner Punktpaare z. B. unter Kriterien der Messqualität der Punktbestimmung oder ihrer relativen Lage innerhalb der gesamten Punktmenge (Verwerfen von Randpunkten), um die Stabilität des Verfahrens zu verbessern [RUSI01]. Im fünften Schritt wird eine Metrik definiert, die den zu minimierenden Fehler i. e. die Fehlstellung der zu bewegenden Punktmenge zur fixierten Punktmenge beschreibt. Schließlich wird die Transformation T gesucht, die den Abstand der Punktpaare entsprechend der Metrik minimiert. Zur Bestimmung von T existieren geschlossene Lösungen wie z. B. nach HORN in Form von Quaternionen [HORN87] oder orthonormaler Matrizen [HORN88].

Die Schritte werden iterativ angewendet, wobei stets neue Punktpaarungen gebildet werden und sich die Punktmengen insgesamt annähern. Der ICP Algorithmus konvergiert dabei gegen ein lokales Minimum [BESL92].

Unter den idealen Gegebenheiten virtueller Montageobjektmodelle werden folgende Überlegungen angestellt und Modifikationen des Algorithmus bei der Implementierung des Agenten vorgenommen:

- Es existiert ein globales Optimum zur Abbildung des bewegten Anbauobjektes in Richtung des fixierten Basisteils (Montierbarkeit).
- Das Optimum kann ohne weitere Iteration gefunden werden, indem dem geschlossenen Lösungsverfahren eine geeignete Feature-Punktpaarmenge zugeführt wird.
- Der Erfolg des Verfahrens ist allein abhängig von der Güte der Feature-Punktpaarung.
- Das Lösungsverfahren kann ab einer Menge von drei Punktpaaren angewendet werden. Sofern sich zu viele Montagefeatures in der Nähe der AF befinden, kann dies durch Untersuchung lediglich einer Teilmenge zur Komplexitätsreduktion von Gleichung (5.13) genutzt werden. Eine Gewichtung der Punktpaare ist nicht notwendig.
- Können nur je zwei geeignete Stützpunkte bei beiden Montageobjekten gefunden werden, können zur Lösung dritte Hilfspunkte in den AF-Ebenen konstruiert werden:

$$\vec{P}_{A,2} = \vec{P}_{A,0} + \left[\vec{z}_A \times \left(\vec{P}_{A,1} - \vec{P}_{A,0}\right)\right] \tag{5.14}$$

$$\vec{P}_{B,2} = \vec{P}_{B,0} - \left[\vec{z}_B \times \left(\vec{P}_{B,1} - \vec{P}_{B,0}\right)\right]$$

- Existiert außer den AF kein weiteres Montagefeature in der Umgebung, besteht die Lösung der Anordnung in der Überlagerung der beiden AF-Stützpunkte $\vec{P}_{B,0}$, $\vec{P}_{A,0}$ und der gegensätzlichen Orientierung ihrer Oberflächennormalen $\vec{z}_B = -\vec{z}_A$ entsprechend Bild 5-8.

Bei der Paarung von Stützpunkten kann zudem überprüft werden, ob die zugrunde liegenden Montagefeatures grundsätzlich vereinbar miteinander sind. So kann eine Tabelle analog zum in Bild 5-10 dargestellten Beispiel zur a priori Falsifikation möglicher Stützpunktpermutationen genutzt werden. Bei geschickter Implementierung lässt sich durch diese Maßnahme die rechentechnische Komplexität signifikant senken.

Das Lösungsverfahren kann als Funktion in der Form

$$T, \varepsilon = solve(L_A, L_B) \tag{5.15}$$

durch den Agenten aufgerufen werden. Dabei symbolisiert T die gesuchte Transformation zur Bewegung von Bauteil A in Richtung Bauteil B, L_i die ausgewählte Stützpunktliste eines Bauteils und ε den resultierenden Fehler in Form des mittleren euklidischen Abstands aller ausgewählten Stützpunktpaare.

	Feature	Bewegtes Teil						
		Durchgangs-bohrung	Sackloch-bohrung	Index-bohrung	Innen-gewinde	Außen-zylinder	Außen-gewinde	...
Fixiertes Teil	Durchgangs-bohrung	✓	✓	X	✓	✓(*)	✓(*)	
	Sackloch-bohrung	✓	✓	X	✓	✓(*)	✓(*)	
	Index-bohrung	X	X	✓(**)	X	✓(**)	X	
	Innen-gewinde	✓	✓	X	X	X	✓(**)	
	Außen-zylinder	✓(*)	✓(*)	✓(**)	X	X	X	
	Außen-gewinde	✓(*)	✓(*)	X	✓(**)	X	X	
	...							

(*) erfordert Kollisionsbetrachtung (**) erfordert montagetechnische Kompatibilitätsprüfung

Bild 5-10: Vereinbarkeit von Montagefeaturearten bei der relativen Positionierung von Montageobjekten

Compatibility of assembly feature types during relative positioning of assembly objects

Aus der Menge aller Ergebnisse wählt der Agent schließlich diejenige Transformation aus, die zum kleinsten ε geführt hat, sofern $\varepsilon \leq 0{,}1mm$ gilt. Bei mehreren gleichwertigen Ergebnissen schlägt der Agent alle Transformationen zur Erzeugung einer Montageverbindung vor. Er sendet hierzu je Transformation ein Nachrichtenobjekt der Form

$$OBJECT\_ID_A - \text{SUGGEST\_ASSEMBLY} - OBJECT\_ID_B \mid F_A{:}\, F_B{:}\, T \qquad (5.16)$$

mit F_A bzw. F_B als kommagetrennte Liste von IDs der wirksamen Montagefeatures und der Transformationsmatrix T, die die relative Lage des Anbauteils zum Basisteil beschreibt.

Kann im weiteren Verlauf der Auswertung eine Montageverbindung erfolgreich gefunden werden, so werden die beteiligten AF als *verbraucht* markiert, sodass mit fortschreitender Montage, die freien Montagemöglichkeiten sinken und neue Anordnungen leichter gefunden werden können.

Identifikation neuer Montageverbindungen

Auf Basis eingehender Anordnungsvorschläge, die als notwendige Voraussetzung zur Erzeugung neuer Montageverbindungen verstanden werden können, sucht der *AssemblyJointIdentification*-Agent nach hinreichenden Kriterien, die die Ausprägung einer Verbindung vollständig spezifizieren. Dazu untersucht der Agent auch eine größere Umgebung der beiden potenziellen Verbindungspartner, zu der auch weitere Montageobjekte gehören können, wenn sie Teil einer übergeordneten Baugruppe sind.

Agent: *AssemblyJointIdentification*

Übertragenes Ziel: *Bestimmung neuer Montageverbindungen für vorgeschlagene Montageanordnungen*

Der Agent nutzt *Basis-Verbindungstypen*, die sich bei allen Montagefeaturepaarungen wiederfinden lassen. So lässt sich Bild 5-10 derart weiterentwickeln, dass an den Stellen erlaubter Featurepaarungen jeweils schließlich einer der fünf Basis-Verbindungstypen ermittelt werden kann, vgl. Bild 5-11.

		Bewegtes Teil						
	Feature	Durchgangs-bohrung	Sackloch-bohrung	Index-bohrung	Innen-gewinde	Außen-zylinder	Außen-gewinde	...
Fixiertes Teil	Durchgangs-bohrung	Typ 1	Typ 1	X	Typ 1	Typ 2	Typ 3 / Typ 1	
	Sackloch-bohrung	Typ 1	Typ 1	X	Typ 1	Typ 2	Typ 2	
	Index-bohrung	X	X	Typ 4	X	Typ 2	X	
	Innen-gewinde	Typ 1	Typ 1	X	X	X	Typ 5	
	Außen-zylinder	Typ 2	Typ 2	Typ 2	X	X	X	
	Außen-gewinde	Typ 3 / Typ 1	Typ 2	X	Typ 5	X	X	
	...							

Bild 5-11: Verbindungstypen entsprechend ihrer Montagefeaturepaarung
Connection types according to their assembly feature pairing

Unterschieden werden:

- Typ 1: Positionierung
  Dabei handelt es sich um die einfachste Art der Verbindung. Es werden markante Punkte wie z. B. Mittelpunkte in Übereinstimmung gebracht, um die Verbindung herzustellen. Die Ergebnisse des AlignmentIdentification-Agenten genügen zur Verbindungsspezifikation.
- Typ 2: Stift in Loch (*Peg-in-Hole*)
  Verbindungen, die aus der Zusammensetzung zylindrischer Objektfeatures an den Außen- und Innenflächen (Bohrungen mit und ohne Gewinde) resultieren, können auf ein allgemeines „Stift in Loch"-Problem zurückgeführt werden. Dabei prüft der Agent die Radien der Zylinderflächen und erlaubt Verbindungen, sofern der Radius des Stiftes kleiner oder gleich dem des Loches ist.

- Typ 3: Mehrteilige Schraubenverbindung
  Werden Durchgangsbohrungen mit Außengewinden gepaart, kann es sich bei der Prozessdemonstration um die Herstellung einer Schraubenverbindung handeln, an der weitere Montageobjekte z. B. mit Bohrungsfeature (Klemmteil) oder Innengewinde (Mutterteil) beteiligt sind. Der Agent prüft daher, ob die gepaarten Montageobjekte jeweils Teil einer übergeordneten Baugruppenstruktur sind, und sucht nach weiteren Bauteilen, die auf der gemeinsamen Mittellinie der Features liegen. Können Bauteile mit gleichartigem Innen- und Außengewindefeature gefunden werden und überschneiden sich die Endpunkte der Gewinde axial d. h. entlang der Mittellinie, wurde eine Schraubenverbindung gefunden, vgl. Bild 5-12. Andernfalls fällt der Agent zurück zu Typ 1.

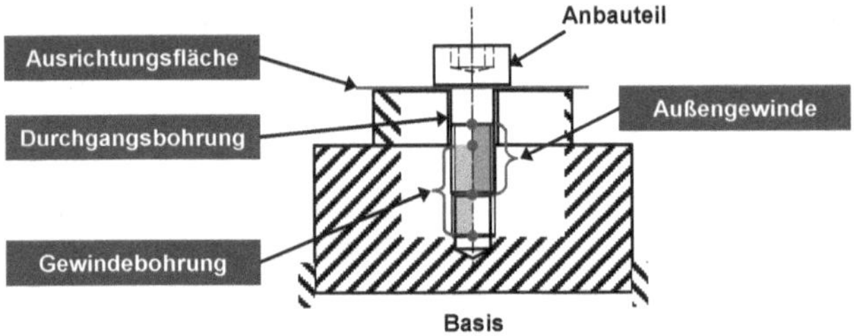

Bild 5-12: Mehrteilige Schraubenverbindung mit sich überschneidenden Gewindefeatures (Typ 3)
Multi-part screw connection with overlapping thread features (type 3)

- Typ 4: Index-Bohrungen
  Zur definierten relativen Positionierung von Fügepartnern können Index-Bohrungen und Passstifte verwendet werden. Analog zu Typ 3 handelt es sich um eine Mehrteilige Montageverbindung, an der zwei Stift-in-Loch-Verbindungen (Typ 2) beteiligt sind.

- Typ 5: Schraubenmutter
  Die letzte hier unterschiedene Verbindungsklasse setzt sich aus zwei Montageobjekten mit gleichartigen Innen- und Außengewinden zusammen. Die Montage erfolgt durch relatives Eindrehen des bewegten Verbindungspartners ohne direkten Bezug zu einem möglichen Klemmteil.

Die Klassifizierung von Verbindungsarten ist grundsätzlich als beliebig erweiterbares Muster zu verstehen. Sie verfolgt das Ziel, Verbindungen zwischen Montageobjekten derart zu charakterisieren, dass eine weitere Prozessplanung an die Verbindungserkennung angeschlossen werden kann. Zur Einführung eines bislang nicht abgebildeten Montageprozesses genügt es, spezifische Objektfeatures einzuführen, die geometrisch in Interaktion treten und die Feature-Kombination im AssemblyJointIdentification-Agenten als neuen Typ zu hinterlegen. So lässt sich, z. B. angeleitet durch die

Taxonomie aus Bild 4-1 ein Prozessbaukasten erstellen, der die domänenspezifische Semantik der Anwendergruppe aufgreift.

Den identifizierten Verbindungstyp veröffentlicht der Agent im Netzwerk durch das Nachrichtenobjekt

$$OBJECT\_ID_A - \mathrm{SUGGEST\_JOINT} - OBJECT\_ID_B \mid TYPE{:}\, F_A{:}\, F_B{:}\, T \quad (5.17)$$

mit $TYPE$ als die Verbindungsart eindeutig identifizierbare Zeichenkette, F_A bzw. F_B als entsprechend des Typs gefilterte Listen des Eingangsobjektes (5.16) und der Positionsmatrix T

Mensch-Maschine-Interaktion (HMI)

Neue Verbindungen werden dem Bediener durch den HMI-Agenten über das Touch-UI vorgeschlagen. Der Bediener kann dann frei entscheiden, ob er eine erkannte Montageverbindung durch Interaktion mit dem HMI-Agenten in einen neuen Arbeitsschritt überführen und somit den Arbeitsplan erweitern möchte.

Agent:	*HMIAgent*
Übertragenes Ziel:	*Transformation ausgewählter Montageverbindungen in vollständig parametrierte Arbeitsschritte*

Zur Erweiterung des Arbeitsplans bestimmt der HMI-Agent zunächst die Zustände der Montageobjekte vor der Erstellung einer neuen Verbindung. Die Zustände werden aus dem Modellkontext anhand der Objekt-IDs geladen. Sie liegen entsprechend Bild 4-19 als *AssemblyObjectInstanceStates* vor und können selbst wiederum Teil einer *AssemblyStateGroup* (ASG) sein. Der Agent erzeugt die neue Montageverbindung (AssemblyJoint), indem er die zukünftigen Objektzustände der fixierten Basis-ASG und der Anbau-ASG im montierten Zustand ermittelt und jeweils als neue ASG-Instanzen speichert, vgl. Bild 4-20. Die Zustandsänderungen betreffen einerseits eine Aktualisierung der WorldPose der Anbau-ASG gemäß

$$\mathrm{WorldPose_A} = \mathrm{WorldPose_B} \cdot T \quad (5.18)$$

und andererseits das Speichern der an der Verbindung beteiligten Features F_A und F_B.

Wählt der Bediener eine vorgeschlagene Verbindung aus, leitet der HMI-Agent den Bediener durch einen Parametrierungsworkflow mit dem Ziel, prozessspezifische Parameter zu erfassen, die relevant für die spezifische Verbindungsart sind, vgl. Kapitel 5.3. Zum Ende des Workflows resultiert ein Arbeitsschritt für die neue Montageverbindung und der Agent sendet die Nachricht

$$WORKINGSTEP\_ID - ACCEPT\_WORKINGSTEP \quad (5.19)$$

Ähnliche Montageverbindungen

Ein Hauptkriterium zur Bewertung des Inbetriebnahmeverfahrens ist seine Effizienz. Nur wenn sich neue Abläufe mit geringem Zeitaufwand automatisieren lassen, wird es durch eine Bedienergruppe akzeptiert, die vergleichsweise unerfahren im Umgang mit Programmierprozessen ist [AJAY22]. Daher wird eine Gruppe von Agenten vorgeschlagen, die auf Nachrichtenobjekte mit dem $ACCEPT\_WORKINGSTEP$-Operator reagiert und nach gleichartigen Verbindungsmöglichkeiten bei den beteiligten Verbindungspartnern sucht.

Agent:	*SimilarJointIdentification*
Übertragenes Ziel:	*Identifikation ähnlicher Montageverbindungen nach Hinzufügen eines Arbeitsschrittes*

Die Suche hängt von der Art und Komplexität der Referenzverbindung ab und reicht von einfachen Positionieraufgaben (Typ 1) anhand von Ausrichtungsflächen bis hin zu Verbindungen mit mehreren beteiligten Montageobjekten mit jeweils passend angeordneten Montagefeatures (z. B. Typ 3).

Für den Fall einer mehrteiligen Schraubenverbindung kann der Agent beispielsweise zunächst nach weiteren Bohrungs- und Gewindefeatures in den Bauteilmodellen suchen, deren Durchmesser bzw. Gewindearten denen der Referenzverbindung entsprechen. Weiterhin sucht der Agent nach Ausrichtungsflächen, die nun – nach Erstellen der Referenzverbindung – in Kontakt miteinander getreten sind und deren Oberflächennormalen in entgegengesetzte Richtung zeigen, vgl. Bild 5-8. Kann für jedes Referenzmontagefeature ein weiteres gleiches Feature gefunden werden, evaluiert der Agent, ob alle neuen Features eine gemeinsame Mittellinie teilen und sich montagetechnisch sinnvoll überschneiden, vgl. Bild 5-12.

Wird eine ähnliche Verbindungsmöglichkeit gefunden, sendet der Agent

$$WS\_ID_{Ref} - \mathrm{SUGGEST\_SIMILAR\_JOINT} - AF\_ID_B \mid F \tag{5.20}$$

mit WS_ID_{Ref} als ID des Referenzarbeitsschritts, AF_ID_B als ID der neu gefundenen Ausrichtungsfläche des Basisteils und F als Liste weiterer Feature-IDs, die an der Verbindung beteiligt sind.

Die Vorschläge können durch den HMI-Agenten aufgegriffen und durch den Bediener akzeptiert oder verworfen werden. Akzeptiert der Bediener ähnliche Verbindungen, können die Prozessparameter der Referenzverbindung übernommen werden, um den Vorgang zu beschleunigen.

Semantische Agenten

Aus der Abfolge neu hinzugefügter Arbeitsschritte können weitere, die Montageautomatisierung vereinfachende Verarbeitungsschritte vorgenommen werden. Dazu wird eine zweite Gruppe prozessnaher Agenten vorgeschlagen, die das Ziel verfolgen, das vorhandene Montagewissen des Anwenders in seiner Domäne für transparente Entscheidungsprozesse bezüglich sich anknüpfender Arbeitsschritte nutzbar zu machen.

Agent:	*SemanticProcessIdentification*
Übertragenes Ziel:	*Identifikation von der Montage zuträglicher nächster Arbeitsschritte auf Basis von Historiendaten*

Als anschauliches Beispiel wird erneut eine mehrfache Verschraubung herangezogen, deren Einschraubstellen sich entlang eines Lochkreises verteilen. Nachdem der Bediener die erste Verschraubung demonstrativ manuell ausgeführt hat und die Prozessparameter der Verbindung mithilfe des HMI-Agenten eingegeben hat, erkennt der SimilarJointIdentification-Agent die übrigen Einschraubstellen der Bauteilverbindung. Für jede Einschraubstelle wird ein eigenes Nachrichtenobjekt mit dem $ACCEPT\_WORKINGSTEP$-Operator gesendet, welches ein *SemanticProcessIdentification*-Agent registrieren kann.

Aus der Information, dass mehrere Schraubenverbindungen unmittelbar aufeinander folgend erstellt wurden, um die gleichen Bauteile miteinander zu verbinden, kann der Agent schließen, dass es sich um einen zusammenhängenden Montagevorgang handelt und z. B. evaluieren, dem Bediener weitere hilfreiche Schritte vorzuschlagen. Im Fall der Lochkreisverschraubung könnte sich z. B. ein abschließender Schraubenanzug in definierter Reihenfolge anschließen, um die geforderte Güte der Verbindung sicherzustellen. Der Agent könnte dem Bediener daher selbstständig eine Anzugsreihenfolge vorschlagen, oder den Bediener um entsprechende Eingabe bitten.

Der Ansatz der semantischen Auswertung von Montageschritten ist auf andere Prozesse und Bedingungen übertragbar. Er stellt eine Möglichkeit zur Reduzierung wiederholter Eingaben und gleichzeitig zur Qualitätssicherung dar und führt zu einer Entlastung des Bedieners.

Automatisierte Arbeitsschritte

An der Automatisierung einer vollständigen Produktmontage können Prozesse beteiligt sein, die sich schlecht oder ggf. gar nicht manuell demonstrieren lassen. Daher bedarf es einer Möglichkeit, automatisierte Fähigkeiten einer Montageanlage in den Inbetriebnahmevorgang einzubinden.

Agent:	*HMIAgent*
Übertragenes Ziel:	*Erstelle Automatisierungsarbeitsschritte zur Abbildung kohärenter Abläufe*

Durch Interaktion mit dem HMI-Agenten soll der Bediener aus einer Liste von automatisierten Arbeitsschritten auswählen können, die unter Berücksichtigung des aktuellen Montagefortschritts zu einer sinnvollen Arbeitsplanerweiterung führen. So könnte der

Bediener z. B. als Startoperation Handhabungsfunktionen eines Roboters auslösen, um ein neues Basisbauteil aus einem für den Bediener nicht erreichbaren Magazin zu holen und für die weitere Montage im Interaktionsbereich zu fixieren.

Neben Erreichbarkeitsproblemen können auf diesem Weg auch Prozesse in den Ablauf eingefügt werden, die die Anlage nur selbstständig ausführen kann wie z. B. das Betätigen einer automatisierten Einpressvorrichtung. Zudem können Sicherheitsaspekte dazu führen, dass ein Arbeitsschritt nicht manuell ausgeführt wird wie z. B. bei Wärme- oder stofflicher Behandlung der Bauteile.

Die Ausprägung der möglichen automatisierten Arbeitsschritte ist eng mit den Fähigkeiten der jeweiligen Montageanlage verknüpft und erfordert eine Anpassung des HMI-Agenten.

Visualisierung

Die Vernetzung der Agenten durch eine EDA bietet neben der Handlungsinterpretation auch die Möglichkeit, den Zustandsverlauf der Erkennung nachzuverfolgen und für den Bediener über das Touch-UI darzustellen. Ein hierzu vorgesehener Visualisierungsagent reagiert auf alle Nachrichtenobjekte, die die äußere Gestalt, Lage oder den Montagezustand der Objekte beeinflussen und passt eine virtuelle 3D-Darstellung der Szene entsprechend an.

Agent:	*VisualizationAgent*
Übertragenes Ziel:	*Verfolge den Zustand der Montageszene und übertrage Änderungen auf eine 3D-Darstellung des Touch-UI*

Bezogen auf den Bediener verfolgt der Agent Änderungen der Pose der beiden Hände (5.2) sowie ihrer Greifzustände (5.3) / (5.6).

Montageobjekte und -werkzeuge erscheinen durch (5.7) in der Szene oder werden durch (5.10) aus ihr entfernt. Verändert sich eine Objektpose (5.4), so bewegt der Agent das Objekt an die entsprechenden Weltkoordinaten der 3D-Darstellung. Zur Unterstützung der Interaktion markiert der Agent Objekte bzw. die Repräsentationen der Bedienerhände, wenn sich ihre Ereignisbereiche überschneiden. Überschneidungen können bestimmt werden, indem der Agent auch die Ereignisradien (5.5) für alle sichtbaren Objekte speichert.

Akzeptiert der Bediener einen Arbeitsschritt (5.19) oder wählt einen Arbeitsschritt zwecks Parameteranpassung an, ändert der Agent die Darstellung des Montagezustands auf den Zielzustand des jeweiligen Arbeitsschritts. Zudem startet er eine Animation des Montageprozesses, die einen ressourcenunabhängigen Eindruck über den Ablauf des Prozesses und die Wirksamkeit festgelegter Parameter und ggf. ausgewählter Montagestrategiealternativen liefert, s. a. Kapitel 5.3.3.

5.3 Grafische Bedienerschnittstelle

Graphical user interface

5.3.1 Struktureller Aufbau

Structural design

Die Interaktion des Bedieners wird durch eine grafische Schnittstelle begleitet, die der Bediener über das Touch-UI der Anlage erreicht und mittels Touch-Eingabe bedient, vgl. Bild 5-13. Im oberen Teil (1) ist der Überbau der Inbetriebnahme dargestellt, dessen übrige Schritte, *Modellierung*, *Planung* und *Ausführung*, in Kapitel 6 beschrieben werden.

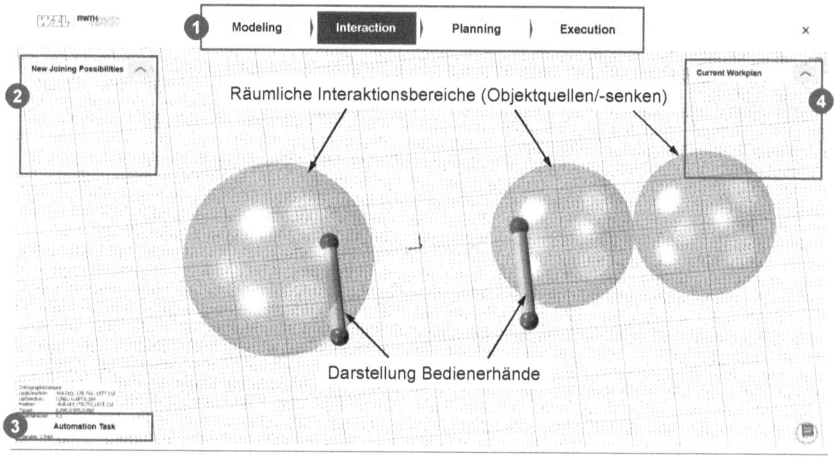

Bild 5-13: Struktur der grafischen Bedienerschnittstelle

Structure of the graphical user interface

Den größten Raum der Interaktionsvisualisierung nimmt die 3D-Darstellung ein, um dem Bediener synchron zur Prozessdemonstration ein visuelles Feedback zur Interpretation seiner Handlungen zu geben. Überlagert werden am linken Randbereich neu erkannte Montageverbindungen des Agentennetzwerks gemäß (5.17) bzw. (5.20) zur Auswahl in (2) aufgelistet. Automatisierte Arbeitsschritte kann der Bediener mittels (3) anlegen. Der aktuell resultierende Arbeitsplan wird in (4) dargestellt.

5.3.2 Interaktionsbeispiel: Klemmkastenmontage

Interaction example: Terminal box assembly

Beispielhaft kann die demonstrationsparallele Visualisierung der Montage durch die Bedienerschnittstelle anhand der Klemmkastenmontage aus Kapitel 4.3 nachvollzogen werden, s. a. Bild 4-23.

Es werden drei Montageobjektquellen für die an der Montage beteiligten Einzelteile definiert, vgl. graue Kugelvolumina Bild 5-14. Eine geöffnete Hand wird durch eine rote Kugel visualisiert, eine greifende Hand durch eine grüne Kugel. Bewegt der Bediener seine Hand durch das Kugelvolumen, wird es aktiv dargestellt. Greift der Bediener innerhalb der aktiven Objektquelle, wird zunächst eine neue Montageobjektinstanz des Gehäuses erstellt, die aufgrund des Greifzustands der Handbewegung folgt, bis die Hand geöffnet und die Instanz losgelassen wird. Die Abfolge aus Greifen, Objektinstanziierung, Manipulation und Loslassen erfolgt anschließend ebenso für die Anbauteile der Montage.

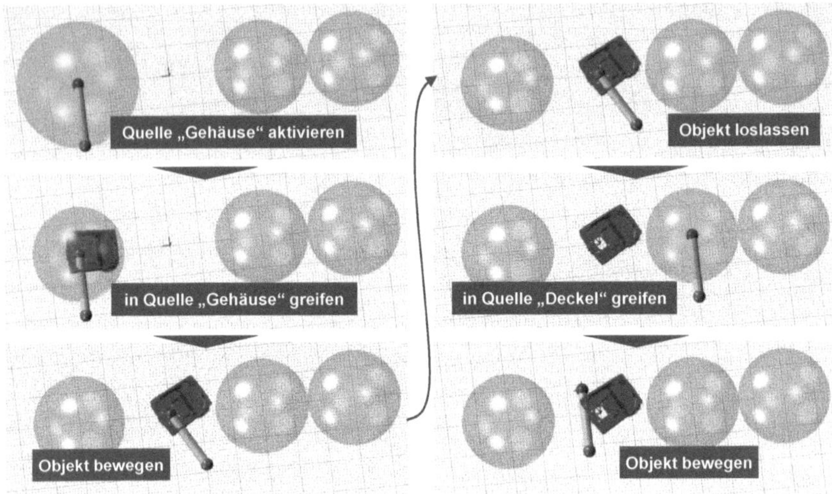

Bild 5-14: Visualisierung der manuellen Objektmanipulation von Gehäuse und Deckel
Visualization of manual object manipulation of housing and lid

Platziert der Bediener das Anbauteil „Deckel“ in der Umgebung des Gehäuses, identifiziert das Agentennetzwerk entsprechend der Logik aus Kapitel 5.2.4 mögliche Anordnungen der Montage. Die Bedienerschnittstelle ordnet diese in absteigender Reihenfolge bezüglich der an der Montage beteiligten Montagefeatures, sodass Verbindungen mit hoher Passgenauigkeit zuerst aufgelistet werden, vgl. Bild 5-15.

Durch Berühren einer vorgeschlagenen Verbindung am Bildschirm gelangt der Bediener zur weiteren Verbindungskonfiguration und erhält die Möglichkeit, Prozessparameter einzugeben, die eine spätere Prozessplanung anleiten. In Bild 5-16 ist die Eingabe von Symmetrieeigenschaften gezeigt, die das System auf Basis 4 gleichartiger Verbindungsmöglichkeiten, die jeweils um 90° um die positive z-Achse der Ausrichtungsfläche des Basisbauteils gedreht erkannt wurden, bereits gruppiert vorschlägt. Ein zu planender Roboterprozess erhält durch Angabe der Symmetrie Freiheiten bezüglich der Greif- und Positionierungskonfiguration, die zu einer Verkürzung der Zykluszeit genutzt werden können.

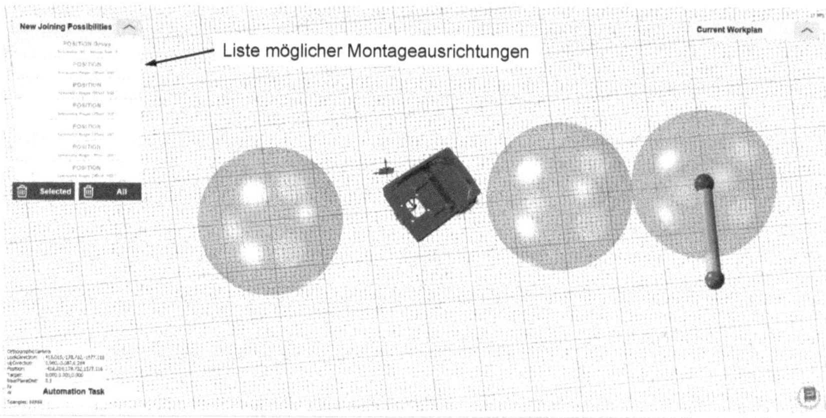

Bild 5-15: Bedienerinformation über erkannte Objektverbindungsmöglichkeiten

User information about detected object joining possibilities

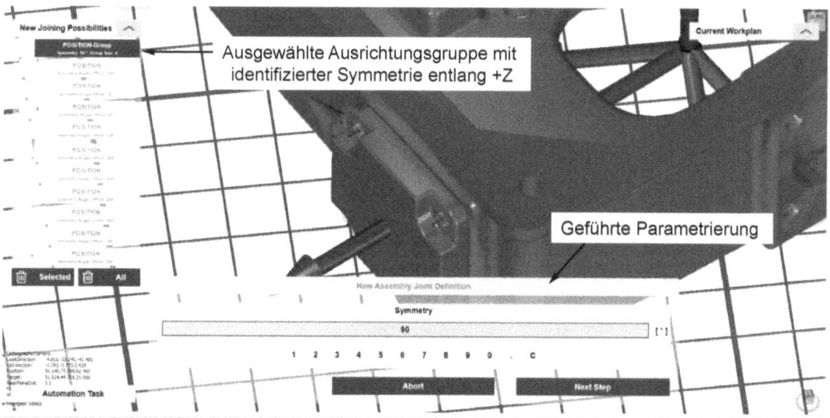

Bild 5-16: Eingabe von Verbindungsparametern

Input of joint parameters

5.3.3 Montagestrategien und Prozessanimation

Assembly strategies and process animation

Eine wesentliche Aufgabe der Verbindungsparametrierung besteht in der Auswahl und der Spezifizierung einer Montagestrategie. Sie kann als Grundgerüst verstanden werden, das der Bediener auswählt, um resultierende Unsicherheiten eines Prozesses zu minimieren und im industriellen Anwendungskontext robuste Abläufe zu erzielen [SAYL11], s. a. Kapitel 4.2.2. Zur Verdeutlichung der Rolle der grafischen Bedienerschnittstelle werden nachfolgend Strategien beschrieben, die die Anrückbewegung bei der Montage durch Zusammensetzen betreffen, vgl. Bild 5-17.

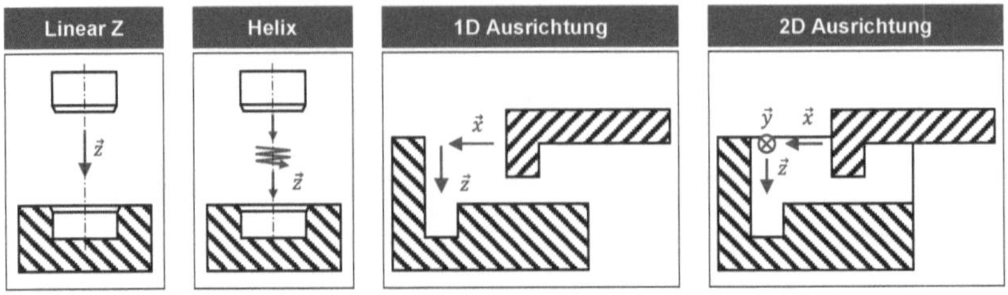

Bild 5-17: Anrückstrategien bei der Montage durch Zusammensetzen
Approaching strategies for the assembly by relative object positioning

Linear Z

Bei montagegerecht gestalteten Objektgeometrien und einer geringen Anzahl interagierender Objektflächen, kann die Anrückbewegung eindimensional in Richtung der Oberflächennormale der Ausrichtungsfläche ausgeführt werden. Der Prozess wird durch Speichern einer neuen Stützpose zur Bewegungstrajektorie des Anbauteils im Abstand von D_z zur montierten Lage des Anbauteils definiert. Als zweiten Parameter – neben D_z – kann der Bediener die Anrückgeschwindigkeit V_z festlegen, mit der das Zusammensetzen erfolgt.

Helix

Lässt die Gestaltung der Fügepartner ein direktes Einsetzen des Anbauteils z. B. aufgrund enger Toleranzen nicht zu oder ist mit Positionsunsicherheiten in den vorangegangenen Greif- und Manipulationsprozessen zu rechnen, kann das Einfügen einer pendelnden bzw. schraubenförmig ausgestalteten Suchbewegung hilfreich sein. Dies kann erreicht werden, indem die lineare Anrückbewegung in $\vec{z}$ Richtung mit einer Kreisbewegung im Abstand von R um die Achse der Linearbewegung überlagert wird. Zusätzlich zum Abstand R legt der Bediener eine Steigung S_z und eine Gangzahl N_z fest, um die Schraubenbewegung vollständig zu beschreiben.

1D Ausrichtung

Bei flächigen bzw. prismatischen Fügepartnern können Kontaktflächen ausgenutzt werden, um unsicher gegriffene Bauteile in eine definierte Ausgangslage zu überführen, aus der ein abschließendes Anrücken in $\vec{z}$ Richtung erfolgen kann. Voraussetzung ist, dass das Handhabungssystem über entsprechende Ausgleichselemente in $\vec{x}$ Richtung verfügt, die eine gezielte Nachgiebigkeit im sonst starren Manipulationsprozess darstellen [BREC21]. Analog zu D_z definiert der Bediener eine weitere Stützpose im Abstand von D_x zur genutzten Kontaktfläche.

2D Ausrichtung

Kann eine weitere Kontaktfläche zur Definition der Objektausrichtung genutzt werden, kann auch in $\vec{y}$ Richtung eine Anrückbewegung mit einer Länge von D_y vorgesehen werden.

Zur direkten Verifikation der Manipulationsprozesse, die durch die Strategieauswahl und Parameterfestlegung hervorgerufenen, kann die 3D-Darstellung der Bedienerschnittstelle genutzt werden. Hier werden die Objektmodelle im Rahmen einer Prozesssimulation entlang der Stützposen und unter Berücksichtigung der definierten Bahngeschwindigkeiten bewegt. Der Bediener erhält auf diese Weise eine direkte Rückmeldung über den resultierenden Ablauf und kann ggf. Prozessparameter direkt anpassen und die Wirksamkeit der Änderung unmittelbar nachvollziehen.

6 Anwendung und Bewertung

Application and evaluation

Zur Evaluation des entwickelten Interaktionsverfahrens erfolgt seine Anwendung auf eine flexibel automatisierbare Montageanlage, die um die benötigte Sensor- und Interaktionstechnik ergänzt wurde (Kapitel 6.1). In Kapitel 6.2 wird weiterhin eine vollständig integrierte Lösung zur steuerungstechnischen Rekonfiguration vergleichbarer Montageanlagen präsentiert, die das Interaktionsverfahren in eine Kette von Engineering- und Prozessplanungswerkzeugen einbettet und die Ableitung eines automatisierten Programmablaufs ermöglicht. Abschließend erfolgt eine Bewertung vor dem Hintergrund der verfolgten Zielstellungen (Kapitel 6.3).

6.1 Demonstrationsanlage für die flexible Inbetriebnahme

Demonstration system for flexible commissioning

Im Rahmen des Projektes *MoDemo* wurde eine Demonstrationsanlage realisiert, die in Bezug auf die Anordnung der verfügbaren Ressourcen und mögliche Baugruppendimensionen beispielhaft ist für das adressierte Anlagenspektrum, vgl. Bild 6-1.

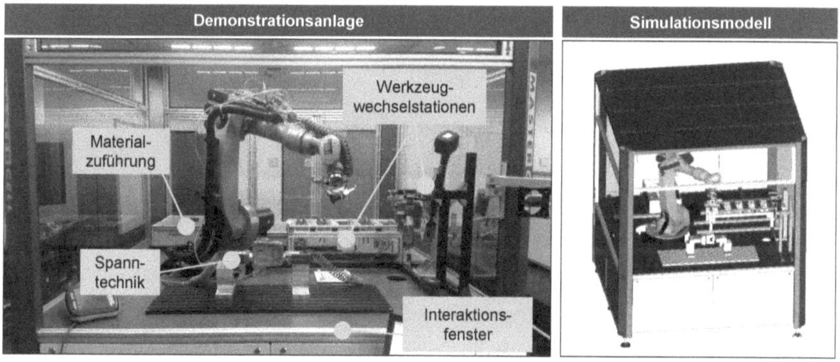

Bild 6-1: MoDemo Demonstrationsanlage
MoDemo demonstration system

Neben der realen Roboterzelle wurden ebenfalls 3D-CAD-Modelle aller Anlagenteile erstellt, sodass ein virtuelles Abbild des Systems verfügbar ist, das für alle virtuellen Planungsprozesse genutzt werden kann.

Der Anlagenaufbau setzt sich aus einem zentral positionierten KUKA KR 16-2 Sechsachs-Knickarmroboter und in seiner Umgebung positionierten Funktionsmodulen und Vorrichtungen zusammen, vgl. Bild 6-2. Der Arbeitsraum des Roboters ermöglicht ein flexibles Handhaben von Objekten zwischen allen Systembereichen: Einzelteile können aus dem Materialspeicher entnommen und zur Montage durch Spanntechnik im Interaktionsraum der Zelle fixiert werden. Der Roboter verfügt über ein automatisches

Wechselsystem für Endeffektoren und kann somit verschiedene Werkzeuge eines Magazins ohne intermittierendes Rüsten nutzen.

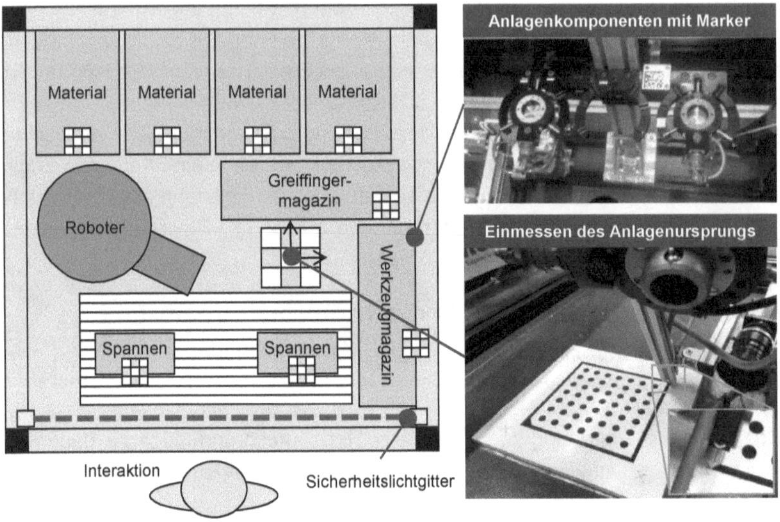

Bild 6-2: Aufbau der Demonstrationsanlage
Layout of the demonstration system

Die Positionierung der jeweiligen Systemkomponenten erfolgt relativ zu einem ortsfest definierten Anlagenursprung. Für alle optischen Systeme der Anlage wird der Ursprung durch einen Marker gekennzeichnet, sodass diese ihre relative Position zum Ursprung ableiten können, s. a. Bild 4-15. Die relative Lokalisation des Roboterursprungs kann mithilfe von Vermessungsfunktionen der Robotersteuerung zur Nullpunktverschiebung einmalig bestimmt werden, vgl. Kapitel 4.2.1.

Bewegliche bzw. modulare Anlagenteile werden mit Positionsmarkern versehen, die aus einem Datamatrix-Code zur Identifikation und einer Dreipunktgeometrie zur Lokalisation bestehen. Kamerasysteme, die sowohl den optischen Ursprungsmarker der Anlage als auch einen Modulmarker erfassen, können somit zur initialen Vermessung der Komponenten genutzt werden.

Die Roboterzelle ist in Richtung des Interaktionsraumes offen gestaltet und durch ein Sicherheitslichtgitter abgesichert.

Die Anwendung nutzt die Klemmkastenbaugruppe aus Kapitel 4.3, bei der ein Deckelbauteil an ein Klemmkastengehäuse geschraubt wird, vgl. Bild 6-3.

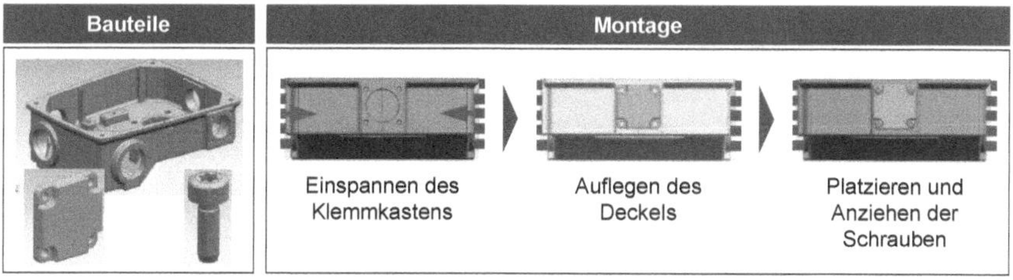

Bild 6-3: Anwendungsbeispiel: Klemmkastenmontage
Application example: Terminal box assembly

6.1.1 Flexible und universelle Anlagentechnik

Flexible and universal equipment technology

Im Kontext von Flexibilität und Wandlungsfähigkeit untersucht die Arbeit die Rekonfiguration von Montagesystemen zur automatisierten Montage von Produktvarianten sowie gleichartig gestalteten Baugruppen, vgl. Kapitel 4.1.1.

Zur Anpassung an eine spezifische Produktausprägung können Handhabungsprozesse durch die freie Bewegungsprogrammierbarkeit des Roboters flexibel geplant werden. Der automatische Werkzeugwechsel ermöglicht darüber hinaus eine flexible Prozessausführung mit einer beliebigen Abfolge robotergeführter Arbeitsschritte. Durch die Austauschbarkeit im Magazin bereitgestellter Werkzeuge ist die Anlage je nach Anwendungsfall erweiterbar gestaltet.

Schraubenverbindungen können durch ein mitbewegtes Schraubwerkzeug ausgeführt werden, vgl. Bild 6-4. Es besteht aus einem extern gesteuerten Stabschrauber der Fa. Alfing Montagetechnik mit wechselbarer Werkzeugnuss, die je nach vorliegendem Schraubenantrieb ausgetauscht werden kann. Das Werkzeug wurde um einen elektrischen Greifer ergänzt, durch den Schrauben mit unterschiedlicher Größe kraft- und positionsgesteuert aufgenommen und an die Einschraubstelle geführt werden können.

Für Handhabungsprozesse kann ein pneumatischer Zweifingergreifer eingewechselt werden, der zur Vergrößerung der Anwendbarkeit um ein Fingerwechselsystem ergänzt wurde, vgl. Bild 6-5 links. Dadurch kann – je nach Objektgestaltung – ein passendes Fingerpaar aus einem vorgehaltenen Fingermagazin ausgewählt werden. Durch diese Maßnahme wird das Ziel verfolgt, den Aufwand und die Kosten der Anpassung an neue Produktvarianten zu reduzieren. Das Magazin ist durch Fingerpaare mit sich überschneidenden Greifabständen zum Innen- und Außengriff mit Dreipunktkontakt bestückt, um in einer erwarteten Varianzbreite ein universelles Greifen zu ermöglichen. Je nach Anforderung können auch produktspezifisch gestaltete Finger an der Basis der Fingeraufnahme angebracht werden.

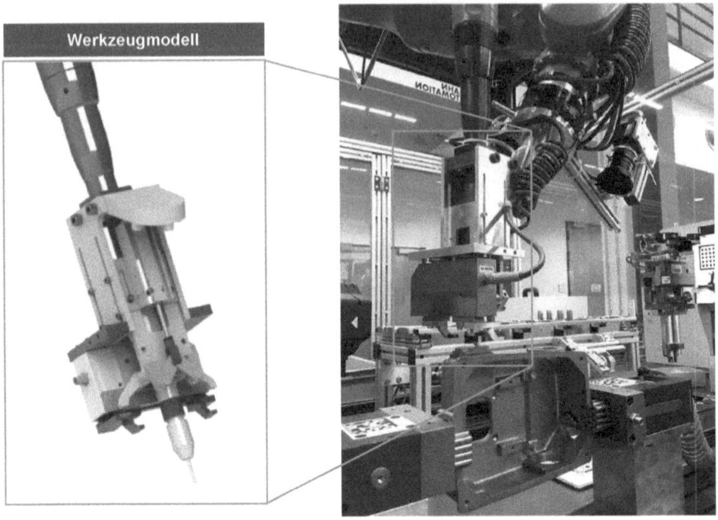

Bild 6-4: Mitbewegtes Schraubwerkzeug mit Schraubengreifer
Mobile screwdriving tool with screw gripper

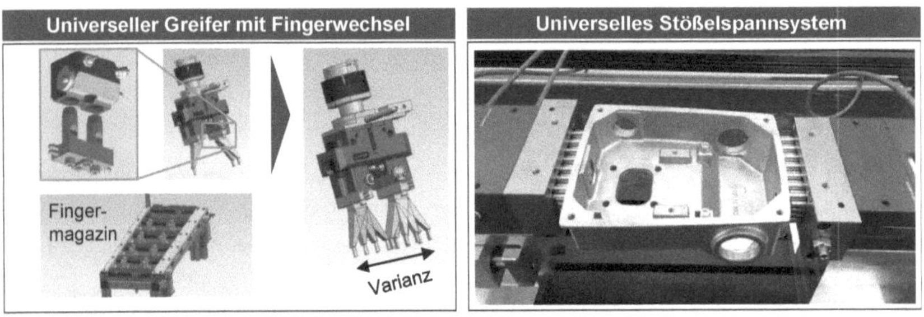

Bild 6-5: Universelle Greif- und Spanntechnik
Universal gripping and clamping equipment

Zur Montage kann ein Basisbauteil im Interaktionsraum durch ein universelles Spannsystem fixiert werden, vgl. Bild 6-5 rechts. Es besteht aus zwei mit einfedernden Stößeln bestückten Modulen, die die Kontur des zu fixierenden Objektes abformen, die abgeformte Stößelstellung pneumatisch blockieren und Objekte somit formschlüssig in Position halten. Ein Stößelmodul ist auf einem pneumatischen Führungszylinder befestigt, durch den eine Klemmkraft in Klemmrichtung aufgebracht wird. Zudem kann der axiale Abstand der Module entlang von T-Nuten einer Aufspannplatte an das jeweilige Bauteilspektrum angepasst werden.

Das resultierende System weist eine hohe Flexibilität auf, sodass Produktvarianten – in definierten Grenzen – ohne Integration neuer, zusätzlicher Endeffektortechnik behandelt werden können. Es ermöglicht somit die Erprobung des entwickelten

Verfahrens zur steuerungstechnischen Rekonfiguration und dient als Gestaltungsvorschlag für flexibel automatisierbare Montageanlagen.

6.1.2 Steuerungstechnische Umsetzung und Integration

Control system implementation and integration

Das Steuerungssystem der Demonstrationsanlage setzt sich aus Komponentensteuerungen der einzelnen Funktionseinheiten zusammen, die mit einem übergeordneten Zellenrechner über proprietäre ethernetbasierte Protokolle kommunizieren, vgl. Bild 6-6. Zwischen Zellenrechner und der KUKA KR C4 Robotersteuerung wird mittels *Robot Sensor Interface* (RSI, [KUKA10]) eine Echtzeitverbindung aufgebaut, durch die der Zellenrechner Variablenwerte der Steuerung auslesen bzw. beeinflussen und Steuerungsbefehle auslösen kann, s. a. Kapitel 6.2.3. Über das EtherCAT Bussystem des Roboters kann dadurch auch auf angeschlossene I/O-Baugruppen zur pneumatischen Ventil- und Logiksteuerung zugegriffen werden.

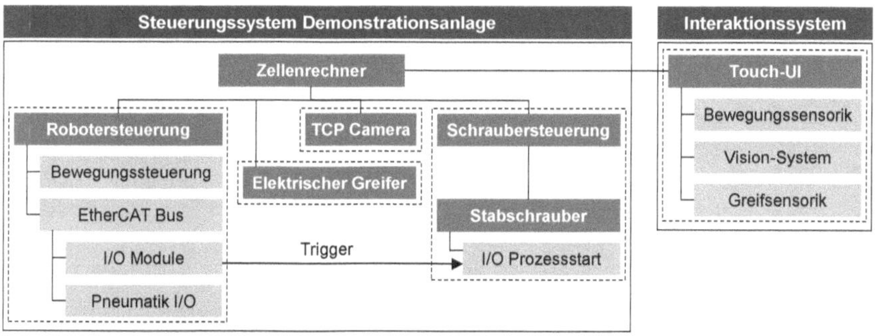

Bild 6-6: Systemarchitektur
System architecture

Zur Schraubprozesssteuerung bindet der Zellenrechner direkt den elektrischen Greifer des mitbewegten Schraubwerkzeugs ein, der zur Positionierung der Schrauben verwendet wird, und kommuniziert mit einer dedizierten Schraubersteuerung, durch die vordefinierte Schraubprogramme ausgewählt und auf den Stabschrauber übertragen werden. Zudem können Prozessdaten sowie Rückmeldungen zum Prozessergebnis (OK/NOK) aus der Schraubersteuerung ausgelesen werden. Die Ausführung eines ausgewählten Schraubprogramms wird durch Schalten eines logischen Ausgangs (Trigger) der Robotersteuerung gestartet.

Zusätzlich zu den ortsfest angebrachten optischen Sensoren des Interaktionssystems verfügt die Roboterkinematik über eine mitbewegte Kamera, die den TCP fokussiert, vgl. Bild 6-4. Die TCP Kamera ermöglicht eine visuelle Überwachung der Montage und kann insbesondere zur relativen Lagekorrektur von Positionierungsprozessen verwendet werden. Die Lagekorrektur gleicht Unsicherheiten aus, die sich z. B. durch

- die begrenzte Genauigkeit der zur Bewegungsplanung verwendeten virtuellen Objektmodelle (vgl. Kapitel 6.2.2),
- die begrenzte Absolutgenauigkeit des Robotersystems [BREC21] oder
- die begrenzte Wiederholgenauigkeit von Greifprozessen ergeben [BREC21].

Daher wurde eine Hand-Auge-Kalibrierung unter Zuhilfenahme der Funktion `hand_eye_calibration` der Halcon Bibliothek durchgeführt, sodass Abweichungen in das Koordinatensystem des TCP übertragen und ausgeglichen werden können [MVTE21].

Die Anbindung des zur Automatisierung genutzten Interaktionssystems erfolgt zwischen dem Zellenrechner einerseits, der die Steuerungsfunktionen der Anlage nach außen hin als Dienst bereitstellt und dem Rechner des Touch-UI andererseits, der die Verarbeitung und Interpretation aller angeschlossenen Interaktionssensoren kapselt, vgl. Bild 6-7.

Bild 6-7: Aufbau des Interaktionsdemonstrators
Setup of the interaction demonstrator

Somit können Montageabläufe, die ein Bediener über das Touch-UI plant und zur Ausführung auswählt, über den Zellenrechner und die angeschlossenen Steuerungssysteme umgesetzt werden, s. a. Kapitel 6.2.3.

6.2 Überbau zur integrierten Automatisierung der Montage

Framework for integrated automation of assembly

Der Transfer von manueller zu automatisierter Montage setzt eine anlagenspezifische Planung der Abläufe voraus, vgl. Bild 4-7. Dabei ist einerseits ein Abgleich der manuell angewendeten Montageoperationen des Bedieners mit den jeweils verfügbaren

Funktionen der Anlage notwendig, sodass eine Feinplanung der Funktionen erfolgen kann. Zur Ableitung von Operationsparametern soll diese Aufgabe analog zur Erfassung der manuellen Montagedemonstration unter Zuhilfenahme beigestellter Modelldaten der Objekte gelöst werden. Im Unterschied zur Demonstrationserfassung müssen neben den Montageobjektmodellen nun auch Betriebsmittelmodelle berücksichtigt werden, sodass die resultierenden Stellgrößen an die spezifische Kombination aus Montageobjekt und Betriebsmittel angepasst werden. Kapitel 6.2.1 beschreibt modellbasierte Anknüpfungspunkte im Engineering von Produkten und Betriebsmitteln, um das Ableiten geeigneter Planungsdaten zu ermöglichen.

In Bezug auf die den Ablauf verbindenden Handhabungsoperationen des frei programmierbaren Robotersystems umfasst die Feinplanung insbesondere eine kollisionsfreie Bewegungsplanung der Prozesse. In 6.2.2 wird hierzu ein automatisierter Ansatz zur Bestimmung anlagenspezifischer Bewegungsbahnen vorgestellt, der ebenso auf Engineering-Daten zurückgreift. Abschließend wird in 6.2.3 dargestellt, wie die geplanten Operationen durch die Demonstrationsanlage ausgeführt werden können.

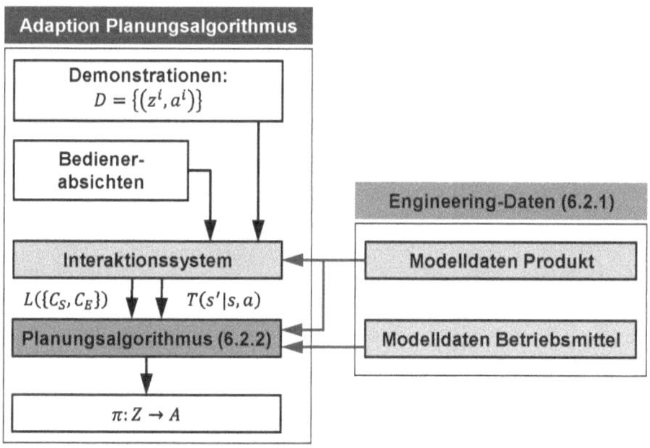

Bild 6-8: Adaption der Notation nach Argall et al. für den vorgestellten Ansatz [ARGA09]

Adapted notation according to Argall et al. for the presented approach [ARGA09]

In Anlehnung an Argall et al. bzw. Bild 2-7 kann der vollständige Ansatz der Arbeit durch Bild 6-8 symbolisiert werden.

6.2.1 Engineering-Unterstützung

Engineering process support

Während der Entwicklungsphase von Produkten und den zu ihrer Herstellung verwendeten Betriebsmitteln (vgl. Bild 2-1) werden Konstruktionsdaten in Form von virtuellen, dreidimensionalen Modellen mithilfe von CAD-Systemen erzeugt. Sie beschreiben die äußere Gestalt der Objekte und bestehen, je nach verwendetem Standard, aus einer Anordnung spezifizierter Punkt-, Linien-, Flächen- oder Volumenprimitive, die in ihrer

Gesamtheit die Oberfläche bzw. das Volumen des Objektkörpers definieren. Zu den verbreiteten Modellstandards zählen unter anderem:

- darstellungsorientierte Formate wie OBJ [MURR05], STL [ROSC88] oder PLY [BOUR00], die Vertices definieren und diese mithilfe von Kanten zu Flächen verbinden bzw. Körper aus einer Menge von Volumenoperationen ableiten wie PARASOLID [SIEM22a];
- simulationsorientierte Formate wie COLLADA [ISO00b] oder VRML [AMES97], die neben Geometrieinformationen auch Angaben zu kinematischen Beziehungen oder physikalischem Objektverhalten speichern;
- industrie- und anwendungsorientierte Formate wie Jupiter Tesselation (JT) [SIEM19], STEP Flächenmodelle nach [ISO20b], AutomationML [DRAH10].

Je nach Entwicklungsphase, modelliertem Aspekt und verwendeter Engineering Software bestehen unterschiedliche Sichten auf ein einzelnes Objekt, welches auf Datei- bzw. Artefaktebene teilweise durch Modellerweiterung, -konvertierung oder Ergänzung durch komplementäre Modellformate gelöst werden kann [KATZ13, KOUS19, LECH20].

Im Rahmen der Konzeptanwendung werden Konstruktionsdaten als STEP-Modelle mit der Entwicklungsumgebung *NX* der Fa. Siemens verwendet und hier um montagerelevante Metainformationen entsprechend des Datenmodells (vgl. Kapitel 4.2.2) ergänzt. Dazu wurde eine softwaretechnische Erweiterung implementiert, durch die Objektmodelle in einen Szenenkontext überführt werden können (1), vgl. Bild 6-9.

Durch diesen Schritt wird ihnen eine Objekt-ID und eine Objektart zugewiesen (2) und der Bediener kann die Ursprungspose des Objektes validieren und ggf. überschreiben (3). Eine Übertragung von Modelldateien und Metainformationen in Richtung nachgelagerter Engineering-Schritte wie z. B. zur Prozessplanung ist durch eine zentrale Server-Komponente vorgesehen (4), von der Engineering-Werkzeuge sowie auch das Interaktionssystem Daten als Client downloaden können.

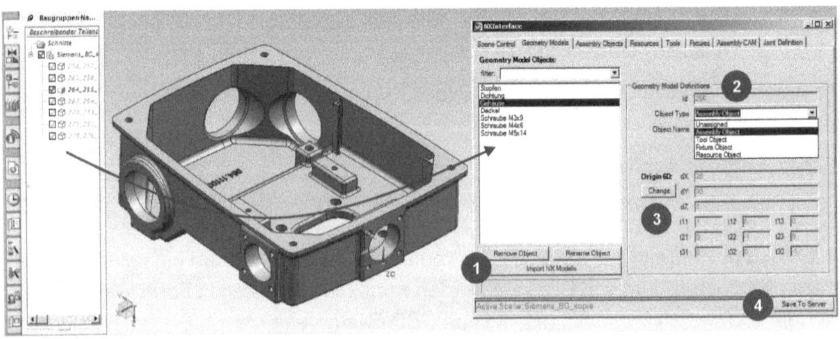

Bild 6-9: NXInterface Anwendung zur Erfassung von Metainformationen

NXInterface application for capturing meta information

Montageobjekten werden Montagefeatures unter Verwendung der verfügbaren Modellierungswerkzeuge der Konstruktionsumgebung zugeordnet und grafisch direkt am dreidimensionalen Objektmodell gekennzeichnet, vgl. Bild 6-10. In Richtung der Anlagenressourcen können darüber hinaus Greifpunkte bzw. prozesstechnisch relevante Objektpunkte und Einspannmöglichkeiten festgelegt werden.

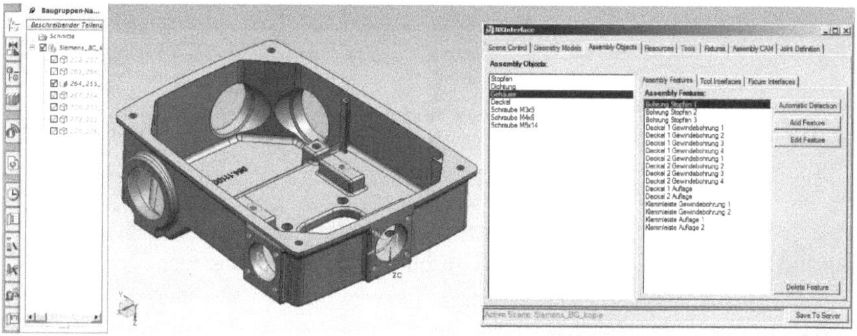

Bild 6-10: Management von Montagefeatures mit dem NXInterface

Management of assembly features using the NXinterface

Werkzeuge wie die verwendeten Greifer und Schrauber der Demonstrationsanlage weisen im Bereich des TCP ihrerseits Schnittstellen zu den Montageobjekten auf. Je nach Werkzeugtyp können Planungsparameter wie z. B. Hub bzw. minimale und maximale Fingerweite eines Greifers oder kompatible Ausprägungen des Schraubenantriebs zu den Modellen abgespeichert werden, vgl. Bild 6-11. Während der Planung können auf dieser Grundlage passende Paarungen aus Montageobjekt und Werkzeug gefunden werden.

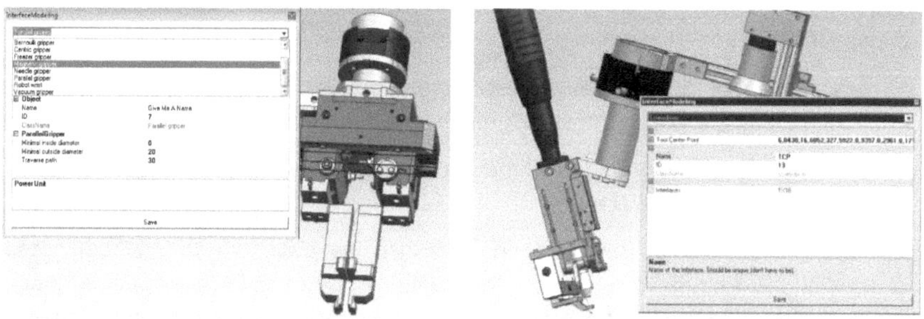

Bild 6-11: Werkzeugdefinition mit dem NXInterface

Assembly tool definition using the NXinterface

Darüber hinaus können weitere Ressourcen beschrieben werden, die produktspezifische Ausprägungen aufweisen und somit zu den dynamischen Randbedingungen der Prozessplanung zu zählen sind. Bild 6-12 zeigt exemplarisch die Modellierung des universellen Spannsystems der Anlage sowie Möglichkeiten zur Beschreibung der

Anlagenbeschickung mit Montageobjekten, die in Kisten angeordnet sind. Instanzen von Kisten können sowohl als Objektquellen (Anlieferung von Einzelteilen) wie auch als Objektsenken (Abtransport von Fertigteilen) markiert werden.

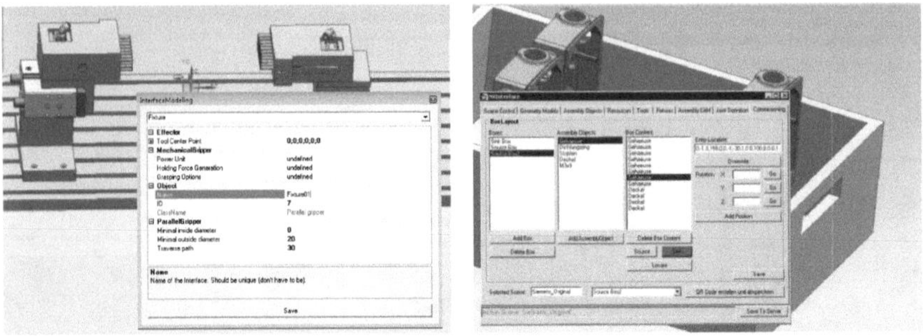

Bild 6-12: Definition weiterer Anlagenressourcen mit dem NXInterface
Definition of additional equipment resources with the NXInterface

6.2.2 Planungsautomatisierung
Planning automation

Im Anschluss an die Montagedemonstration, während der die Montageaufgabe weitgehend abstrahiert von der resultierenden Automatisierung definiert wird, erfolgt eine Übertragung auf das spezifische Anlagensystem in Form eines kohärenten Ablaufs. Der Ablauf wird durch die Bewegungsabfolge des Roboters hervorgerufen, der Montageobjekte zwischen Prozessstationen bewegt sowie selbst Montageprozesse ausführt. Jeder Prozess wird gemäß Kapitel 4.2.2 als Abfolge von Einzeloperationen der beteiligten Ressourcen modelliert.

Weiterhin kann eine Unterscheidung der Roboterbewegungen innerhalb der Demonstrationsanlage getroffen werden:

- konstant definierte Bewegungen sind unabhängig vom jeweils montierten Produkt und können stets kollisionsfrei ausgeführt werden, während
- flexibel geplante Bewegungen eine produktspezifische, kollisionsfreie Bewegungsplanung erfordern, vgl. Bild 6-13.

Die konstant definierten Bewegungen umfassen insbesondere Unterstützungsprozesse wie z. B. Endeffektorwechsel. Sie können bereits zum Zeitpunkt der Erstinbetriebnahme festgelegt bzw. bei Erweiterung der Anlage um neue Endeffektortechnik ergänzt werden. Darüber hinaus können makroskopische Transferbewegungen zwischen den unterschiedenen Anlagenbereichen (hier: Materialbereitstellung, Werkzeugmagazine, Montageplatz) mit ortsfest definierten Schnittstellenposen hinterlegt werden, zwischen denen kollisionsfreie Roboterbewegungen wiederholt und mit kurzer Zykluszeit ausgeführt werden können.

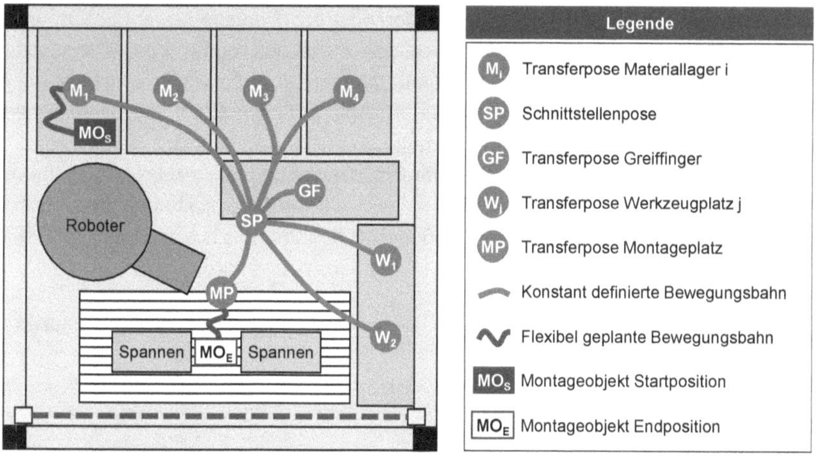

Bild 6-13: Bewegungspfade innerhalb der Demonstrationsanlage
Motion trajectories inside the demonstration system

Die Planung der flexiblen Roboterbewegungen beruht auf einer Kollisionsbetrachtung zwischen dynamisch bewegten und statischen Anlagenteilen. Beide können als geschlossene Hüllvolumina aufgefasst werden, deren Oberflächen sich während der Bewegungsausführung nicht berühren dürfen, vgl. Bild 6-14.

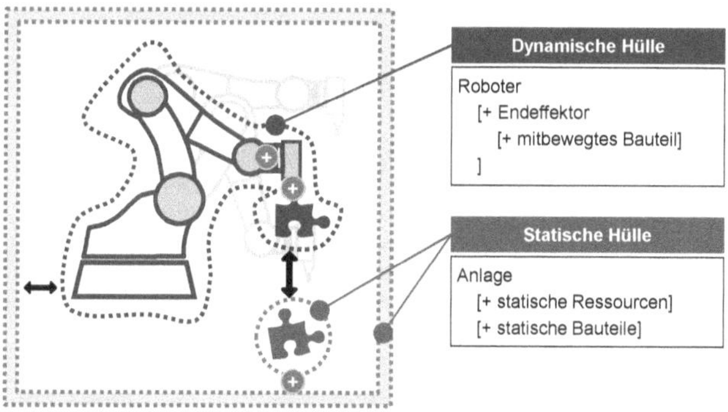

Bild 6-14: Synthese der Hüllvolumina zur Kollisionsbetrachtung
Synthesis of hull volumes for collision detection

Während des Ablaufs verändern sich die Objekte, die zu den jeweiligen Volumina zu zählen sind. So gehören neben der Roboterkinematik auch das aktuell verwendete Endeffektorsystem sowie ggf. gegriffene Bauteile zur dynamischen Hülle eines Prozesses. Demgegenüber umfasst die statische Hülle den umgebenden Anlagenaufbau sowie alle innerhalb der Anlage befindlichen Ressourcen und weiteren Montageobjekte.

Auf Grundlage der Anlagenbereiche der Demonstrationsanlage sowie der vorhandenen Endeffektortechnik zur Handhabung bzw. Montage durch Zusammensetzen, Schraubtechnik und der Montagestation mit Spanntechnik können Teilprozesse abgeleitet werden, die die Montagefunktionen der Anlage beschreiben und entsprechend Bild 6-15 zu abgeschlossenen Arbeitsschritten miteinander verknüpft werden können. Die Teilprozesse stellen die Bausteine der Prozessplanung dar und leiten die Übertragung von manuell demonstrierten hin zu automatisierten Arbeitsschritten an. Weiterhin kann anhand der Teilprozesse der Umfang der dynamisch zu planenden kollisionsfreien Roboterbewegungen eingegrenzt und spezifiziert werden.

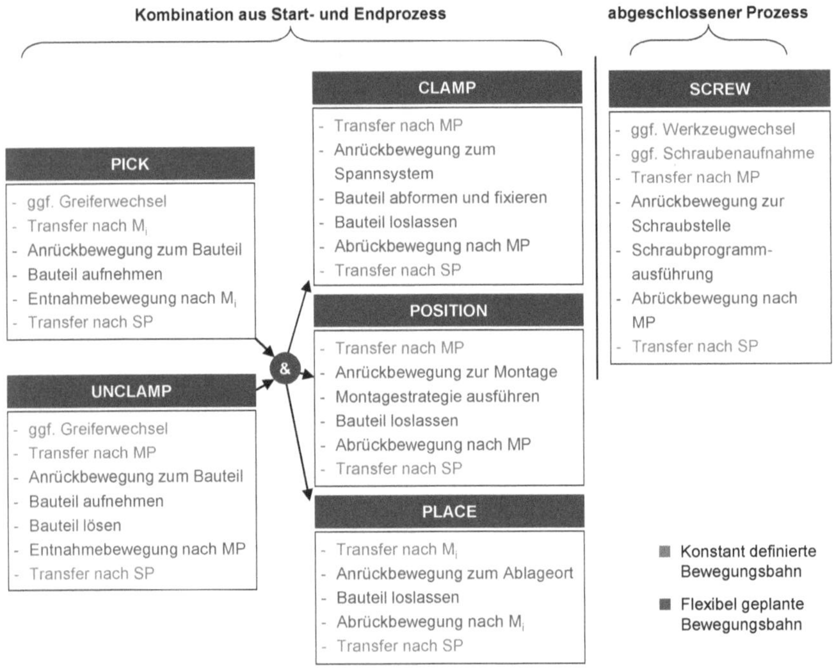

Bild 6-15: Planungsumfang und Kombinatorik der Teilprozesse
Planning scope and combinatorics of subprocesses

Zur technischen Umsetzung einer virtuellen Kollisionsprüfung werden die CAD-Modelle der betreffenden Objekte zunächst in das simulationsgerechte JT-Format konvertiert und die Szenenkonfiguration anschließend in der Simulationsumgebung *Tecnomatix Process Simulate* der Fa. Siemens geometrisch nachgebildet [SIEM22b]. Durch eine softwaretechnische Erweiterung der Simulationsumgebung wurde eine Schnittstelle geschaffen, durch die das Ergebnis der systeminternen Kollisionsprüffunktion Φ in Abhängigkeit eines extern vorgegebenen Konfigurationsvektors $\vec{q}$ abgerufen werden kann:

$$\Phi(\vec{q}) \rightarrow \{TRUE, FALSE\} \tag{6.1}$$

Dabei umfasst der Konfigurationsvektor Werte für alle Variablen der Szene, die die Kollisionssituation beeinflussen wie z. B. Achswinkel der Roboterkinematik oder Stellung der Greiffinger.

Ein Planungswerkzeug kann die Schnittstelle zur Kollisionsprüfung nutzen, um einen kontinuierlichen, kollisionsfreien Bewegungsübergang von einer Startkonfiguration $\vec{q}_{start}$ zu einer Zielkonfiguration $\vec{q}_{end}$ zu finden.

Für den Anwendungsfall wurde mit der Open Motion Planning Library (OMPL) ein Sampling-basierter Ansatz zur Bahnplanung gewählt [SUCA12, KAVR22], der Samples $\vec{q}_i$ als Diskretisierungen des kontinuierlichen Konfigurationsraums K nach einem ausgewählten Planungsalgorithmus generiert, um die Planungsaufgabe zu lösen. Dabei wird durch $\Phi(\vec{q}_i)$ zunächst sichergestellt, dass ein Sample zu keiner Kollision führt. Anschließend erfolgt die Ableitung einer kontinuierlichen Bahn $\tau(s) \rightarrow \vec{q}_i$ mit $s \in [0{,}1]$, $\tau(0) = \vec{q}_{start}$ und $\tau(1) = \vec{q}_{end}$. Dazu implementiert die Lösung die `MotionValidator` Schnittstelle der OMPL, um zusammenhängende Bewegungspfade effizient hinsichtlich ihrer Kollisionsfreiheit zu validieren.

Es wird weiterhin der *RRTConnect* Bahnplanungsalgorithmus der Bibliothek als Single-Query Sampling mit Baumstruktur (*Rapidly-Exploring Random Tree*, RRT) zur Bestimmung von τ verwendet.

Je nach Prozess und verfügbarer Endeffektortechnik einer Anlage bestehen weitere Freiheitsgrade, die während des Samplings zu berücksichtigen sind. In Bezug auf Greifprozesse wie z. B. mit Parallelbackengreifern können aus den Merkmalen des Greifers und der Definition möglicher Greifpunkte eines Montageobjekts eine Vielzahl möglicher Griffe resultieren, vgl. Bild 6-16 und Bild 6-17.

Parameter	Bedeutung Parallelbackengreifer	Visualisierung
Greifmittelpunkt (GMP)	Pose bezogen auf das Greifobjektkoordinatensystem, die die Lage des Greifer-TCP während des Greifens angibt	
Anrückvektor mit Toleranzkegel	Richtung(en), aus denen sich der Greifer dem GMP annähern kann; durch Angabe eines Toleranzwinkels wird ein sich verjüngender Kegelbereich markiert, innerhalb dessen Bahnpunkte geplant werden dürfen	
Greifsymmetrie	Achse, kontinuierlicher Achsenbereich oder diskrete Achsenabschnitte bezogen auf den GMP, innerhalb deren der Greifer relativ zum Greifobjekt während des Greifens verdreht sein darf	
Kontaktabstand und Kontaktfläche	Distanz der zur Fixation des Greifobjekts genutzten Oberflächen sowie ihre flächige Ausbreitung	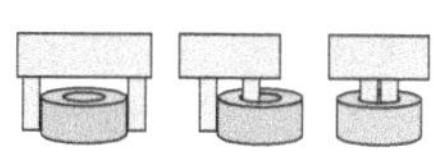
Greifvariante	Außengriff, Zwischengriff oder Innengriff	

Bild 6-16: Parameter zur Greifpunktbeschreibung mit Parallelbackengreifer

Parameters for gripping point description with parallel jaw gripper

Für jedes dieser Greifsamples können somit neue $\vec{q}_{start}, \vec{q}_{end}$-Paare gebildet und eine spezifische Bahn τ gefunden werden.

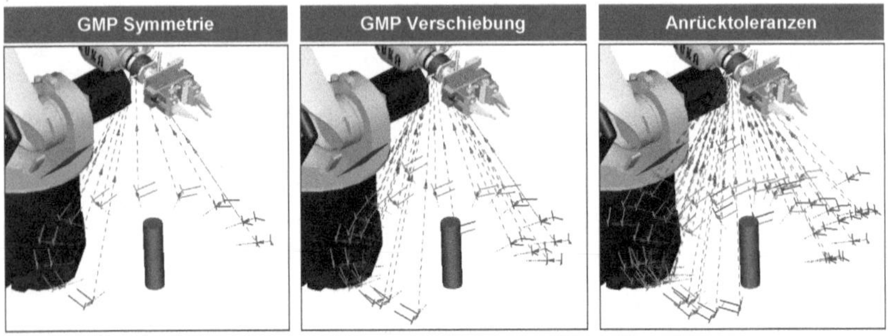

Bild 6-17: Sampling-Ergebnisse von Greifpunkten unter Ausnutzung von Freiheitsgraden

Sampling results of gripping points utilizing degrees of freedom

Um aus der Vielzahl möglicher Lösungskandidaten diejenige Bahnplanung auszuwählen, die den gewünschten Prozess bestmöglich umsetzt, wird ein Bewertungsmaß eingeführt. Es berücksichtigt die simulierten Prozesszeiten bzw. resultierenden Pfadlängen der Roboterkinematik, die sich für den Hauptprozess einstellen sowie Endeffektorwechselzeiten, sofern diese zur Realisierung eines geschlossenen Gesamtablaufs notwendig werden.

Darüber hinaus werden Charakteristika eines Prozesses negativ bewertet, wenn sie von einem Idealprozess abweichen. Dazu zählt zum einen das Ausnutzen von Bewegungstoleranzen, die z. B. für Anrückbewegungen gewährt werden, wenn die Anrückbewegung nicht kollisionsfrei entlang des Anrückvektors ausgeführt werden kann, vgl. Bild 6-16. Zum anderen fließen Konfigurationswechsel der Roboterkinematik negativ in die Bewertung des Prozesses ein, da sie eine grundsätzlich im Prozess zu vermeidende Ineffizienz darstellen, vgl. Bild 6-18.

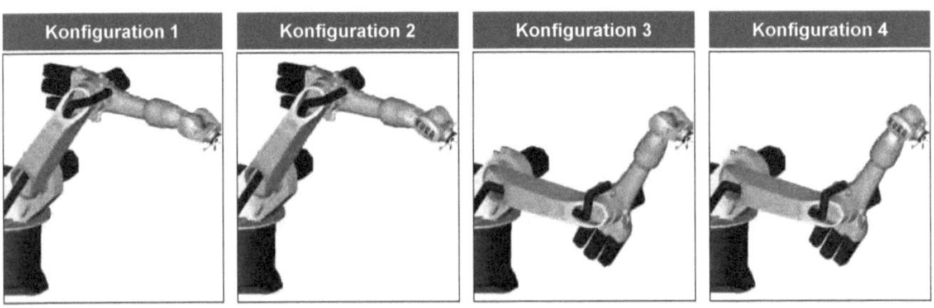

Bild 6-18: Alternative Roboterkonfigurationen der gleichen TCP Pose

Alternative robot configurations of the same TCP pose

Das Bewertungsmaß hat die Form:

$$B = w_p t_p + w_{tc} t_{tc} + w_{tol} \alpha_{tol} + w_c n_c \quad (6.2)$$

mit t_p: Hauptprozesszeit, t_{tc}: Werkzeugwechselzeit, α_{tol}: gewählter Toleranzwinkel, n_c: Anzahl Konfigurationswechsel und w_i: Parametergewichtungen

Folglich hat die beste Planung τ das niedrigste Bewertungsmaß B.

Durch die softwaretechnische Erweiterung der Simulationsumgebung Tecnomatix Process Simulate erfolgt eine Übertragung des interaktionsorientierten Modellkontextes in das proprietäre Operationenschema in Form einer Baumstruktur, das zur Ausführung der Bewegungssimulation benötigt wird, vgl. Bild 6-19. Die dargestellte Planungssituation zeigt die Entnahme von Gehäusebauteilen aus einer Kommissionierkiste. Es werden falsifizierte Greifpunkte rot markiert, bei denen eine Kollision mit der Anlagenumgebung detektiert wurde. Valide Greifpunkte ohne Kollision werden grün markiert.

Aus den Ergebnissen der Planung können ressourcenspezifische Parameter wie z. B. valide Roboterkonfigurationen bzw. Achswinkel der Kinematik exportiert werden, die zur Erzeugung von Steuerungsbefehlen für die Robotersteuerung benötigt werden.

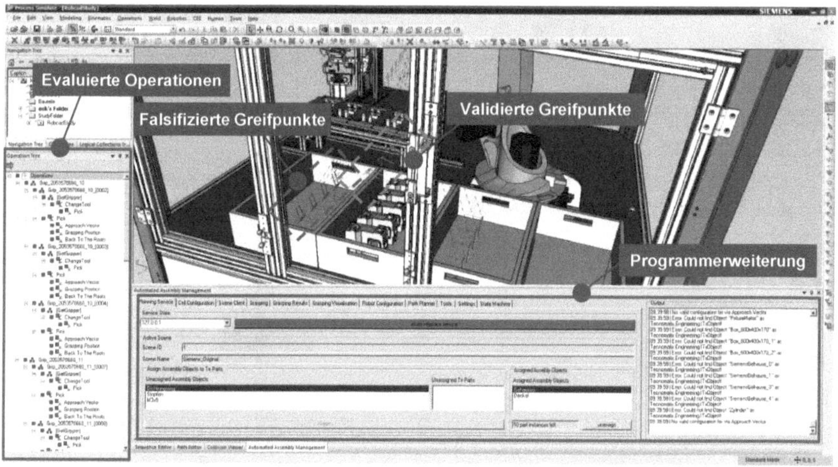

Bild 6-19: Erweiterung der Simulationsumgebung Tecnomatix Process Simulate
Extension of the simulation system Tecnomatix Process Simulate

Die Programmerweiterung bietet einen Schnittstellendienst an, der durch andere Applikationen zur Planungssteuerung genutzt werden kann. Bild 6-20 zeigt beispielhaft die Integration des Dienstes in das Touch-UI, durch das der Bediener automatisierte Prozessplanungen direkt anstoßen kann. Die grafische Ausgabe der 3D-Simulation wird durch eine Remote-Desktop Integration (hier per VNC [RICH98]) an das Touch-UI übertragen. Somit erhält der Bediener eine unmittelbare Rückmeldung über den Erfolg der Planungsautomatisierung und kann vorangegangene Planungen zur Freigabe erneut wiedergeben lassen.

Nach abgeschlossener Planung liegt für jeden Arbeitsschritt eine Abfolge von Operationen im generalisierten Modellkontext (vgl. Kapitel 4.2.2) vor.

6.2.3 Prozessausführung

Process execution

Zur Ausführung der virtuellen Planung erfolgt eine Übertragung der Arbeitspläne an den Zellenrechner des Anlagensystems durch einen Schnittstellendienst, vgl. Bild 6-6. Die Schnittstelle verwendet den gleichen Modellkontext des Touch-UI und setzt Operationen je nach Typ und Ausprägung unter Berücksichtigung der spezifischen Anlagenfähigkeiten und verfügbaren Steuerungstechnik um. Dabei orchestriert der Zellenrechner die verteilte Ausführung von Operationen durch unterschiedliche Steuerungssysteme. Während der Arbeitsplanausführung synchronisiert das Touch-UI Zustandsänderungen des Zellenrechners und der verbundenen Anlagentechnik zur Nachverfolgung des Arbeitsfortschritts.

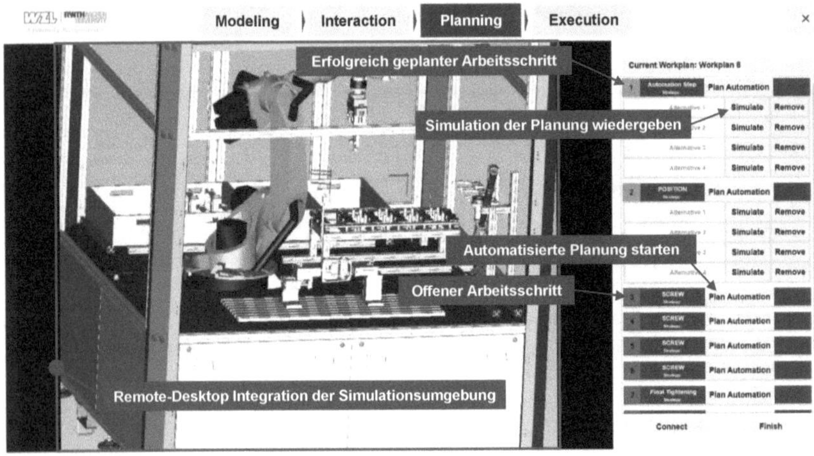

Bild 6-20: Integration des Planungsdienstes in das Touch-UI

Integration of the planning service into the touch UI

Die Abbildung der Anlagenfähigkeiten basiert auf der Implementierung verschiedener Operationstypen, die durch den Zellenrechner in steuerungsspezifische Befehle übertragen werden können, vgl. Bild 6-21. Es stehen Operationen zur Realisierung von Bewegungen bereit, die direkt von dem Robotersystem interpretiert werden können. Da die Poseinformationen der Bewegungen virtuell bestimmt wurden, können Bahnpunkte nur unter den Randbedingungen der Absolutgenauigkeit des Roboters angefahren werden, die im Vergleich zur Wiederholgenauigkeit des Systems in der Regel signifikant niedriger ist [BREC21]. Für das verwendete System wird vom Hersteller eine Wiederholgenauigkeit von $\pm 0{,}05mm$ spezifiziert [KUKA09], während Untersuchungen zur Absolutgenauigkeit einen maximalen Fehler um $1{,}4mm$ ergeben [YANG17].

	Operationstyp	Beschreibung	Parameter
Bewegungen	PTP_POS	PTP-Bewegung mit Angabe von Koordinatenwerten	Pose, Geschwindigkeit, Beschleunigung
	PTP_POS_REL	Relative PTP-Bewegung mit Angabe von Koordinatenwerten	
	PTP_AXIS	PTP-Bewegung mit Angabe von Achsenwerten	
	PTP_AXIS_REL	Relative PTP-Bewegung mit Angabe von Achsenwerten	
	LIN	Linearbewegung mit Angabe von Koordinatenwerten	
	LIN_REL	Relative Linearbewegung mit Angabe von Koordinatenwerten	
Posekorrektur	CAM_DETECTION	Startet die kamerabasierte Objektlageerkennung	Objektmodell
	POS_CORR	Startet die relative Positionskorrektur	Korrekturpose
	AXIS_CORR	Startet die achsenspezifische relative Positionskorrektur	Korrekturwerte
	SET_CORR_LIMITS	Setzen der Grenzen für die Positionskorrektur	Grenzwerte
	STOP_CORR	Beendet die Positionskorrektur	
Konstante Abläufe	TOOL_CHANGE	Werkzeugwechsel	Werkzeugindex
	JAW_CHANGE	Wechsel der Greiferfinger	Fingerindex
	TPOS_INTERFACE	Anfahren der Schnittstellenpose	
	TPOS_MATERIAL	Anfahren der Transferpose eines gegebenen Materiallagers	Lagerindex
	TPOS_ASSEMBLY	Anfahren der Transferpose des Montageplatzes	
	TPOS_INTERACTION	Anfahren der Wartepose während der Bedienerinteraktion	
Werkzeuge/Ressourcen	GRIPPER	Optionen für Greifer	spezifisch
	SCREWDRIVER	Optionen für Schraubwerkzeug	spezifisch
	SCREWDRIVER _SET_PROGRAM	Laden einer Programmnummer der Schraubprozesssteuerung	Programmindex
	SCREWDRIVER _ACTIVATE	Starten des geladenen Schraubprogramms	
	FIXTURE	Optionen für Spannsystem	spezifisch
Logik	WAIT	Wartebefehl für eine angegebene Dauer	Wartezeit
	WAIT_FOR	Wartebefehl für ein logisches Signal	Signalindex
	SET_DIGOUT	Manipulation eines logischen Signals	Signalindex, Signalwert

Bild 6-21: Implementierte Operationstypen der Demonstrationsanlage

Implemented operation types of the demonstration system

Durch die am TCP des Roboters angebrachte Kameratechnik können Kompensationsbewegungen zur Korrektur von Fehlpositionierungen relativ zum jeweiligen Arbeitsobjekt angeleitet werden. Das Kamerasystem und die verwendete Bildverarbeitungsbibliothek dienen dabei zur optischen Objektlageerkennung, s. a. Kapitel 4.3.1. Aus den virtuellen Planungsdaten kann weiterhin eine erwartete Objektpose relativ zum TCP des Roboters abgeleitet werden. Aus dem Vergleich von erwarteter und optisch bestimmter Pose ergibt sich die notwendige relative Korrekturbewegung Δ_{Pose}, die synchron zur Ablaufausführung an die Robotersteuerung übertragen wird, vgl. Bild 6-22. Relativbewegungen in der Umgebung des Arbeitsobjektes, die nach der Korrektur ausgeführt werden, können somit ebenfalls als näherungsweise korrigiert betrachtet werden. Folgt im Ablauf eine Bewegung mit vorgegebenen Absolutwerten, so ist zur Feinpositionierung erneut eine Bestimmung von Δ_{Pose} erforderlich.

Konstante Abläufe, die nicht von einer produktspezifischen Planung abhängen, werden durch dedizierte Operationstypen aufgerufen. Hierzu zählen Endeffektorwechsel, die mit der einzuwechselnden Werkzeugbezeichnung parametriert werden. Dabei speichert die Robotersteuerung das aktuell eingewechselte Werkzeug zwischen und führt die Wechseloperation nur bei Bedarf aus, d. h., wenn sich das angeforderte Werkzeug noch nicht am Flansch des Roboters befindet. Bei dem Wechsel von Greiffingern aus dem Fingermagazin wird gleichsam verfahren. Weiterhin sind fixe Bewegungsabläufe zum Anfahren der in Bild 6-13 dargestellten Transferposen hinterlegt, die als Ausgangspunkte für sich anschließende, dynamisch geplante Bewegungen dienen.

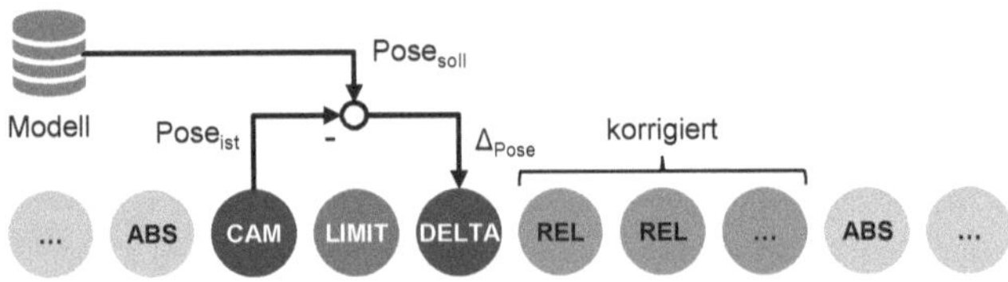

Bild 6-22: Berücksichtigung von Posekorrekturen während der Ausführung
Integration of pose corrections during execution

Zur Ansteuerung der verfügbaren Ressourcentechnik bestehend aus pneumatisch und elektrisch angetriebenen Greifern, einer extern gesteuerten Schraubspindel und einem pneumatisch betriebenen universellen Spannsystem werden ebenfalls Operationen bereitgestellt. Während sich die Parametrierung bei dem pneumatischen Greifer und Spannsystem auf einfache digitale Schaltprozesse wie „öffnen", „schließen" oder „Stößel blockieren" durch einen in Grenzen steuerungstechnisch einstellbaren Arbeitsdruck beschränken, erlaubt das elektrische Greifsystem eine umfangreichere Spezifikation der Greifprozesse. So können neben einer stufenlosen Einstellung des Fingerabstands auch die Geschwindigkeit der Fingerbewegung und die aufgewendete Greifkraft angegeben werden.

Das Schraubsystem umfasst eine eigene Prozesssteuerung, durch die Verbindungen je nach Schraubfall unter Überwachung des Drehwinkels oder Anzugsmoments hergestellt werden. Die Prozessparameter werden in Form von Programmen hinterlegt und können mittels Programmnummer während des Ablaufs dynamisch geladen werden. Zur Herstellung einer Verbindung bewegt der Roboter die Schraubspindel zur Einschraubstelle und bringt den TCP in Kontakt mit dem Schraubenantrieb. Nach Laden der jeweiligen Programmnummer erfolgt der Start der Programmabarbeitung durch Setzen eines logischen Ausgangs der Robotersteuerung, der als Aktivierungssignal der Schraubprozesssteuerung dient.

Zur weiteren Logiksteuerung des Ablaufs können Warteoperationen verwendet werden, die die Ablaufsteuerung für einen definierten Zeitraum oder bis zum Empfang eines externen Prozesssignals anhalten. Durch Manipulation von digitalen Ausgangssignalen können darüber hinaus weitere externe Steuerungskomponenten in den Ablauf eingebunden und eine bidirektionale Kommunikation als Kombination aus `WAIT_FOR` und `SET_DIG_OUT` realisiert werden.

Bild 6-23 zeigt eine Übersicht über die ausgeführten Arbeitsschritte, um das Anwendungsbeispiel der Klemmkastenmontage automatisiert – ohne notwendigen Eingriff des Bedieners – durch die Demonstrationsanlage umzusetzen.

Bild 6-23: Zyklus einer Klemmkastenmontage durch die Demonstrationsanlage
Cycle of the terminal box assembly by the demonstration system

Der Bediener erhält durch das Touch-UI Zugriff auf Funktionen zur Steuerung der Programmausführung, vgl. Bild 6-24. Per Touch-Eingabe können hier Arbeitspläne geladen und eine Reihenfolge definiert werden, nach der die Bauteile eines Zyklus aus den Kommissionierkisten entnommen bzw. Fertigteile an entsprechende Zielpositionen abgelegt werden. Ein Zyklus (*cycle*) entspricht dabei einer einmaligen vollständigen Abarbeitung eines Arbeitsplans, ehe diese in einem neuen Zyklus für die nächste Bauteilgruppe erneut von vorne beginnt.

Die Struktur des Arbeitsplans wird hierarchisch in Form eines Baumes visualisiert. Auf oberster Ebene wird der aktuelle Zyklus dargestellt. Darunter folgt jeweils die Abfolge der Arbeitsschritte und die Abfolge der Operationen. Das aktive Element einer Ebene wird markiert, sodass der Bediener den Fortschritt der Abarbeitung jederzeit nachvollziehen kann.

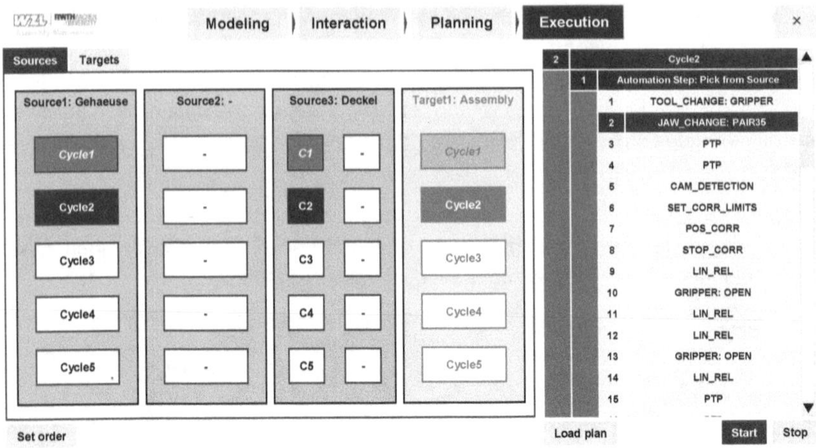

Bild 6-24: Darstellung der Programmausführung im Touch-UI
Visualization of the program execution in the touch UI

6.3 Bewertung
Evaluation

Abschließend soll eine Bewertung des vorgestellten Inbetriebnahmekonzepts vor dem Hintergrund der in Kapitel 3.1 formulierten Ziele und der durch das vorgestellte Anwendungsszenario erlangten Erfahrungen durchgeführt werden.

Das entwickelte Interaktionsverfahren verbindet als Schnittstellentechnologie den bedienenden Montagemitarbeiter mit der zu automatisierenden Anlage und soll ihm das Einlernen neuer Montageabläufe auf möglichst intuitive Weise ermöglichen. Zur Bewertung wird daher insbesondere der Aspekt der Benutzerfreundlichkeit bzw. Usability untersucht, vgl. Kapitel 6.3.1 und Bild 6-25.

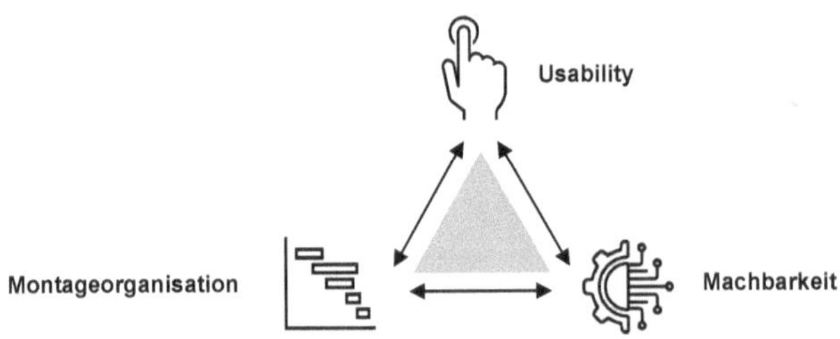

Bild 6-25: Dimensionen der Bewertung
Dimensions of the evaluation

Mit der Entwicklung soll es anwendenden Unternehmen ermöglicht werden, flexibel auf neue Produktionsrahmenbedingungen reagieren und vorgehaltene Kapazitäten mit geringem Aufwand anpassen zu können. Das Konzept nimmt somit Einfluss auf die Organisation der Montage, welcher in Kapitel 6.3.2 bewertet wird.

In Kapitel 6.3.3 folgt schließlich eine Betrachtung der technischen Machbarkeit und Grenzen des untersuchten Systems.

6.3.1 Usability

Usability

Grundlage der Bewertung des vorgestellten Interaktionsverfahrens bilden die durch die ISO 9241-110:2020 definierten Interaktionsprinzipien. Sie beschreiben allgemeine Gestaltungsempfehlungen für die Interaktion zwischen Benutzern und Systemen, die sich positiv auf die Gebrauchstauglichkeit, d. h. auf die Effektivität, Effizienz und Nutzerzufriedenheit von Schnittstellensystemen auswirken und über alle Anwendungsfelder und speziellen Technologien hinweg gelten [DIN20].

Aufgabenangemessenheit

Angemessen ist ein System, wenn es unnötige Interaktionen minimiert bzw. gänzlich vermeidet [BART22]. Dieser Forderung wird durch den vorgestellten Ansatz entsprochen, indem das Schema einer demonstrationsbasierten Interaktion verfolgt wird, vgl. Bild 4-36. Die Demonstration des zu automatisierenden Prozesses bildet selbst die Schnittstelle zur Montageanlage. Somit werden Interaktionen vermieden, die nicht unmittelbar der Charakterisierung des Prozesses dienen. Technisch erfolgt die Umsetzung durch eine synchrone, sensorische Erfassung des Bedieners bzw. seiner Montagehandlungen. Dabei werden die Sensordaten derart aufbereitet, dass ein Arbeitsplan der Montage abgeleitet und roboterbasierte Prozessäquivalente automatisch – ohne notwendige Beeinflussung durch den Bediener – geplant werden können.

Die Grundlage der Sensordateninterpretation bildet ein Multiagentensystem, das die Interaktion des Bedieners begleitet und seine Handlungen bestimmt. Die Agenten versuchen selbstständig, auf die montagetechnischen Ziele seiner Handlungen zu schließen und auch mögliche zukünftige Arbeitsschritte zu identifizieren, die der Bediener durch einfaches Quittieren übernehmen kann. Auf diese Weise werden redundante Demonstrationen sowie Eingaben über das beigestellte Touch-UI vermieden.

Durch die Engineering-Unterstützung wird die Wiederverwendbarkeit von Modelldaten gefördert. Domänenexperten werden in die Lage versetzt, Modelle mit montagerelevanten Informationen anzureichern und können dazu ihnen bekannte Schnittstellen wie z. B. Konstruktions- und Prozessplanungswerkzeuge nutzen.

Selbstbeschreibungsfähigkeit

Das Verfahren adressiert Montagemitarbeiter als Anwendergruppe und verfolgt das Ziel, vorhandenes Domänenwissen der Benutzer aufzugreifen und zur Zielerreichung der Montageautomatisierung nutzbar zu machen. So verwendet es dem Benutzer bekannte Artefakte wie z. B. Montageobjekte und Werkzeuge, durch dessen Bedeutung und Verwendung bzw. Manipulation ein Interaktionsablauf intuitiv angeleitet wird.

Ein erfolgreich digitalisierter Montagevorgang kann anhand der montierten Objekte direkt optisch abgelesen werden. Dabei folgt das System stets der Interaktion und stellt Zustände virtuell dar, die gleichwertig sind zu der durch den Bediener hergestellten realen Situation.

Weitere Benutzereingaben wie z. B. Prozessparameter, die über das Touch-UI vorgenommen werden können, berücksichtigen ebenso das Domänenwissen des Benutzers und abstrahieren von der automatisierungstechnischen Umsetzung durch die Montageanlage. Ist eine Eingabe erforderlich, erfolgt diese durch einen angeleiteten Assistenzprozess bzw. Wizard, der den Fokus des Bedieners steuert und Hilfestellung bei der Eingabe skalarer Werte oder Auswahl von Optionen leistet, vgl. Bild 5-16.

Erwartungskonformität

Die digitale Begleitung der Bedienerinteraktion beinhaltet eine 3D-Darstellung der erfassten Szene, die über das Touch-UI ausgegeben wird, vgl. Bild 5-13. Sie umfasst insbesondere eine Visualisierung der Bedienerhände im Interaktionsraum, die den erkannten Montagezustand wiedergibt und somit eine direkte Feedback-Schleife für den Bediener realisiert. Fehlerhaft erkannte Interaktionen können unmittelbar durch den Bediener selbst bemerkt und korrigiert werden.

Nach abgeschlossener Prozessspezifikationen wird dem Bediener darüber hinaus eine 3D-Simulation des Ablaufs zur Validierung angezeigt. Dabei bestehen jederzeit Iterationsmöglichkeiten zur Korrektur von Prozessparametern und zur erneuten Simulation bzw. zum Löschen eines Montageschritts, sodass Zustand und Erfolg der Interaktion unmittelbar offengelegt werden.

Erlernbarkeit

Das Interaktionssystem unterstützt den Bediener bei der Entdeckung des Funktionsumfangs und erlaubt ein unmittelbares Ausprobieren [DIN20]. Der Bediener wird bei Änderungen an Arbeitsschritten bzgl. ihrer Auswirkungen auf den Prozess informiert, kann diese übernehmen oder widerrufen. Der Ansatz der Prozessdemonstration greift trainierte Gewohnheiten auf. Dabei wirkt sich die visuelle Feedbackschleife lernfördernd aus.

Durch die an die Interaktion angeschlossene virtuelle Planungsautomatisierung und Prozessausführung werden die Auswirkungen der Interaktion für den Benutzer erfahrbar. So umfasst die virtuelle Planung eine 3D-Ausgabe der Planungsautomatisierung, durch die der Benutzer unmittelbar das Vorgehen und den Erfolg der Planung ablesen kann. Der Dialog zur Arbeitsplanausführung stellt den zugrundeliegenden Operationenbaum dar (vgl. Bild 6-24), durch den der Benutzer Einblick in das Ergebnis der Interaktion und der Prozessplanung erhält und ein Verständnis davon erlangt, auf welcher Grundlage die Programmausführung erfolgt. Auf diese Weise wird es ihm ermöglicht, ein mentales Modell bzw. konzeptionelles Verständnis über das interaktive System zu entwickeln.

Steuerbarkeit

Während der Interaktion behält der Bediener stets die Kontrolle über den Prozess und steuert den Interaktionsfluss gemäß Bild 4-36. Die Interaktion kann jederzeit unterbrochen und fortgesetzt sowie ihr Fortschritt durch Serialisierung und Persistierung des Modellkontextes gespeichert bzw. neu geladen werden. Durch Editieren oder Löschen von Arbeitsschritten können Aktionen rückgängig gemacht und mögliche Fehleingaben korrigiert werden.

Robustheit gegen Benutzungsfehler

Zur Vermeidung von Eingaben bereits bekannter Informationen integriert das Verfahren digitale Daten aus den Lebenszyklen der verwendeten Montageobjekte und Automatisierungssysteme. Dadurch werden Doppel- und Fehleingaben vermieden und somit die Gefahr von Benutzungsfehlern reduziert.

Um den Bediener nicht zu verwirren, werden bei der Eingabe von Prozessparametern jeweils nur die für den aktuell erkannten Prozesstyp möglichen Parameter angezeigt. Dadurch wird die Wahrscheinlichkeit von Fehleingaben verringert. Gibt der Bediener dennoch falsche Prozessparameter ein, führt dies nicht zu einem Fehlerzustand bzw. zur Nichtverfügbarkeit des Interaktionssystems, sondern lediglich zu einer unzureichenden virtuellen Prozessplanung, die der Bediener durch Korrektur der Eingabe selbstständig beheben kann.

Durch die Verwendung virtueller Unterstützungsfunktionen zur Validierung führen Benutzungsfehler außerdem nicht zu einer unmittelbaren Fehlbedienung des realen Automatisierungssystems, welche ggf. in einer Beschädigung der Anlage z. B. durch Objektkollisionen resultieren. Funktionen wie bspw. die kollisionsfreie Bewegungsplanung unterstützen den Bediener bei der Fehlervermeidung und geben über das Touch-UI Rückmeldung zum Planungserfolg, vgl. Bild 6-20.

Benutzerbindung

Durch das Interaktionssystem wird eine neue Anwendergruppe zur Benutzung und Beeinflussung roboterbasierter Anlagen befähigt. Dies führt zu einer Aufwertung ihrer Rolle in der Produktionsorganisation durch Tätigkeiten mit erhöhter Verantwortung. Durch die digitale Schnittstelle finden sie Anschluss an zunehmend informationstechnisch geprägte Unternehmensabläufe. Dabei werden die Kompetenzen der Anwendergruppe berücksichtigt, indem kein spezifisches, automatisierungstechnisches Fachwissen eingefordert wird, insbesondere keine Eingabe von Koordinaten, steuerungsinternen Signaldaten oder programmiertechnischen Ausdrücken (*Code*).

Zur Steigerung der Motivation sind erleichternde und effizienzsteigernde Maßnahmen vorgesehen, wie z. B. die Antizipation bzw. Identifikation gleichartiger Montageverbindungen, die eine Übernahme von Prozessparametern erlaubt und somit die Benutzererfahrung verbessert.

6.3.2 Erreichte Flexibilisierung

Flexibility achieved

Entsprechend Kapitel 4.1.1 wird Flexibilität im Anwendungskontext als Anpassbarkeit eines Produktionssystems auf Veränderungen der Produktionsrahmenbedingungen verstanden, die bereits während der Systemplanung und -auslegung erwartet und berücksichtigt werden. Das betreffende System ist aufgrund seiner Beschaffenheit in der Lage, beliebige Betriebspunkte innerhalb der Flexibilitätsgrenzen einzunehmen. Dies erfordert lediglich die Rekonfiguration der Anlagentechnik und ggf. Veränderung der Ablauforganisation.

In diesem Zusammenhang verfolgt der beschriebene Ansatz das Ziel, Anwender in die Lage zu versetzen, die notwendige steuerungstechnische Anpassung bzw. Rekonfiguration einer flexiblen, roboterbasierten Montagezelle selbstständig an die jeweilige Montageaufgabe vornehmen zu können. Dies wird durch eine Interaktionsschnittstelle realisiert, durch die Benutzer das Verhalten der Anlage unmittelbar definieren können. Nach Rüstvorgängen oder dem Austausch von Funktionsmodulen für neue Produktvarianten können neue Abläufe manuell demonstriert und mithilfe der integrierten Planungsautomatisierung auf die Anlage übertragen werden.

Durch einen Modellierungskontext, der den Prozess begleitet, wird eine digitale Durchgängigkeit erreicht, die die Wiederverwendbarkeit digitaler Planungsdaten unterstützt und dem Konzept des digitalen Zwillings (*digital twin*) entspricht [SPAT19, SCHU20], vgl. Bild 6-26.

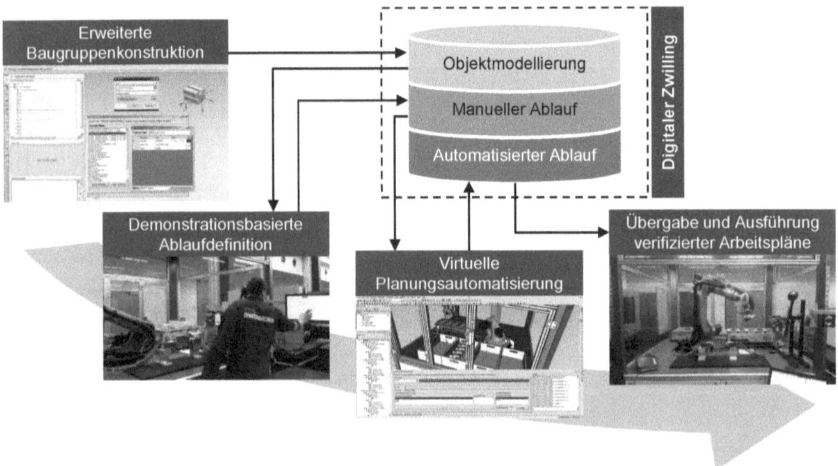

Bild 6-26: Integrierte Inbetriebnahme durch Begleitung mit digitalem Zwilling

Integrated commissioning using a synchronized digital twin

Weiterhin führt die Anwendung des Konzeptes zu einer zeitlichen Entkopplung zwischen Fähigkeitsimplementierung auf Anlagen- bzw. Komponentenebene und steuerungstechnischer Rekonfiguration durch das Interaktionsverfahren, welches in einer Spezifikation der genutzten Fähigkeiten resultiert. Es werden inbetriebnahmebezogene Aufwände in die Phase des Engineerings verlagert und somit die Verfügbarkeit der realen Anlage erhöht. Gelingt es, Fähigkeiten durch ein abgestimmtes Engineering und eine universelle Prozessabbildung umfänglich d. h. unternehmensweit umzusetzen, können Anlagenkonzepte übertragbar gestaltet und skalierbar vorgehalten werden. Dies entspricht einer Weiterentwicklung des Konzepts in Richtung wandlungsfähiger bzw. universeller Montagesystemtechnik.

Am Beispiel der zur Validierung verwendeten Demonstrationsanlage können weitere wandlungsbefähigende Systemeigenschaften wiedergefunden werden.

- **Modularität:** Die Zelle verwendet Werkzeugwechselsysteme mit standardisierter Schnittstelle, durch die Endeffektortechnik der Roboterkinematik automatisiert ausgetauscht werden kann. Dies ermöglicht ein vereinfachtes Einbringen neuer robotergeführter Prozesstechnik. Durch die freie Bewegungsprogrammierbarkeit des Roboters können darüber hinaus bereitgestellte Prozessstationen im Arbeitsraum erreicht und in den Ablauf eingebunden werden. In Bezug auf die Integration in die automatisierte Prozessplanung ist eine Bereitstellung eines zugehörigen Prozessmodells notwendig, das die vorgesehenen Schnittstellen zur interaktiven Parametereingabe implementiert.
- **Universalität:** Mithilfe einer stößelbasierten Aufspannvorrichtung können beliebige Objektkonturen abgeformt und aus einer Kombination aus Kraft- und Formschluss zur Montage fixiert werden. Zudem wurde ein Greifsystem mit Fingerwechsel entwickelt, das die Greifmöglichkeiten über einen breiten Objektdurchmesserbereich ausdehnt. Beide Systemeigenschaften ermöglichen es dem Bediener, Objektorientierungen und Fügerichtungen – beschränkt durch die Erreichbarkeit durch die Roboterkinematik – frei wählen zu können. Das entwickelte mitbewegte Schraubwerkzeug mit integriertem Schraubengreifer und wechselbarem Bitaufsatz dient ebenso der Abbildung universeller Prozesstechnik, die mit minimiertem Rüstaufwand auf neue Anwendungsfälle angepasst werden kann.
- **Skalierbarkeit und Mobilität:** Durch die Kombination aus modularen und universellen Eigenschaften resultiert ein Produktionsmittel, das aus Produktionsplanungssicht kurzfristig dazu befähigt werden kann, Produktionsspitzen in der Montage aufzunehmen oder umgewidmet werden kann, wenn es nicht mehr benötigt wird und in andere Produktionsbereiche verlagert werden kann. Das in die Zelleneinheit integrierte Interaktionsverfahren ermöglicht in diesem Zusammenhang die ortsflexible Automatisierbarkeit. Mit zunehmender Verbreitung können derartige Anlagenkonzepte zur wirtschaftlichen Schließung der Lücke zwischen rein manueller Montage und vollständiger Automatisierung beitragen.
- **Kompatibilität:** In Bezug auf die Anwendbarkeit des vorgeschlagenen Konzeptes sind insbesondere informationstechnische Kompatibilitätseigenschaften zu berücksichtigen (vgl. Modellkontext). Es wurde eine komplementäre Kombination

konstruktions- und simulationsorientierter Modellstandards gewählt, die durch montage- und interaktionsspezifische Modellaspekte angereichert werden können.

6.3.3 Technische Machbarkeit

Technical feasibility

Die im Rahmen der Forschungsprojekte AutoMontEx und MoDemo durchgeführten Erprobungen an Testbaugruppen haben gezeigt, dass die Verfahrenskette aus Kontextmodellierung – Ablaufdemonstration – automatisierter Prozessplanung – Prozessausführung zur erfolgreichen Montageautomatisierung führt [BREC13b, BREC13c, BREC14a, BREC14b, BREC15, BREC17, BREI13, ECKE17]. In Bezug auf die Einzelverfahren konnten jedoch Einschränkungen bzw. Limitationen festgestellt werden, die nachfolgend beschrieben werden.

Sensorische Prozesserfassung

Während die Bewegungssensorik allgemein zu sehr zuverlässiger Erfassung von Bedienerbewegungen führt, wurden bei der verwendeten Greifsensorik stark bediener- und situationsabhängige Ergebnisse erzielt. So befinden sich die 8 Sensoren des Armbands bei mehrmaligem Aufziehen nicht immer an derselben Stelle des Unterarms und messen somit die Muskelaktivitäten aus unterschiedlichen Konfigurationen. Dies schränkt die Vergleichbarkeit der Ergebnisse ein. Zudem hat die Armphysiologie wie auch eine unterschiedlich ausgeprägte Behaarung des Anwenders einen Einfluss auf die Rohdatengewinnung.

Im Vergleich zu alternativen Verfahren, wie z. B. der Nadelelektromyographie ist die Oberflächenelektromyographie weniger aussagekräftig, da es nur die Summe aller Potentiale der Muskeln misst. Da sich einzelne Muskeln überlagern können, kann dies zu einer Fehlinterpretation der Ergebnisse führen. Ein Rückschluss darauf, welche Kontraktion für einen Ausschlag der Werte eines bestimmten Sensors verantwortlich ist, ist nicht direkt gegeben. In Bezug auf den vorgesehenen Einsatzzweck – der Greiferkennung von Montageobjekten – wurde eine Abhängigkeit zur Greifobjektgröße festgestellt. Während größere Greifobjekte zu ausgeprägteren Greifbewegungen und einhergehend stärkerer Muskelaktivität führen, ist die Greiferkennung bei kleinen Montageobjekten fehleranfällig.

Zur Kompensation der benutzerspezifischen Erkennungsgenauigkeit können anwendungsnahe Kalibriergesten genutzt werden, um ein individuelles Nutzerprofil zu hinterlegen. Weiterhin sollte das Armband während der Nutzung nicht verdreht oder verschoben werden.

Die zur Erkennungsverifikation genutzte Vision-Technik ist in der Lage, (Teil-)Montagen zuverlässig anhand ihrer 3D-CAD-Modelldaten zu erkennen. Als Teil der direkten Feedback-Schleife zwischen Bedienerdemonstration und virtueller Rekonstruktion hat sich der hohe Rechenaufwand und der damit einhergehende Zeitverzug jedoch als störend herausgestellt. So gelingt es dem Bediener selbst schneller, Fehlerkennungen anhand der 3D-Darstellung des Touch-UI zu erkennen, notwendige Korrekturen vorzunehmen oder einen Arbeitsschritt nochmals zu demonstrieren.

In Bezug auf die verwendete Sensorkombination besteht somit ein Vereinfachungspotenzial, das die Anwendbarkeit des Verfahrens positiv beeinflussen kann.

Weiterhin ist durch den verwendeten agentenbasierten Evaluationsansatz eine Erweiterbarkeit der Prozesserkennung gegeben. Je nach zu erfassendem Prozess ist zu prüfen, ggf. andere Sensortechnik einzubinden. Durch eine Adaption des zur Sensordatenfusion genutzten Interaktionskontextes und der Implementierung weiterer Agententypen können ihre Signale während der Montageerkennung Berücksichtigung finden.

Kollisionsfreie Bahnplanung

Die Planungsautomatisierung roboterbasierter Montagebewegungen befreit den Bediener von spezifischen Aufgaben der Roboterprogrammierung, die erhöhte Vorkenntnisse und Erfahrung voraussetzen. Hierzu zählen u. a.

- die Planung und Verknüpfung von Programmstrukturen,
- die Gliederung von Bewegungsbahnen durch geeignete Stützposen,
- die Wahl eines geeigneten Interpolationsverfahrens,
- die Festlegung des Überschleifverhaltens oder
- die Optimierung weiterer Bewegungsparameter.

Durch die Einteilung in statisch hinterlegte bzw. flexibel zu planende Bewegungen sowie der Definition montageorientierter Teilprozesse können hilfreiche Planungsrandbedingungen abgeleitet werden, vgl. Kapitel 6.2.2. Dabei hat sich der Sampling-basierte Bewegungsplanungsansatz als zuverlässiges Lösungsverfahren erwiesen.

Je nach Anlagengestaltung und Montageobjektzuführung kann der Planungsaufwand aufgrund der Kombinatorik insbesondere bei Bereitstellung in Rastern mit großer Objektanzahl und einhergehend vielen Greifpositionen stark ansteigen. Ein erneutes Planen für jede Objektposition ist hier nicht zielführend, sondern erfordert die Entwicklung eines effizienteren Vorgehens z. B. durch Feinplanung von Randpositionen und Interpolation der Zwischenstellen.

Stark beengte Kollisionsumgebungen führen ebenfalls zu einer Komplexitätserhöhung der Bewegungsplanung. Sie resultieren meist in Bewegungen mit hoher Anzahl von Stützpunkten, die durch die Roboterkinematik nur mit niedriger Bahngeschwindigkeit ausgeführt werden können. Validierte Lösungen sind somit nicht notwendigerweise effizient. Zudem findet der Suchalgorithmus in besonders ungünstigen Situationen nicht immer eine geschlossene Bewegungsbahn. Durch eine optimierte Arbeitsraumgestaltung mit wenigen Kollisionskörpern können der Planungserfolg und die sich einstellende Zykluszeit positiv beeinflusst werden.

Ablaufausführung

Bei der Übertragung vollständig geplanter Arbeitspläne auf die Demonstrationsanlage treten Abweichungen zwischen virtuellem Planungskontext und realem Zellenaufbau offen zutage. Zur Kompensation wird ein mitbewegtes Kamerasystem am Endeffektor der Roboterkinematik eingesetzt, das Lageabweichungen der jeweiligen Montageobjekte detektiert. Analog zur optischen Lageerfassung während der Prozesserfassung kommt es hierdurch häufig zu rechentechnisch bedingten Wartezeiten. Es ist daher anzustreben, den intermittierenden Einsatz der optischen Lagekorrektur stark zu begrenzen. Durch eine robuste Prozessgestaltung insbesondere an Objektübergabepositionen mit ausreichenden Zentrierflächen, Indexierungen oder Greiforganen, die Fehlpositionen während des Greifens ausgleichen, kann insbesondere bei der Einzelobjekthandhabung ggf. auf eine optische Überwachung verzichtet werden.

Die steuerungstechnische Umsetzung basiert u. a. auf der Schnittstelle zwischen einem Zellenrechner und der Robotersteuerung, durch die Operationen eines vorgegebenen Arbeitsplans durch ein definiertes Protokoll übertragen werden, vgl. Bild 6-21. Dieser Ansatz bietet die Flexibilität, Operationstypen ohne wiederholte Generierung steuerungsspezifischen Codes miteinander zu verknüpfen, indem er die Steuerung der Programmlogik auf den Zellenrechner verlagert, während die Robotersteuerung lediglich einzelne Kommandos ausführt. Dadurch kann die Robotersteuerung den Programmcode nicht mehr vorausschauend interpretieren (*look-ahead*) und diese Informationen zur Bahnsteuerung verwenden. Somit verliert die Robotersteuerung insbesondere ihre positiven Überschleifeigenschaften, die zur Realisierung konstant hoher Bahngeschwindigkeiten genutzt werden und helfen, die Zykluszeit zu reduzieren [BREC21].

7 Zusammenfassung und Ausblick

Summary and Outlook

7.1 Zusammenfassung

Summary

Die steuerungstechnische Inbetriebnahme und Rekonfiguration automatisierter Montageanlagen setzt eine umfangreiche Mitarbeiterschulung bezüglich der verwendeten Steuerungssysteme voraus. Dies ist mit einem hohen finanziellen und organisatorischen Aufwand für Anwenderunternehmen verbunden, um eigenes Inbetriebnahme- und Instandhaltungspersonal gezielt weiterzuentwickeln oder externe Spezialisten bedarfsgerecht operativ einzubinden. Zudem hemmen die resultierenden Abhängigkeiten den Montagebereich, da er die zur Verfügung stehenden automatisierungstechnischen Ressourcen nicht selbstständig, agil in Bezug auf sich verändernde Produktionsrahmenbedingungen, einsetzen kann. Es bestehen somit insbesondere für kleine und mittlere Unternehmen Hürden für die Einführung und weitere Verbreitung automatisierter Lösungen, die zu einer Steigerung der Produktivität beitragen können.

Die vorliegende Arbeit verfolgt daher das Ziel, ein intuitives, an die Kompetenzen von Montagemitarbeitern angepasstes Verfahren zum Einlernen neuer Montageabläufe zu entwickeln. Es greift das domänenspezifische Prozesswissen der Anwendergruppe auf und verwendet ihr bekannte Artefakte zur Interaktion, um sie in die Lage zu versetzen, Montageaufgaben an flexibel automatisierbare Anlagen abtreten zu können.

Der Ansatz beruht auf einer informationstechnischen Integration von vier Schritten:

1. der Modellierung des Szenenkontextes im Engineering von Montageprodukten und den benötigten Betriebsmittelressourcen,
2. der Interaktion des Montagemitarbeiters mit der Montageanlage zur Ablaufdefinition unter Berücksichtigung des Modellkontextes (*digital twin*),
3. der automatisierten Prozessplanung, die die Vorgaben des Bedieners in anlagenspezifische Steuerungsbefehle überträgt und
4. der Ausführung flexibel geplanter Abläufe.

Dabei liegt der Schwerpunkt und wesentliche Beitrag der Arbeit in der Ausgestaltung der Interaktionsschnittstelle, die das Konzept des *Programming by Demonstration* aufgreift, indem Bediener zu automatisierende Arbeitsschritte demonstrativ ausführen und dabei durch eine geeignete Sensorkombination erfasst werden. Die Erfassung basiert auf einem Tracking zur interaktionsparallelen, virtuellen Nachbildung der Bedienerhandlungen sowie der Wiedererkennung definierter Montagegrundmuster. Durch die unmittelbare visuelle Rückmeldung erkannter Montageschritte resultiert eine direkte Feedbackschleife, die es Bedienern ermöglicht, Abläufe zu validieren und Prozessparameter iterativ anzupassen.

Die Entwicklung des Tracking-Verfahrens zeigt, dass optische Verfahren im Kontaktbereich von Montageobjekten und Bedienerextremitäten ungeeignet für eine kontinuierliche Erfassung sind. Daher wird eine mobile Greifsensorik auf EMG-Basis implementiert, die Signaldaten über die Muskelaktivität des Bedieners nutzt, um den Greifzustand der Hände zu ermitteln. In Verbindung mit Messdaten einer makroskopisch wirkenden, optischen Bewegungssensorik können Bedienerhandlungen und Objektbewegungen der Montage erfolgreich abgebildet werden. Weiterhin wird eine modellgestützte Bildverarbeitungslösung integriert, die eine Validierung registrierter Objektbewegungen und nachträgliche Feinpositionierung ermöglicht. Im Rahmen von Erprobungen konnten quantitative Parametersätze für ein fehlerarmes Tracking bestimmt werden.

Zur Ableitung von Arbeitsschritten werden kugelförmige Ereignisbereiche in einem virtuellen, dreidimensionalen Interaktionsraum definiert, die den realen, zur Interaktion genutzten Artefakten sowie den nachverfolgten Bedienerhänden entsprechen. Bei Annäherung von Ereignisbereichen werden Aktionen ausgelöst, die eine Identifikation und Spezifikation der Montageprozesse anstoßen. Die Interpretation der Sensordaten basiert auf einem Multiagenten-Ansatz sowie einer ereignisgesteuerten Architektur. Zum Informationsaustausch nutzen die implementierten Agententypen ein vorgeschlagenes Kommunikationsprotokoll. Durch den offen und generisch gestalteten Informationsfluss wird eine Erweiterbarkeit um weitere Montagefunktionen und Sensoriken ermöglicht.

Es erfolgte eine Anwendung des Konzeptes für eine Demonstrationsanlage, die über ein flexibel programmierbares Robotersystem und flexibel bzw. universell nutzbare Funktionsmodule zur Montage verfügt. Anhand einer repräsentativen Baugruppe wurden alle Inbetriebnahmeschritte (1-4) exemplarisch durchlaufen und ihre Integration im Rahmen eines umfassenden Überbaus dargestellt. Aus der Anwendung konnten Gestaltungsvorschläge in Bezug auf die Einbindung der Interaktionsschnittstelle in einen Anlagenverbund bestimmt werden.

Die abschließende Bewertung charakterisiert den ausgestalteten Inbetriebnahmeansatz in seiner Wirkung auf den interagierenden Bediener (Usability) und die erreichte Flexibilität für die Montageorganisation. Zudem liefert sie eine Einschätzung über die Leistungsfähigkeit der technischen Lösungsbestandteile.

7.2 Ausblick

Outlook

Aufbauend auf den Ergebnissen der vorliegenden Arbeit können weitere Aspekte des vorgeschlagenen Ansatzes in den Fokus genommen werden. So umfassen die zur Interaktion genutzten Engineering-Daten der Montageobjekte und Anlagenressourcen Feature-Informationen, die manuell durch den Planungsingenieur im jeweils verwendeten Werkzeug definiert und exportiert werden müssen. Dieser Prozess ist zeitaufwendig und fehleranfällig, da er das Einhalten von Modellierungskonventionen auf

Einzelobjektebene voraussetzt und mögliche Inkompatibilitäten erst bedeutend später im Objektverbund erkannt werden können. Durch einen umfassenden Ansatz zur automatisierten Feature-Erkennung in 3D-CAD-Modellen besteht ein großes Potential, eine breite Modellbasis mit geringem manuellem Aufwand zu schaffen. Die Verfügbarkeit einer automatisierten Lösung könnte zudem die Hürden zur Adaption des Interaktionsverfahrens reduzieren.

Ein weiterer Aspekt, der einer vertieften Betrachtung bedarf, betrifft die automatisierte Planung der Montageprozesse. In der vorgestellten Ausprägung untersucht die Lösung jede Planungsaufgabe für vorgegebene Start- und Zielzustände weitgehend isoliert. Dabei ließe sich die Planungseffizienz durch Wiederverwendung bereits gelöster Teilaufgaben ggf. bedeutend steigern. Durch Abstraktion und Standardisierung könnten anlagenspezifische Planungen übertragbar werden und der Rechenaufwand je Montageaufgabe weiter gesenkt werden. Aus der Perspektive des Anlagenlieferanten könnten derartige Leistungen zukünftig als Servicemodell „as-a-service" bereitgestellt werden. In diesem Zusammenhang schließen sich weitere Problemstellungen zur skalierbaren informationstechnischen Umsetzbarkeit an.

Als Alternative zum sequenziellen Vorgehen aus Interaktion, Planung und Ausführung kann die demonstrationsbasierte Interaktionsschnittstelle für MRK-fähige Robotersysteme adaptiert werden, bei denen der Bediener während der Ausführungsphase, d. h. während der produktiven Montage mit dem Roboter kollaboriert. Durch das entwickelte Tracking ließe sich nachvollziehen, welche Montageschritte der Mitarbeiter jeweils ausführt. Das Anlagensystem könnte daraufhin entsprechende Unterstützungsfunktionen anbieten oder ergänzende Montageoperationen autonom ausführen und Ergebnisse an den Mitarbeiter übergeben. Hieraus ergeben sich insbesondere Fragen zur effizienten Interaktions- bzw. Dialoggestaltung und Gewährleistung eines rationalen Produktionsbetriebs.

Auf Ebene der Betriebsmittel bietet der realisierte Modellkontext des digitalen Zwillings weitere Möglichkeiten zur Datenauswertung im Anlagenlebenszyklus. Durch Aggregation mit historischen Zustandsdaten könnte der Zugriff auf prozessrelevante Informationen vereinfacht werden. So könnten beispielsweise Zykluszeitvariationen, Qualitätsdaten oder der Ressourceneinsatz montagespezifisch aufgezeichnet und bei zukünftigen Planungen zur Optimierung berücksichtigt werden. Weiterhin könnte der Mitarbeiter transparent über Leistungsdaten informiert werden, sodass die Auswirkungen auf relevante Unternehmenskennzahlen abschätzbar werden.

Summary and Outlook

The commissioning and reconfiguration of control systems for automated assembly systems requires extensive employee training in the specific control systems used. This is associated with a high financial and organizational effort for enterprises in order to further develop their own commissioning and maintenance personnel or to integrate external specialists according to operational needs. In addition, the resulting dependencies inhibit the assembly division, since it cannot use the available automation resources independently and agilely in response to changing production conditions. This means that small and medium-sized enterprises in particular face obstacles to the introduction and wider adoption of automated solutions that can contribute to an increase in productivity.

The present thesis therefore pursues the goal of developing an intuitive method for teaching new assembly processes that is tailored to the competences of assembly workers. It utilizes the domain-specific process knowledge of the user group and uses familiar artifacts for interaction in order to enable users to delegate assembly tasks to equipment that can be flexibly automated.

The approach is based on the integration of four steps:

1. the modeling of a scene context during the engineering of assembly products and the required operation resources,
2. the interaction of a worker with the assembly system for process definition, respecting the model context (digital twin),
3. the automated process planning, which transfers the operator's inputs into plant-specific control commands, and
4. the execution of flexibly planned operations.

The main focus and contribution of the work is the design of the interaction interface, based on the concept of programming by demonstration, in which the operator demonstratively executes actions to be automated and is recorded by a combination of sensors. The capturing process is based on a parallel user tracking, virtual replication of the operator actions as well as the recognition of defined basic assembly patterns. The immediate visual feedback of recognized assembly steps results in a direct feedback loop that enables operators to validate assembly sequences and iteratively adjust process parameters.

The development of the tracking method shows that optical methods in the area of contact between assembly objects and the operator's hands are unsuitable for continuous detection. Therefore, a portable EMG-based gripping sensor system is implemented, which uses signal data on the operator's muscle activity to determine the gripping state of the hands. In combination with the positioning data of a macroscopic optical motion sensor, operator actions and assembly object motions can be successfully mapped. Furthermore, a model-based image processing solution is integrated, which enables the validation of registered object motions and subsequent fine positioning. During trials, quantitative parameter sets for low error tracking have been determined.

To derive working steps, spherical event volumes are defined in a virtual, three-dimensional interaction space, corresponding to real-world artifacts used for interaction as well as to tracked operator hands. When event volumes are approached, actions are triggered that initiate identification and specification of assembly processes. The interpretation of sensor data is based on a multi-agent approach as well as an event-driven architecture. For information exchange, the implemented agent types use a proposed communication protocol. The open and generic design of the information flow makes it possible to extend the system with additional assembly functions and sensors.

The concept was applied to a demonstration system with a flexibly programmable robot system and flexible and universal functional modules for assembly. Using a typical assembly, all commissioning steps (1-4) were exemplarily carried out and their integration was shown within the over-arching framework. Based on the application, it was possible to determine design recommendations with regard to the integration of the interaction interface into an automation system.

The final evaluation characterizes the designed commissioning approach in terms of its effect on the interacting operator (usability) and the achieved flexibility for the assembly organization. It also provides a performance assessment of the solution's technical building blocks.

Building on the results of the present work, further aspects of the proposed approach can be brought into focus. For example, the engineering data of the assembly objects and plant resources used for interaction includes feature information that has to be defined and exported manually by the planning engineer in the respective tool used. This process is time-consuming and error-prone because it requires adherence to modeling conventions at the individual object level and possible incompatibilities can only be detected significantly later when the objects are assembled. Through a comprehensive approach to automated feature recognition in 3D CAD models, there is significant potential to create a wide model base with little manual effort. The availability of an automated solution could also reduce the barriers to adopting the interaction method.

Another aspect that requires more in-depth analysis is the automated planning of assembly processes. In the presented form, the solution evaluates each planning task for predefined start and target states mostly independently from each other. The planning efficiency could be significantly increased by reusing already solved subtasks. Abstraction and standardization could make plant-specific planning transferable and help to further reduce the computational effort per assembly task. From the perspective of the equipment supplier, such services could be provided as an "as-a-service" service model in the future. In this context, there are further problems concerning its feasibility.

As an alternative to the sequential approach of interaction, planning and execution, the demonstration-based interaction interface can be adapted for direct human-robot collaboration in which the operator teams up with the robot during the execution phase. The developed tracking solution allows to track which assembly steps the operator is performing at any given time. The plant system could then offer appropriate support functions or autonomously perform auxiliary assembly operations and transfer results to the employee. This raises questions about efficient interaction and dialog design and about ensuring rational production operations.

At the level of operating resources, the realized model context for the digital twin offers further opportunities for data evaluation in the equipment life cycle. Aggregation with historical condition data could simplify the access to process-relevant information. For example, cycle time variations, quality data or equipment utilization could be captured on an assembly-specific basis and considered in future planning for optimization. Furthermore, the employee could be informed transparently about performance data, so that the effects on relevant key performance indicators can be estimated.

8 Literaturverzeichnis

References

[3DSY18] 3D Systems Inc.: Haptic Devices, 3D Systems Inc., 2018

[ABBA22] GmbH, ABB Automation: Arc Welding software. URL: https://new.abb.com/products/robotics/application-software/arc-welding [abgerufen am 31.10.2023]

[ABOU98] Abouaf, J: Trial by Fire: Teleoperated Robot Targets Chernobyl. In: IEEE Computer Graphics and Applications vol. 18. Los Alamitos, CA, USA, IEEE Computer Society, 1998, Nr. 04, pp. 10–14

[ADVA22] Advanced Realtime Tracking GmbH & Co. KG: Website. URL: https://ar-tracking.com/de/produktprogramm/produkte-verbindung-mit-der-software-dtrack [abgerufen am 31.10.2023]

[AHME20] Ahmed, Shahzad; Cho, Sung Ho: Hand gesture recognition using an IR-UWB radar with an inception module-based classifier. In: Sensors (Switzerland) Bd. 20, 2020, Nr. 2

[AHME21] Ahmed, Shahzad; Wang, Dingyang; Park, Junyoung; Cho, Sung Ho: UWB-gestures, a public dataset of dynamic hand gestures acquired using impulse radar sensors. In: Scientific Data Bd. 8, Springer US, 2021, Nr. 1, S. 102

[AHRE15] Ahrens, D.; Gorldt, C.: Die vierte industrielle Revolution - die Implementierung hat begonnen. In: bwp@-Berufs-und Wirtschaftspädagogik online, Spezial vol. 8, 2015

[ARGA09] Argall, Brenna D.; Chernova, Sonia; Veloso, Manuela; Browning, Brett: A survey of robot learning from demonstration. In: Robotics and Autonomous Systems vol. 57, Elsevier B.V., 2009, Nr. 5, pp. 469–483 — ISBN 0921-8890

[AJAY22] Ajaykumar, Gopika; Steele, Maureen; Huang, Chien Ming: A Survey on End-User Robot Programming. In: ACM Computing Surveys vol. 54, 2022, Nr. 8

[AMES97] Ames, Andrea L; Nadeau, David R; Moreland, John L: The VRML 2.0 sourcebook, John Wiley & Sons, Inc., 1997

[ANAN96] Anantha, Ram; Kramer, Glenn A.; Crawford, Richard H.: Assembly modelling by geometric constraint satisfaction. In: Computer-Aided Design vol. 28, 1996, Nr. 9, pp. 707–722

[ANDR14] Andriluka, Mykhaylo; Pishchulin, Leonid; Gehler, Peter; Schiele, Bernt: 2D human pose estimation: New benchmark and state of the art analysis. In: Proceedings of the IEEE Computer Society Conference on Computer

Vision and Pattern Recognition, 2014, pp. 3686–3693 — ISBN 9781479951178

[AZAD09] Azad, Pedram; Asfour, Tamim; Dillmann, Rüdiger: Combining Harris interest points and the SIFT descriptor for fast scale-invariant object recognition. In: 2009 IEEE/RSJ International Conference on Intelligent Robots and Systems, IROS 2009, 2009, pp. 4275–4280 — ISBN 9781424438044

[BADE14] Bader, Sebastian; Aehnelt, Mario: Tracking Assembly Processes and Providing Assistance in Smart Factories. In: Proceedings of the 6th International Conference on Agents and Artificial Intelligence: SCITEPRESS - Science and and Technology Publications, 2014 — ISBN 978-989-758-015-4, pp. 161–168

[BARG21] Bargmann, Daniel; Tenbrock, Philipp; Halt, Lorenz; Nägele, Frank; Kraus, Werner; Huber, Marco F.: Unobstructed Programming-by-Demonstration for Force-Based Assembly Utilizing External Force-Torque Sensors. In: 2021 IEEE International Conference on Systems, Man, and Cybernetics (SMC) : IEEE, 2021 — ISBN 978-1-6654-4207-7, S. 119–124

[BART09] Bartneck, N; Klaas, V; Schönherr, H: Optimizing Processes with RFID and Auto ID, Wiley, 2009 — ISBN 9783895783302

[BART22] Bartel, Torsten; Quint, Gesine: usability.de - Usability-Glossar. URL: https://www.usability.de/usability-user-experience/glossar.html [abgerufen am 31.10.2023]

[BAUE14] Bauernhansl, T.; ten Hompel, M.; Vogel-Heuser, B. (eds.): Industrie 4.0 in Produktion, Automatisierung und Logistik. Wiesbaden, Springer Fachmedien Wiesbaden, 2014 — ISBN 978-3-658-04681-1

[BAUE16] Bauer, Wilhelm; Bender, Manfred; Braun, Martin; Rally, Peter; Scholtz, Oliver: Leichtbauroboter in der manuellen Montage – einfach EINFACH anfangen. Erste Erfahrungen von Anwenderunternehmen. In: Fraunhofer IAO, 2016, p. 63

[BECH14] Bechmann, Sascha: Beatrice Primus. 2012. Semantische Rollen. In: Zeitschrift für Rezensionen zur germanistischen Sprachwissenschaft vol. 6, 2014, Nr. 1–2, pp. 5–9

[BERG17] Berg, Julia; Reinhart, Gunther: An Integrated Planning and Programming System for Human-Robot-Cooperation. In: Procedia CIRP vol. 63, The Author(s), 2017, pp. 95–100

[BERN22] Berndt, Dirk; Sauer, Steffen; Trostmann, Erik; Haase, Tina; Hauptvogel, Matthias: Adaptive Produktionsmittel für sich verändernde Bedingungen vol. 70, Walter de Gruyter GmbH, 2022, Nr. 6, pp. 569–579

[BESL92] Besl, P.J.; McKay, N.D.: A Method for Registration of 3-D Shapes. In: IEEE Transactions on pattern analysis and machine intelligence, Published by the IEEE Computer Society, 1992, pp. 239–256

[BIER09] Bierfreund, Barbara; Kutter, Sabine: Aus- und Weiterbildung für bedarfsgerechte Investitionsentscheidungen und wirtschaftliche Nutzung von Roboterlösungen in KMU, SMErobot, 2009

[BILE19] Bilesan, A; Behzadipour, S; Tsujita, T; Komizunai, S; Konno, A: Markerless Human Motion Tracking Using Microsoft Kinect SDK and Inverse Kinematics. In: 2019 12th Asian Control Conference (ASCC), 2019, pp. 504–509

[BISC02] Bischoff, Rainer; Kazi, Arif; Seyfarth, Markus: The MORPHA style guide for icon-based programming. In: Proceedings - IEEE International Workshop on Robot and Human Interactive Communication, 2002, pp. 482–487 — ISBN 0780375459

[BISC05] Bischoff, Christian; Schulte-Mattler, Wilhelm Johannes; Conrad, Bastian: Das EMG-Buch: EMG und periphere Neurologie in Frage und Antwort, Georg Thieme Verlag, 2005

[BISH07] Bishop, Christopher M.: Pattern Recognition and Machine Learning, 2007

[BLUM14] Blume, Jürgen: Methoden und Anwendungen zur intuitiven Mensch-Roboter-Interaktion, 2014

[BOSC10] Bosché, Frédéric: Automated recognition of 3D CAD model objects in laser scans and calculation of as-built dimensions for dimensional compliance control in construction. In: Advanced Engineering Informatics vol. 24, 2010, Nr. 1, pp. 107–118 — ISBN 14740346

[BOSS07] Bossmann, Marc: Feature-basierte Produkt- und Prozessmodelle in der integrierten Produktentstehung, 2007

[BOUR00] Bourke, Paul: PLY. Polygon File Format. URL: http://paulbourke.net/dataformats/ply/ [abgerufen am 31.10.2023]

[BOYA16] Boyali, Ali; Hashimoto, Naohisa; Matsumoto, Osamu: Hand posture and gesture recognition using MYO armband and spectral collaborative representation based classification. In: 2015 IEEE 4th Global Conference on Consumer Electronics, GCCE 2015, 2016, pp. 200–201 — ISBN 9781479987511

[BRAC11] Bracht, Uwe; Geckler, Dieter; Wenzel, Sigrid: Digitale Fabrik. Springer Berlin Heidelberg, 2011 — ISBN 978-3-540-89038-6

[BRAD12] Bradshaw, Jeffrey M.; Dignum, Virginia; Jonker, Catholijn; Sierhuis, Maarten: Human-agent-robot teamwork. In: IEEE Intelligent Systems vol. 27, IEEE, 2012, Nr. 2, pp. 8–13

[BRAN17] Brandl, Christopher; Brecher, Christian; Czerniak, Julia; Hellig, Tobias; Mertens, Alexander; Schlick, Christopher M.; Sittig, Simon: Multimodale, aufgabenorientierte Bediensysteme zur flexiblen und nutzerzentrierten Mensch-Maschine-Interaktion an Produktionsmaschinen. vol. 59, 2017

[BREC06] Brecher, Christian; Schröter, Ben: Porthos - Portable Handhabungssysteme für den ortsflexiblen Einsatz in der Produktion, 2006

[BREC13a] Brecher, Christian; Königs, Michael; Lohse, Wolfram: Ein STEP- und STEP-NC-basiertes PLM-System. In: Zeitschrift für wirtschaftlichen Fabrikbetrieb vol. 108, 2013, Nr. 11, pp. 872–877

[BREC13b] Brecher, Christian; Breitbach, Thomas; Ecker, Christian; Lohse, Wolfram: Environment sensing for the creation of work cell models. In: Production Engineering vol. 7, 2013, Nr. 2–3, pp. 329–338

[BREC13c] Brecher, Christian; Özdemir, Denis; Ecker, Christian; Eilers, Jan; Lohse, Wolfram: Modellbasierte Rekonfigurierbarkeit: Planungssystematik für Montagesysteme auf Basis von Strukturmodellen und physikbasierter Simulation. In: wt Werkstattstechnik online vol. 2, 2013, Nr. 103, pp. 157–161

[BREC14a] Brecher, Christian; Ecker, Christian; Storms, Simon; Lohse, Wolfram: Unterstützung für die Inbetriebnahme von Montagerobotern: Adaption des Step-NC-Modells für Montageaufgaben zur Integration der Werkzeugkette. In: wt Werkstattstechnik online vol. 9, 2014, Nr. 104, pp. 522–528

[BREC14b] Brecher, Christian; Storms, Simon; Ecker, Christian; Lohse, Wolfram: Verwaltung erweiterter Montageinformationen im Produktlebenszyklus. In: Zeitschrift für wirtschaftlichen Fabrikbetrieb: ZWF vol. 11, 2014, Nr. 109, pp. 801–804

[BREC15] Brecher, Christian; Ecker, Christian; Herfs, Werner: Montageautomatisierung flexibler gestalten: Sensordatenfusion für schnelles Einlernen neuer Abläufe. In: Atp-Edition: automatisierungstechnische Praxis vol. 12, 2015, Nr. 57, pp. 48–56

[BREC17] Brecher, C.; Ecker, C.; Herfs, W.; Obdenbusch, M.; Jeschke, S.; Hoffmann, M.; Meisen, T.: The Need of Dynamic and Adaptive Data Models for Cyber-Physical Production Systems. In: Cyber-Physical Systems, Elsevier, 2017, pp. 321–338

[BREC21] Brecher, Christian; Weck, Manfred: Werkzeugmaschinen Fertigungssysteme 3. Berlin, Heidelberg, Springer Berlin Heidelberg, 2021 — ISBN 978-3-662-46568-4

[BREI13] Breitbach, Thomas; Ecker, Christian; Lohse, Wolfram; Brecher, Christian: Hybride Zellenmodelle für Industrieroboter: Kombination von Umgebungsscans und kinematischen Modellen für die virtuelle Inbetriebnahme. In: wt Werkstattstechnik online vol. 9, 2013, Nr. 103, pp. 699–705

[BREI15] Breitbach, Thomas: Effizienzsteigerung der Zellenmodellierung für Industrieroboter durch hybride Simulationsmodelle, RWTH Aachen University, Dissertation, 2015

[BRUN10] Bruns, Ralf; Dunkel, Jürgen: Event-Driven Architecture, Xpert.press. Berlin, Heidelberg, Springer Berlin Heidelberg, 2010 — ISBN 978-3-642-02438-2

[BULL96] Bullinger, H.-J.; Warschat, J. (eds.): Concurrent Simultaneous Engineering Systems. London, Springer London, 1996 — ISBN 978-1-4471-1479-6

[BURG00] Burges, Christopher J C: A Tutorial on Support Vector Machines for Pattern Recognition

[CHEN15] Chen, Chen; Jafari, Roozbeh; Kehtarnavaz, Nasser: Improving Human Action Recognition Using Fusion of Depth Camera and Inertial Sensors. In: IEEE Transactions on Human-Machine Systems vol. 45, IEEE, 2015, Nr. 1, pp. 51–61 — ISBN 2168-2291

[CHEN91] Chen, Y.; Medioni, G.: Object modeling by registration of multiple range images. In: Proceedings. 1991 IEEE International Conference on Robotics and Automation, IEEE Comput. Soc. Press, 1991, Nr. April, pp. 2724–2729 — ISBN 0-8186-2163-X

[CONR00] Conrad, Kevin L; Yih, T C: Robotic Calibration Issues: Accuracy, Repeatability and Calibration. In: 8th Mediterranean Conference on Control & Automation, 2000, Nr. July, pp. 17–19

[CORV20] Corves, Burkhard; Hüsing, Mathias; Bezrucav, Stefan; Detert, Tim; Lauwigi, Johanna; Lorenz, Michael; Mandischer, Nils; Schmitz, Markus; et al.: Robotik 4.0. In: Handbuch Industrie 4.0: Recht, Technik, Gesellschaft. Berlin, Heidelberg: Springer Berlin Heidelberg, 2020 — ISBN 9783662584743, pp. 569–589

[DARN22] Darnstaedt, Daniel A.; Ahrens, Antje; Richter-Trummer, Valentin; Todtermuschke, Marcel; Bocklisch, Franziska: Vorgehen zur Beschreibung von menschlichem Expertenwissen und kognitiven Prozessen beim Teach-in von Industrierobotern. In: Zeitschrift für Arbeitswissenschaft vol. 76, 2022, Nr. 1, pp. 34–49

[DIN12] Norm. DIN EN ISO 10218-2:2012-06. Industrieroboter - Sicherheitsanforderungen - Teil 2: Robotersysteme und Integration

[DIN17] Norm. DIN ISO/TS 15066:2017-04. Roboter und Robotikgeräte - Kollaborierende Roboter

[DIN20] Norm. DIN EN ISO 9241-110:2020-10. Ergonomie der Mensch-System-Interaktion - Teil 110: Interaktionsprinzipien

[DOSE12] Dose, Sven; Dillmann, Rudiger: Shop floor based programming of assembly assistants for industrial pick-and-place applications. In: 2012 IEEE/RSJ International Conference on Intelligent Robots and Systems: IEEE, 2012 — ISBN 978-1-4673-1736-8, pp. 4966–4971

[DRAH10] Draht, Rainer; Draht, R. (ed.): Datenaustausch in der Anlagenplanung mit AutomationML. Berlin, Heidelberg, Springer Berlin Heidelberg, 2010 — ISBN 978-3-642-04673-5

[ECKE17] Ecker, Christian; Brecher, Christian: Flexible Programmierung roboterbasierter Montageabläufe durch Demonstration. In: Brecher, C.; Krüger, J. ; Uhlmann, E. ; Verl, A. ; Klemm, P. ; Lechler, A. (eds.): Industrie 4.0 - Vision und Realität. Fortschritt-Berichte VDI. Aachen, Berlin, Stuttgart: VDI Verlag GmbH, 2017 — ISBN 978-3-18-369602-4, pp. 1–12

[EGER08] Egermeier, Hans: Entwicklung eines Virtual-Reality-Systems für die Montagesimulation mit kraftrückkoppelnden Handschuhen, 2008 — ISBN 978-3-8316-0833-1

[EIGN09] Eigner, Martin; Stelzer, Ralph: Product Lifecycle Management. Berlin, Heidelberg, Springer Berlin Heidelberg, 2009 — ISBN 978-3-540-44373-5

[FARO09] FARO: The FaroArm®, FARO Technologies, Inc., 2009

[FELD08] Feldhusen, Jörg; Gebhardt, Boris: Product Lifecycle Management für die Praxis. Berlin, Heidelberg, Springer Berlin Heidelberg, 2008 — ISBN 978-3-540-34008-9

[FOXJ05] Fox, Joachim; Janocha, Hartmut: Robotergestütztes Verfahren zur dynamischen Kalibrierung von Inertialmesssystemen. In: 19. Messtechnisches Symposium des Arbeitskreises der Hochschullehrer für Messtechnik e.V. (AHMT). Braunschweig, 2005, pp. 7–17

[FOXL98] Foxlin, Eric; Harrington, Michael; Altshuler, Yury: Miniature six-DOF inertial system for tracking HMDs. In: Helmet-and Head-Mounted Displays III. vol. 3362: International Society for Optics and Photonics, 1998, pp. 214–229

[FRÄN22] Fränken, Bastian: Standortrollen in Produktionsnetzwerken, RWTH Aachen University, Dissertation, 2022

[FRIE10] Friedrich, Thomas: Technologieorientiertes Programmier- und Steuerungssystem für Industrieroboter, 2010

[FRIE16] Friedrich, Christian; Lechler, Armin; Verl, Alexander: The control architecture RoViDiAsS - A robotic visual disassembly and assembly system. In: Proceedings of the IEEE International Conference on Industrial Technology. Bd. 2016-May : IEEE, 2016 — ISBN 9781467380751, S. 113–118

[FRIE17] Friedrich, Christian; Csiszar, Akos; Lechler, Armin; Verl, Alexander: Fast robot task and path planning based on CAD and vision data. In: IEEE/ASME International Conference on Advanced Intelligent Mechatronics, AIM : IEEE, 2017 — ISBN 9781509059980, S. 1633–1638

[FRIE18] Friedrich, Christian; Csiszar, Akos; Lechler, Armin; Verl, Alexander: Efficient Task and Path Planning for Maintenance Automation Using a Robot System. In: IEEE Transactions on Automation Science and Engineering Bd. 15, Institute of Electrical and Electronics Engineers Inc., 2018, Nr. 3, S. 1205–1215

[FRIE22] Friedrich, Christian; Gulde, Ralf; Lechler, Armin; Verl, Alexander: Maintenance Automation: Methods for Robotics Manipulation Planning and Execution. In: IEEE Transactions on Automation Science and Engineering, 2022

[GARR14] Garrido-Jurado, S.; Muñoz-Salinas, R.; Madrid-Cuevas, F. J.; Marín-Jiménez, M. J.: Automatic generation and detection of highly reliable fiducial markers under occlusion. In: Pattern Recognition vol. 47, Elsevier, 2014, Nr. 6, pp. 2280–2292 — ISBN 9781467383325

[GEEN19] Geenen, Aaron Karl Albert: Entwicklung eines teilautomatisierten Montagesystems für die Montage von kundenspezifischen Baugruppen durch die Mensch-Roboter-Kooperation, 2019

[GÖBE12] Göbel, Martin: Verfahren zur intuitiven Programmierung von Industrierobotern durch Demonstration, RWTH Aachen University, Dissertation, 2012

[GOTO13] Goto, Hiraki; Miura, Jun; Sugiyama, Junichi: Human-Robot Collaborative Assembly by On-line Human Action Recognition Based on an FSM Task Model. In: International Conference on Human-Robot Interaction - Workshop on Collaborative Manipulation, 2013, pp. 1–6

[GROS21a] Gross, Erwin: Methodik zur Gestaltung wertschöpfungsintegrierter Kompetenzentwicklung in der hybriden Montage, 2021

[GROS21b] Gross, Erwin; Siegert, Jörg; Miljanovic, Borislav; Tenberg, Ralf; Bauernhansl, Thomas: Design of Multimodal Interfaces in Human-robot Assembly for Competence Development. In: SSRN Electronic Journal, 2021, S. 2021

[GROT16] Groth, Christian: Online-Adaption und synchronisierte Ausführung einmalig demonstrierter Roboterverhalten, 2016

[GUXI16] Gu, Xiaochi; Zhang, Yifei; Sun, Weize; Bian, Yuanzhe; Zhou, Dao; Kristensson, Per Ola: Dexmo: An Inexpensive and Lightweight Mechanical Exoskeleton for Motion Capture and Force Feedback in VR. In: Proceedings of the 2016 CHI Conference on Human Factors in Computing Systems - CHI '16, 2016, pp. 1991–1995 — ISBN 9781450333627

[HAAG17] Haage, Mathias; Piperagkas, Grigoris; Papadopoulos, Christos; Mariolis, Ioannis; Malec, Jacek; Bekiroglu, Yasemin; Hedelind, Mikael; Tzovaras, Dimitrios: Teaching Assembly by Demonstration Using Advanced Human Robot Interaction and a Knowledge Integration Framework. In: Procedia Manufacturing vol. 11, The Author(s), 2017, Nr. June, pp. 164–173

[HALT18] Halt, Lorenz; Nägele, Frank; Tenbrock, Philipp; Pott, Andreas: Intuitive Constraint-Based Robot Programming for Robotic Assembly Tasks. In: Proceedings - IEEE International Conference on Robotics and Automation : IEEE, 2018 — ISBN 9781538630815, S. 520–526

[HANA18] Hanai, Ryo; Harada, Kensuke; Hara, Isao; Ando, Noriaki: Design of robot programming software for the systematic reuse of teaching data including environment model. In: ROBOMECH Journal vol. 5, Springer International Publishing, 2018, p. 21

[HASH08] Hashi, Shuichiro; Toyoda, Masaharu; Yabukami, Shin; Ishiyama, Kazushi; Okazaki, Yasuo; Arai, Ken Ichi; Kanetaka, Hiroyasu: Wireless magnetic motion capture system using multiple LC resonant magnetic markers with high accuracy. In: Sensors and Actuators, A: Physical vol. 142, 2008, Nr. 2, pp. 520–527 — ISBN 0924-4247

[HESS16] Hesse, Stefan: Grundlagen der Handhabungstechnik. München, Carl Hanser Verlag GmbH & Co. KG, 2016 — ISBN 978-3-446-44432-4

[HINR20] Hinrichsen, Sven; Bornewasser, Manfred: Veränderung der Gestaltungsparadigmen industrieller Montagearbeit. In: Informatorische Assistenzsysteme in der variantenreichen Montage. Berlin, Heidelberg : Springer Berlin Heidelberg, 2020, pp. 1–20

[HORN87] Horn, B.K.P.: Closed-form solution of absolute orientation using unit quaternions. In: Journal of the Optical Society of America A vol. 4, Optical Society of America, 1987, Nr. 4, pp. 629–642

[HORN88] Horn, Berthold K. P.; Hilden, Hugh M.; Negahdaripour, Shahriar: Closed-form solution of absolute orientation using orthonormal matrices. In: Journal of the Optical Society of America A vol. 5, 1988, Nr. 7, pp. 1127–1135

[HUAN15] Huang, Jiawei; Mori, Tsuyoshi; Takashima, Kazuki; Hashi, Shuichiro; Kitamura, Yoshifumi: IM6D: Magnetic Tracking System with 6-DOF Passive Markers for Dexterous 3D Interaction and Motion. In: ACM Transactions on Graphics (TOG) - Proceedings of ACM SIGGRAPH Asia 2015 vol. 34, 2015, Nr. 6, pp. 1–10 — ISBN 9781450339315

[HOKA06] Hokayem, Peter F.; Spong, Mark W.: Bilateral teleoperation: An historical survey. In: Automatica vol. 42, Pergamon, 2006, Nr. 12, pp. 2035–2057

[HSUY11] Hsu, Yung-Yuan; Tai, Pei-Hao; Wang, Min-Wen; Chen, Wen-Chin: A knowledge-based engineering system for assembly sequence planning. In: The International Journal of Advanced Manufacturing Technology vol. 55, 2011, Nr. 5–8, pp. 763–782 — ISBN 9781849964326

[HYVÖ00] Hyvönen, Ville; Pitkänen, Teemu; Tasoulis, Sotiris; Jääsaari, Elias; Tuomainen, Risto; Wang, Liang; Corander, Jukka; Roos, Teemu: Fast k-NN Search

[INSY18] InSystems Automation GmbH: Pick-to-Light (P2L) - Innovatives P2L-System mit Überwachungsfunktion, 2018

[ISO00a] Norm. ISO 15187:2000. Manipulating industrial robots — Graphical user interfaces for programming and operation of robots (GUI-R)

[ISO00b] Norm. ISO/PAS 17506:2012. Industrial automation systems and integration — COLLADA digital asset schema specification for 3D visualization of industrial data

[ISO20a] Norm. ISO 10303 Teil 238. Industrial automation systems and integration - Product data representation and exchange. Part 238: Application protocol: Application interpreted model for computerized numerical controllers

[ISO20b] Norm. ISO 10303 Teil 242. Industrial automation systems and integration - Product data representation and exchange - Part 242: Application protocol: Managed model-based 3D engineering

[JAEN19] Jaensch, Florian; Csiszar, Akos; Sarbandi, Janik; Verl, Alexander: Reinforcement learning of a robot cell control logic using a software-in-the-loop simulation as environment. In: Proceedings - 2019 2nd International Conference on Artificial Intelligence for Industries, AI4I 2019 : Institute of Electrical and Electronics Engineers Inc., 2019 — ISBN 9781728140872, S. 79–84

[JAEN20] Jaensch, Florian; Verl, Alexander: Virtual Commissioning Simulation as Reinforcement Learning Environment for Robot Cable Handling. In: Proceedings - 2020 3rd International Conference on Artificial Intelligence for Industries, AI4I 2020 : Institute of Electrical and Electronics Engineers Inc., 2020 — ISBN 9781728187013, S. 27–31

[JAIN96] Jain, A.K.; Jianchang Mao; Mohiuddin, K.M.: Artificial neural networks: a tutorial. In: Computer vol. 29, 1996, Nr. 3, pp. 31–44 — ISBN 0470021438

[JAKU18] Jakubiec, Beata: Application of Simulation Models for vol. 1, 2018, Nr. May, pp. 283–292

[JARO18] Jaroschinsky, Alexander: Problemlösungsbeitrag aus der wirtschaftswissenschaftlichen Theorie. In: Strategische Sanierung von Automobilzulieferern. Wiesbaden: Springer Fachmedien Wiesbaden, 2018, pp. 75–102

[KÄRC19] Kärcher, Susann; Bauernhansl, Thomas: Approach to generate optimized assembly sequences from sensor data. In: Procedia CIRP. Bd. 81 : Elsevier B.V., 2019, S. 276–281

[KARP14] Karpathy, Andrej; Toderici, George; Shetty, Sanketh; Leung, Thomas; Sukthankar, Rahul; Fei-Fei, Li: Large-Scale Video Classification with Convolutional Neural Networks. In: 2014 IEEE Conference on Computer Vision and Pattern Recognition: IEEE, 2014 — ISBN 978-1-4799-5118-5, pp. 1725–1732

[KATZ13] Katzenbach, Alfred; Handschuh, Sebastian; Vettermann, Steven: JT Format (ISO 14306) and AP 242 (ISO 10303): The Step to the Next Generation Collaborative Product Creation. In: IFIP Advances in Information and Communication Technology. vol. 411, 2013 — ISBN 9783642413285, pp. 41–52

[KAVR22] Kavraki Lab - Rice University: The Open Motion Planning Library. URL: https://ompl.kavrakilab.org [abgerufen am 31.10.2023]

[KERN21] Kern, Wolfgang: Modulare Produktion, 2021 — ISBN 9783658363000

[KIMY12] Kim, Young Min: Microsoft Kinect. Stanford, USA, 2012

[KLEE21] Kleemann, Florian C.; Frühbeis, Ronja: Resiliente Lieferketten in der VUCA-Welt, essentials. Wiesbaden, Springer Fachmedien Wiesbaden, 2021 — ISBN 978-3-658-34336-1

[KÖHL11] Köhler, Johannes; Pagani, Alain; Stricker, Didier: Detection and Identification Techniques for Markers Used in Computer Vision. In: Visualization of Large and Unstructured Data Sets - Applications in Geospatial Planning, Modeling and Engineering (IRTG 1131 Workshop), 2011, pp. 36–44 — ISBN 978-3-939897-29-3

[KOST12] Kostinger, M.; Hirzer, Martin; Wohlhart, Paul; Roth, Peter M.; Bischof, Horst: Large scale metric learning from equivalence constraints. In: 2012 IEEE Conference on Computer Vision and Pattern Recognition: IEEE, 2012 — ISBN 978-1-4673-1228-8, pp. 2288–2295

[KOUS19] Kousi, Niki; Gkournelos, Christos; Aivaliotis, Sotiris; Giannoulis, Christos; Michalos, George; Makris, Sotiris: Digital twin for adaptation of robots' behavior in flexible robotic assembly lines. In: Procedia Manufacturing vol. 28, Elsevier B.V., 2019, pp. 121–126

[KRIS98] Krishnan, Shankar; Pattekar, Amol; Lin, Ming; Manocha, Dinesh: Spherical shell: A higher order bounding volume for fast proximity queries. In: Robotics: The Algorithmic Perspective: 1998 Workshop on the Algorithmic Foundations of Robotics, 1998, pp. 177–190

[KUKA09] KUKA Roboter GmbH: KUKA KR 16-2. Technical Data Sheet. Augsburg, 2009

[KUKA10] KUKA Roboter GmbH: RobotSensorInterface. Technical Documentation. Augsburg, 2010

[KUKA22] KUKA Deutschland GmbH: KUKA.Gripper&SpotTech. URL: https://www.kuka.com/de-de/produkte-leistungen/robotersysteme/software/applikationssoftware/kuka_gripper_spottech [abgerufen am 31.10.2023]

[LAMB13] Lambrecht, Jens; Kleinsorge, Martin; Rosenstrauch, Martin; Krüger, Jörg: Spatial Programming for Industrial Robots through Task Demonstration. In: International Journal of Advanced Robotic Systems vol. 10, 2013, Nr. 5, p. 254 — ISBN 1729-8806

[LAMB14] Lambrecht, Jens: Natürlich-räumliche Industrieroboterprogrammierung auf Basis von Gesten und mobiler Augmented Reality, Technische Universität Berlin, Dissertation, 2014

[LANZ19] Lanza, Gisela; Ferdows, K.; Kara, Sami; Mourtzis, Dimitris; Schuh, Günther; Váncza, József; Wang, L.; Wiendahl, Hans Peter: Global production networks: Design and operation. In: CIRP Annals vol. 68, CIRP, 2019, Nr. 2, pp. 823–841

[LAUF91] Lauffs, H G: Bediengeräte zur 3D-Bewegungsführung: Ein Beitrag zur effizienten Roboterprogrammierung, Fortschritte der Robotik, Vieweg+Teubner Verlag, 1991 — ISBN 9783528064396

[LECH20] Lechler, Tobias; Fuchs, Jonathan; Sjarov, Martin; Brossog, Matthias; Selmaier, Andreas; Faltus, Florian; Donhauser, Toni; Franke, Jorg: Introduction of a comprehensive Structure Model for the Digital Twin in Manufacturing. In: 2020 25th IEEE International Conference on Emerging

Technologies and Factory Automation (ETFA). vol. 2020-Sept.: IEEE, 2020 — ISBN 978-1-7281-8956-7, pp. 1773–1780

[LEEB10] Lee, Byungsung; Chun, Junchul: Interactive manipulation of augmented objects in marker-less AR using vision-based hand interaction. In: ITNG2010 - 7th International Conference on Information Technology: New Generations, 2010, pp. 398–403 — ISBN 9780769539843

[LEED11] Lee, Dongheui; Ott, Christian: Incremental kinesthetic teaching of motion primitives using the motion refinement tube. In: Autonomous Robots vol. 31, 2011, Nr. 2–3, pp. 115–131 — ISBN 1051401192343

[LENZ08] Lenz, Claus; Nair, Suraj; Rickert, Markus; Knoll, Alois; Rösel, Wolgang; Gast, Jürgen; Bannat, Alexander; Wallhoff, Frank: Joint-action for humans and industrial robots for assembly tasks. In: Proceedings of the 17th IEEE International Symposium on Robot and Human Interactive Communication, RO-MAN, 2008, pp. 130–135 — ISBN 9781424422135

[LEUM13] Leu, Ming C.; ElMaraghy, Hoda A.; Nee, Andrew Y.C.; Ong, Soh Khim; Lanzetta, Michele; Putz, Matthias; Zhu, Wenjuan; Bernard, Alain: CAD model based virtual assembly simulation, planning and training. In: CIRP Annals vol. 62, CIRP, 2013, Nr. 2, pp. 799–822 — ISBN 0007-8506

[LIEB10] Liebelt, Joerg; Schmid, Cordelia: Multi-view object class detection with a 3d geometric model. In: 2010 IEEE Computer Society Conference on Computer Vision and Pattern Recognition. IEEE, 2010. S. 1688-1695.

[LIGH17] Lightbody, Peter; Krajník, Tomáš; Hanheide, Marc: A versatile high-performance visual fiducial marker detection system with scalable identity encoding. In: Proceedings of the Symposium on Applied Computing - SAC '17, 2017, pp. 276–282 — ISBN 9781450344869

[LIUJ18] Liu, Jun; Wang, Gang; Duan, Ling-Yu; Abdiyeva, Kamila; Kot, Alex C.: Skeleton-Based Human Action Recognition With Global Context-Aware Attention LSTM Networks. In: IEEE Transactions on Image Processing vol. 27, 2018, Nr. 4, pp. 1586–1599 — ISBN 978-1-5386-0457-1

[LOTT12] Lotter, Bruno; Wiendahl, Hans-Peter: Montage in der industriellen Produktion. Berlin, Heidelberg, Springer Berlin Heidelberg, 2012 — ISBN 978-3-642-29060-2

[MAKR14] Makris, Sotiris; Tsarouchi, Panagiota; Surdilovic, Dragoljub; Krüger, Jörg: Intuitive dual arm robot programming for assembly operations. In: CIRP Annals vol. 63, 2014, Nr. 1, pp. 13–16 — ISBN 0007-8506

[MARI14] Marin, Giulio; Dominio, Fabio; Zanuttigh, Pietro: Hand gesture recognition with leap motion and kinect devices. In: 2014 IEEE International Conference on Image Processing (ICIP) : IEEE, 2014 — ISBN 978-1-4799-5751-4, pp. 1565–1569

[MAUR06] Maurer, U; Smailagic, A.; Siewiorek, D.P.; Deisher, M.: Activity Recognition and Monitoring Using Multiple Sensors on Different Body Positions. In: International Workshop on Wearable and Implantable Body Sensor Networks (BSN'06) : IEEE, 2006 — ISBN 0-7695-2547-4, pp. 113–116

[MEND17] Mendez, I.; Hansen, B. W.; Grabow, C. M.; Smedegaard, E. J.L.; Skogberg, N. B.; Uth, X. J.; Bruhn, A.; Geng, B.; et al.: Evaluation of the Myo armband for the classification of hand motions. In: IEEE International Conference on Rehabilitation Robotics, 2017, pp. 1211–1214 — ISBN 9781538622964

[META22] Meta Motion: Motion Capture. Gypsy Motion Capture System. URL: http://metamotion.com/gypsy/gypsy-motion-capture-system-workflow.htm [abgerufen am 31.10.2023]

[MEYE06] Meyer, Ch; Schraft, R.D.: An Intuitive Teaching Method for Small and Medium Enterprises. In: Intelligent Production Machines and Systems: Elsevier, 2006 — ISBN 9780080451572, pp. 568–571

[MICH11] Michelson, By Brenda M; Links, Elemental: Event-Driven Architecture Overview 2011. In: Architecture, 2011

[MING18] Mingqiang, Yang; Kidiyo, Kpalma; Joseph, Ronsin: Robotic Machining from Programming to Process Control. In: Intech open vol. 2, 2018, p. 64 — ISBN 9789537619992

[MITR07] Mitra, Sushmita; Acharya, Tinku: Gesture Recognition: A Survey. In: IEEE Transactions on Systems, Man and Cybernetics, Part C (Applications and Reviews) vol. 37, 2007, Nr. 3, pp. 311–324 — ISBN 1094-6977 VO - 37

[MOLL15] Mollard, Yoan; Munzer, Thibaut; Baisero, Andrea; Toussaint, Marc; Lopes, Manuel: Robot programming from demonstration, feedback and transfer. In: IEEE International Conference on Intelligent Robots and Systems vol. 2015-Decem, 2015, pp. 1825–1831 — ISBN 9781479999941

[MORA14] Morato, Carlos W; Kaipa, Krishnanand N; Liu, Jiashun; Gupta, Satyandra K.: A Framework for Hybrid Cells That Support Safe and Efficient Human-Robot Collaboration in Assembly Operations. In: Volume 1A: 34th Computers and Information in Engineering Conference: ASME, 2014 — ISBN 978-0-7918-4628-5, p. V01AT02A078

[MULL07] Muller, M: Dynamic Time Warping. In: Information Retrieval for Music and Motion. vol. XVI. Berlin, Heidelberg: Springer Berlin Heidelberg, 2007 — ISBN 987-3-540-74047-6, pp. 69–84

[MURR05] Murray, J.; Van Ryper, W.: Wavefront OBJ file format summary, 2005

[MVTE21] MVTec Software GmbH: HALCON/HDevelop Operator-Referenz. München, 2021

[NÄGE18] Nägele, Frank; Halt, Lorenz; Tenbrock, Philipp; Pott, Andreas: A Prototype-Based Skill Model for Specifying Robotic Assembly Tasks. In: Proceedings - IEEE International Conference on Robotics and Automation : IEEE, 2018 — ISBN 9781538630815, S. 558–565

[NÄGE19] Nägele, Frank; Halt, Lorenz; Tenbrock, Philipp; Pott, Andreas: Composition and Incremental Refinement of Skill Models for Robotic Assembly Tasks. In: Proceedings - 3rd IEEE International Conference on Robotic Computing, IRC 2019 : Institute of Electrical and Electronics Engineers Inc., 2019 — ISBN 9781538692455, S. 177–182

[NETO10] Neto, Pedro; Norberto Pires, J.; Paulo Moreira, A.: High-level programming and control for industrial robotics: using a hand-held accelerometer-based input device for gesture and posture recognition. In: Industrial Robot: An International Journal vol. 37, 2010, Nr. 2, pp. 137–147 — ISBN 0143-991X

[NEUG97] Neugebauer, P.J.: Geometrical cloning of 3D objects via simultaneous registration of multiple range images. In: Shape Modeling and Applications, 1997. Proceedings., 1997 International Conference on shape modeling and applications: IEEE, 1997 — ISBN 0-8186-7867-4, pp. 130–139

[NGAN00] Ng, Andrew; Russell, Stuart: Algorithms for inverse reinforcement learning. In: Proceedings of the Seventeenth International Conference on Machine Learning vol. 0, 2000, pp. 663–670 — ISBN 1-55860-707-2

[NGUY15] Nguyen, The Duy; McFarland, Randy; Kleinsorge, Martin; Krüger, Jörg; Seliger, Günther: Adaptive Qualification and Assistance Modules for Manual Assembly Workplaces. In: Procedia CIRP vol. 26, 2015, pp. 115–120 — ISBN 22128271 (ISSN)

[NOBI17] Nobili, Simona; Camurri, Marco; Barasuol, Victor; Focchi, Michele; Caldwell, Darwin; Semini, Claudio; Fallon, Maurice: Heterogeneous Sensor Fusion for Accurate State Estimation of Dynamic Legged Robots. In: Robotics: Science and Systems XIII: Robotics: Science and Systems Foundation, 2017 — ISBN 978-0-9923747-3-0

[NYHU08] Nyhuis, Peter: Wandlungsfähige Produktionssysteme: heute die Industrie von morgen gestalten, 2008 — ISBN 9783939026969

[OIKO12] Oikonomidis, I; Kyriazis, N; Argyros, A. A.: Tracking the articulated motion of two strongly interacting hands. In: 2012 IEEE Conference on Computer Vision and Pattern Recognition: IEEE, 2012 — ISBN 978-1-4673-1228-8, pp. 1862–1869

[OBJE11] Object Management Group (OMG): Unified Modeling Language (OMG UML), Superstructure, Version 2.4.1, 2011

[PEDE14] Pedersen, Mikkel Rath; Herzog, Dennis Levin; Krüger, Volker: Intuitive skill-level programming of industrial handling tasks on a mobile manipulator. In: IEEE International Conference on Intelligent Robots and Systems, 2014, Nr. Iros, pp. 4523–4530 — ISBN 9781479969340

[POPP10] Poppe, Ronald: A survey on vision-based human action recognition. In: Image and Vision Computing vol. 28, 2010, Nr. 6, pp. 976–990 — ISBN 0262-8856

[PRAB13] Prabhu, Vinayak A.; Tiwari, Ashutosh; Hutabarat, Windo; Turner, Christopher: Monitoring and Digitising Human-Workpiece Interactions during a Manual Manufacturing Assembly Operation Using Kinect. In: Key Engineering Materials vol. 572, 2013, pp. 609–612 — ISBN 9783037858196

[PRAB14] Prabhu, Vinayak A.; Tiwari, Ashutosh; Hutabarat, Windo; Thrower, John; Turner, Christopher: Dynamic Alignment Control Using Depth Imagery for Automated Wheel Assembly. In: Procedia CIRP vol. 25, Elsevier B.V., 2014, Nr. C, pp. 161–168

[PRIG18] Priggemeyer, Marc; Losch, Daniel; Rossmann, Juergen: Interactive Calibration and Visual Programming of Reconfigurable Robotic Workcells. In: Advanced Intelligent Mechatronics (AIM), 2018 IEEE International Conference on, 2018, pp. 1396–1401 — ISBN 9781538618547

[RABB13] Rabbi, Ihsan; Ullah, Sehat: A survey on augmented reality challenges and tracking. In: Acta graphica: znanstveni časopis za tiskarstvo i grafičke komunikacije vol. 24, Acta Graphica doo, 2013, Nr. 1–2, pp. 29–46

[RAUT15] Rautaray, Siddharth S.; Agrawal, Anupam: Vision based hand gesture recognition for human computer interaction: a survey. In: AI Review vol. 43, 2015, Nr. 1, pp. 1–54 — ISBN 02692821 (ISSN)

[RICH98] Richardson, Tristan; Stafford-Fraser, Quentin; Wood, K.R.; Hopper, Andy: Virtual network computing. In: IEEE Internet Computing vol. 2, 1998, Nr. 1, pp. 33–38

[RICK16] Rickert, Markus; Perzylo, Alexander: Industrieroboter für KMU: Flexible und intuitive Prozessbeschreibung. In: Industrie Management vol. 32, 2016, Nr. 2, pp. 46–49

[RITT90] Ritter, Jack: An efficient bounding sphere. In: Graphics gems vol. 1, Academic Press San Diego, 1990, pp. 301–303

[ROET09] Roetenberg, Daniel; Luinge, Henk; Slycke, Per: Xsens MVN: full 6DOF human motion tracking using miniature inertial sensors. In: Xsens Motion Technologies BV, vol. 168, 2009, Nr. 4, pp. 1–7 — ISBN 9781595936349

[ROSC88] Roscoe, L: Stereolithography interface specification. In: America-3D Systems Inc vol. 27, 1988, Nr. 2020, p. 10

[ROSS09] Roßmann, Jürgen; Ruf, Henning; Schlette, Christian: Model-Based Programming "by Demonstration"– Fast Setup of Robot Systems (ProDemo). In: Advances in Robotics Research. vol. 53. Berlin, Heidelberg: Springer Berlin Heidelberg, 2009, pp. 159–168

[ROSS10] Rossdeutscher, Mario; Zuern, Michael; Berger, Ulrich: Virtual robot program development for assembly processes using rigid-body simulation. In: The 2010 14th International Conference on Computer Supported Cooperative Work in Design: IEEE, 2010 — ISBN 978-1-4244-6763-1, pp. 417–422

[RUEC05] Rueckel, Veit; Koch, Alexander; Feldmann, Klaus; Meerkamm, Harald: Process data management in the whole product creation process. In: Computer Supported Cooperative Work in Design, 2005. Proceedings of the Ninth International Conference on vol. 2, 2005, pp. 1029–1033

[RUSI01] Rusinkiewicz, Szymon; Levoy, M.: Efficient Variants of the ICP Algorithm. In: 3dim : Published by the IEEE Computer Society, 2001, pp. 145–152

[RUSU10] Rusu, Radu Bogdan: Semantic 3D Object Maps for Everyday Manipulation in Human Living Environments, Technische Universität München, Dissertation, 2010

[SAYL11] Sayler, Sabine: Universelle Manipulationsstrategien für die industrielle Montage, Karlsruher Institut für Technologie, Dissertation, 2011

[SCHL14] Schlette, Christian; Buch, Anders Glent; Aksoy, Eren Erdal; Steil, Thomas; Papon, Jérémie; Savarimuthu, Thiusius Rajeeth; Wörgötter, Florentin; Krüger, Norbert; et al.: A new benchmark for pose estimation with ground truth from virtual reality. In: Production Engineering vol. 8, 2014, Nr. 6, pp. 745–754

[SCHM92] Schmidt, Maximilian: Konzeption und Einsatzplanung flexibel automatisierter Montagesysteme, iwb Forschungsberichte. vol. 41. Berlin, Heidelberg, Springer Berlin Heidelberg, 1992 — ISBN 978-3-540-55025-9

[SCHM12] Schmidt-Rohr, Sven R: Interactive Learning of Probabilistic Decision Making by Service Robots with Multiple Skill Domains, Karlsruher Institut für Technologie, Dissertation, 2012

[SCHM13] Schmidt-Rohr, Sven R.; Romahn, Fabian; Meissner, Pascal; Jäkel, Rainer; Dillmann, Rüdiger: Learning probabilistic decision making by a service robot with generalization of user demonstrations and interactive refinement. In: Studies in Computational Intelligence vol. 466, 2013, pp. 309–322 — ISBN 9783642354847

[SCHN20] Schneider, Marcus: Methodik für Wissens- und Prozessmanagement bei der interaktiven kollaborativen Montage variantenreicher Produkte, Karlsruher Institut für Technologie, Dissertation, 2020

[SCHÖ20] Schönsleben, Paul: Supply Chain Design: Geschäftsbeziehungen und Risiken. In: Integrales Logistikmanagement. Berlin, Heidelberg: Springer Berlin Heidelberg, 2020, pp. 67–120

[SCHR08] Schröter, B: Inertiale Positionserfassung zur Programmierung robotergestützter Handhabungsaufgaben, RWTH Aachen University, Dissertation, 2008

[SOMA15] Somani, Nikhil; Gaschler, Andre; Rickert, Markus; Perzylo, Alexander; Knoll, Alois: Constraint-based task programming with CAD semantics: From intuitive specification to real-time control. In: IEEE International Conference on Intelligent Robots and Systems vol. 2015-Decem, 2015, pp. 2854–2859 — ISBN 9781479999941

[SCHU06] Schuh, Günther; Klappert, Sascha; Schubert, Johannes; Nollau, Sebastian: Technologiemanagement. Berlin/Heidelberg, Springer-Verlag, 2006 — ISBN 3-540-23442-X

[SCHU20] Schuh, G.; Häfner, C.; Hopmann, C.; Rumpe, B.; Brockmann, M.; Wortmann, A.; Maibaum, J.; Dalibor, M.; et al.: Effizientere Produktion mit Digitalen Schatten. In: Zeitschrift für wirtschaftlichen Fabrikbetrieb vol. 115, 2020, Nr. s1, pp. 105–107

[SICI16] Siciliano, Bruno; Khatib, Oussama; Siciliano, B.; Khatib, O. (eds.): Springer Handbook of Robotics. Cham, Springer International Publishing, 2016 — ISBN 978-3-319-32550-7

[SICK18] SICK AG: Smart Sensors - Informationslieferanten für Industrie 4.0. Waldkirch, 2018 — ISBN 9780128098592

[SIEM19] Siemens PLM Software Inc.: JT File Format Reference. Plano, Texas, USA, 2019

[SIEM22a] Siemens Industry Software: Parasolid. URL: https://www.plm.automation.siemens.com/global/en/products/plm-components/parasolid.html [abgerufen am 31.10.2023]

[SIEM22b] Siemens PLM Software Inc.: Tecnomatix: Process Simulate. URL: https://www.plm.automation.siemens.com/global/en/products/tecnomatix/robotics-automation-programming.html [abgerufen am 31.10.2023]

[SPAT19] Spath, Dieter; Spanner-Ulmer, Birgit: Digitale Transformation – Gutes Arbeiten und Qualifizierung aktiv gestalten, GITO Verlag, 2019 — ISBN 9783955453091

[STOR12] Stork, Andre; Sevilmis, Neyir; Weber, Daniel; Gorecky, Dominic; Stahl, Christian; Loskyll, Matthias; Michel, Frank: Enabling virtual assembly training in and beyond the automotive industry. In: 2012 18th International Conference on Virtual Systems and Multimedia: IEEE, 2012 — ISBN 978-1-4673-2564-6, pp. 347–352

[STEI12] Steinbauer, Carola Maria Theres: Modell zur Konfiguration der Kleinserienmontage - Eine theoretische und empirische Analyse, Technische Universität München, Dissertation, 2012

[STRA05] Strauß, G; Winkler, D; Jacobs, S; Trantakis, C; Dietz, A; Bootz, F; Meixensberger, J; Falk, V: Mechatronik in der HNO-Chirurgie. In: HNO vol. 53, 2005, Nr. 7, pp. 623–630

[SUCA12] Şucan, Ioan A.; Moll, Mark; Kavraki, Lydia: The open motion planning library. In: IEEE Robotics and Automation Magazine vol. 19, 2012, Nr. 4, pp. 72–82

[TAPI04] Tapia, Emmanuel Munguia; Intille, Stephen S; Larson, Kent: Activity recognisation in Home Using Simple state changing sensors. In: Pervasive Computing vol. 3001, 2004, pp. 158–175 — ISBN 978-3-540-21835-7

[TIMM21] Timmermann, David; Heid, Dominik; Friedel, Thomas; Roennau, Arne; Dillmann, Ruediger: A Hybrid Approach for Object Localization Combining Mask R-CNN and Halcon in an Assembly Scenario. In: 2021 IEEE 8th International Conference on Industrial Engineering and Applications, ICIEA 2021, 2021, pp. 270–276 — ISBN 9781665428958

[VANH00] Van Holland, Winfried; Bronsvoort, Willem F.: Assembly features in modeling and planning. In: Robotics and Computer-Integrated Manufacturing vol. 16, 2000, Nr. 4, pp. 277–294

[VEER15] Veeriah, Vivek; Zhuang, Naifan; Qi, Guo-Jun: Differential Recurrent Neural Networks for Action Recognition. In: 2015 IEEE International Conference on Computer Vision (ICCV). vol. 2015 Inter: IEEE, 2015 — ISBN 978-1-4673-8391-2, pp. 4041–4049

[VILL17] Villena-Martínez, Víctor; Fuster-Guilló, Andrés; Azorín-López, Jorge; Saval-Calvo, Marcelo; Mora-Pascual, Jeronimo; Garcia-Rodriguez, Jose; Garcia-Garcia, Alberto: A quantitative comparison of calibration methods for RGB-D sensors using different technologies. In: Sensors (Switzerland) vol. 17, 2017, Nr. 2

[VOGL09] Vogl, Wolfgang: Eine interaktive räumliche Benutzerschnittstelle für die Programmierung von Industrierobotern., Technische Universität München, Dissertation, 2009

[VORD16] Vorderer, Marian; Junker, Stefan; Lechler, Armin; Verl, Alexander: CESA3R: Highly versatile plug-and-produce assembly system. In: IEEE International Conference on Automation Science and Engineering. Bd. 2016-Novem : IEEE, 2016 — ISBN 9781509024094, S. 745–750

[VRIG15] Vrigkas, Michalis; Nikou, Christophoros; Kakadiaris, Ioannis A.: A Review of Human Activity Recognition Methods. In: Frontiers in Robotics and AI vol. 2, 2015, Nr. November, pp. 1–28 — ISBN 2296-9144

[WALL10] Wallhoff, Frank; Blume, Jürgen; Bannat, Alexander; Rösel, Wolfgang; Lenz, Claus; Knoll, Alois: A skill-based approach towards hybrid assembly. In: Advanced Engineering Informatics vol. 24, Elsevier Ltd, 2010, Nr. 3, pp. 329–339 — ISBN 1474-0346

[WEBE21] Weber, Marc-André: Produktivitätspotenziale am Beispiel der Mensch-Roboter-Kollaboration. In: Nutzung der Digitalisierung zur Produktivitätsverbesserung in industriellen Prozessen unter Berücksichtigung arbeitswissenschaftlicher Anforderungen. Springer Vieweg, Berlin, Heidelberg, 2021. S. 225-289.

[WECK97] Weck, M.; Dammertz, R.: Graphical robot programming and generation of application specific programming interfaces. In: Annals of the WGP. vol. 1, 1997, Nr. 4, p. 87

[WEID14] Weidner, Robert Sebastian: Wissensbasierte Planung und Beurteilung von Montagesystemen in der Luftfahrtindustrie, Universität der Bundeswehr Hamburg, Dissertation, 2014

[WEIN03] Weingarten, Jan; Gruener, Gabriel; Siegwart, Roland: A fast and robust 3D feature extraction algorithm for structured environment reconstruction. In: Int. Conf. on Advanced Robotics: Citeseer, 2003, pp. 1–6

[WELC02] Welch, Greg; Foxlin, Eric: Motion tracking: No silver bullet, but a respectable arsenal. IEEE Computer graphics and Applications, 2002, 22. Jg., Nr. 6, S. 24-38.

[WIES14] Wiesbeck, Mathey: Struktur zur Repräsentation von Montagesequenzen für die situationsorientierte Werkerführung, 2014, Nr. 1, pp. 1–135 — ISBN 9780874216561

[WOOL09] Wooldridge, Michael: An Introduction to MultiAgent Systems - 2nd Edition. vol. 41, 2009 — ISBN 978-0-470-51946-2

[WULI16] Wu, Li-Chen; Lin, I-Chen; Tsai, Ming-Han: Augmented Reality Instruction for Object Assembly Based on Markerless Tracking. In: Proceedings of the 20th ACM SIGGRAPH Symposium on Interactive 3D Graphics and Games, I3D '16. New York, NY, USA: ACM, 2016 — ISBN 978-1-4503-4043-4, pp. 95–102

[WUXI21] Wu, Xiling; Zhang, Caihua; Du, Wei: An Analysis on the Crisis of "chips shortage" in Automobile Industry - - Based on the Double Influence of COVID-19 and Trade Friction. In: Journal of Physics: Conference Series vol. 1971, 2021, Nr. 1

[XIAJ22] Xia, Jingbo; Wang, Yanting; Jiang, Baoxiang; Xiong, Guancheng: Research on Indoor Positioning System Based on BLE-AOA/ UWB Technology. In: 2022 41st Chinese Control Conference (CCC): IEEE, 2022 — ISBN 978-988-75815-3-6, S. 5100–5105

[XIAL13] Xia, Lu; Aggarwal, J. K.: Spatio-temporal depth cuboid similarity feature for activity recognition using depth camera. In: Proceedings of the IEEE Computer Society Conference on Computer Vision and Pattern Recognition, 2013, pp. 2834–2841 — ISBN 978-0-7695-4989-7

[YANG15] Yang, Jian Bo; Nguyen, Minh Nhut; San, Phyo Phyo; Li, Xiao Li; Krishnaswamy, Shonali: Deep Convolutional Neural Networks on Multichannel Time Series for Human Activity Recognition. In: Proceedings of the 24th International Conference on Artificial Intelligence, IJCAI'15 : AAAI Press, 2015 — ISBN 978-1-57735-738-4, pp. 3995–4001

[YANG17] Yang, Juqing; Wang, Dayong; Fan, Baixing; Dong, Dengfeng; Zhou, Weihu: Online absolute pose compensation and steering control of industrial robot based on six degrees of freedom laser measurement. In: Optical Engineering vol. 56, 2017, Nr. 3, p. 034111

[ZÄHM05] Zäh, Michael F; Moeller, Niklas; Vogl, Wolfgang: Symbiosis of Changeable and Virtual Production – The Emperor's New Clothes or Key Factor for Future Success? In: International Conference on Changeable, Agile, Reconfigurable and Virtual Production vol. 1, 2005, pp. 1–8 — ISBN 978-3-8316-0540-8

[ZHAO12] Zhao, Y; Liu, Z; Yang, L; Cheng, H: Combing RGB and Depth Map Features for human activity recognition. In: Signal & Information Processing Association Annual Summit and Conference (APSIPA ASC), 2012 Asia-Pacific, 2012, pp. 1–4 — ISBN 978-1-4673-4863-8

[ZHAO18] Zhao, Shizhen; Li, Wenfeng; Cao, Jingjing: A user-adaptive algorithm for activity recognition based on K-means clustering, local outlier factor, and multivariate gaussian distribution. In: Sensors (Switzerland) vol. 18, 2018, Nr. 6

[ZHOU08] Zhou, Huiyu; Hu, Huosheng: Human motion tracking for rehabilitation-A survey. In: Biomedical Signal Processing and Control vol. 3, 2008, Nr. 1, pp. 1–18 — ISBN 1746-8094

[ZHUC09] Zhu, Chun; Sheng, Weihua: Human daily activity recognition in robot-assisted living using multi-sensor fusion. In: 2009 IEEE International

Conference on Robotics and Automation: IEEE, 2009 — ISBN 978-1-4244-2788-8, pp. 2154–2159

[ZIPT13] Zipter, Volker; Zürn, Michael; Berger, Ulrich: Optimierte Ressourceneinsatzplanung für „Robot Farming" Konzepte in der Montage - „Robot Farming" Systeme optimal konfigurieren. In: Automation 2012, 13. Branchentreff der Mess- und Automatisierungstechnik, Kongresshaus Baden-Baden, 13. und 14. Juni 2012, 2013, pp. 291–296

In der Reihe **Ergebnisse aus der Produktionstechnik** zuletzt erschienen:

Goergen, Fabian:
Analogieversuch zur Erzeugung von Zahnflankenbrüchen an Stirnrädern
ISBN: 978-3-98555-191-0
Erscheinungsdatum: 11.12.2023

Padberg, Melanie:
Ansätze der inhärent sicheren Konstruktion modifizierbarer, cyberphysischer Produktionssysteme
ISBN: 978-3-98555-184-2
Erscheinungsdatum: 07.12.2023

Wlecke, Shari:
Industrialisierung hochiterativ entwickelter Produkte
ISBN: 978-3-98555-171-2
Erscheinungsdatum: 13.11.2023

Müller, Clemens:
Elektrische Widerstandserwärmung von Blechwerkstoffen zur Steigerung der Umformbarkeit
ISBN: 978-3-98555-175-0
Erscheinungsdatum: 16.10.2023

Scheuer, Thomas:
Fähigkeitsbündel zur Steigerung der Arbeitsproduktivität für intelligente produzierende Unternehmen
ISBN: 978-3-98555-173-6
Erscheinungsdatum: 25.09.2023

Heutmann, Timo:
Proactive Production Control for a Synchronized Tool Production
ISBN: 978-3-98555-164-4
Erscheinungsdatum: 03.08.2023

Ecker, Christian:
Flexible Inbetriebnahme roboterbasierter Montagesysteme durch Prozessdemonstration
ISBN: 978-3-98555-189-7
Erscheinungsdatum: 11.12.2023

Studerus, Bastian:
Gestaltung von Kooperationen zwischen Technologiekonzernen und Start-ups
ISBN: 978-3-98555-186-6
Erscheinungsdatum: 04.12.2023

Riedel, Jörn:
Scannendes Verfahren zur flexiblen Messung asphärischer Optiken
ISBN: 978-3-98555-177-4
Erscheinungsdatum: 31.10.2023

Buckhorst, Armin Friedrich:
Planung und Steuerung von Abläufen in linienlosen mobilen Montagesystemen
ISBN: 978-3-98555-174-3
Erscheinungsdatum: 26.09.2023

Schwarberg, Annika:
Identifizierung von Innovations-potenzialen durch die Analyse von Produktnutzungsinformationen
ISBN: 978-3-98555-169-9
Erscheinungsdatum: 17.08.2023

Schroers, Marius:
Gehörbezogene Auslegung zweistufiger Getriebe unter Berücksichtigung dynamischer Anregungseffekte
ISBN: 978-3-98555-165-1
Erscheinungsdatum: 01.08.2023

Edition Wissenschaft
Apprimus

Müller, Ulrich:
Material Removal and Grinding Wheel Wear Mechanisms during Grinding of Polycrystalline Cubic Boron Nitride
ISBN: 978-3-98555-163-7
Erscheinungsdatum: 01.08.2023

Chavan, Prateek:
Substructuring Methods for Efficient Prediction of Spindle-Holder-Tool Assembly Dynamics
ISBN: 978-3-98555-160-6
Erscheinungsdatum: 05.06.2023

Schneidermann, Dennis:
Orchestration von Vertrauen in interorganisationalen Wissensnetzwerken der Fabrikplanung
ISBN: 978-3-98555-153-8
Erscheinungsdatum: 15.05.2023

Welsing, Martin:
Bewertung der ökologischen Nachhaltigkeit von Produktions-netzwerkkonfigurationen
ISBN: 978-3-98555-155-2
Erscheinungsdatum: 19.04.2023

Beckers, Alexander:
Auslegung wirtschaftlich-technologisch optimierter Fertigungsprozessfolgen mittels prozessübergreifender Modellierung
ISBN: 978-3-98555-154-5
Erscheinungsdatum: 18.04.2023

Gipperich, Marius:
Untersuchung eines Zweistrahlprozesses als Ansatz zur Prozessstabilitätserhöhung des drahtbasierten Laserauftragschweißens
ISBN: 978-3-98555-151-4
Erscheinungsdatum: 15.03.2023

Vogel, Paul-Alexander:
Entwicklung eines Prozessmodells für die nicht-isotherme vakuum-unterstützte Dünnglasumformung
ISBN: 978-3-98555-140-8
Erscheinungsdatum: 21.06.2023

Ochel, Tim:
Prognostik zur Resilienzsteigerung im Werkzeugbau
ISBN: 978-3-98555-161-3
Erscheinungsdatum: 22.05.2023

Greipel, Jonathan:
Grouping of Inspection Characteristics to Reduce Costs of Adaptive Inspection Planning in Variant Production
ISBN: 978-3-98555-157-6
Erscheinungsdatum: 03.05.2023

Troß, Nico:
Mehrskalenmodellierung der thermo-mechanischen Werkzeugbelastung beim Trockenwälzfräsen
ISBN: 978-3-98555-158-3
Erscheinungsdatum: 19.04.2023

Nicksch, Christoph:
Konfiguration verteilter Large-Scale Metrology Systeme in rekonfigurierbaren Montageumgebungen
ISBN: 978-3-98555-152-1
Erscheinungsdatum: 20.03.2023

Motschke, Tobias:
Analyse und Modellierung der Dämpfungseigenschaften von Spindellagern
ISBN: 978-3-98555-148-4
Erscheinungsdatum: 06.03.2023

Edition Wissenschaft
Apprimus

FSC
www.fsc.org
MIX
Papier | Fördert gute Waldnutzung
FSC® C083411

Zeitfracht Medien GmbH
Ferdinand-Jühlke-Straße 7
99095 Erfurt, Deutschland
produktsicherheit@kolibri360.de